国家重大出版工程项目

Integrated Pest Management for Strawberries

Second Edition

草莓有害生物的综合防治

（第2版）

［美］Larry L. Strand　著

张潞生　主译

中国农业大学出版社

·北京·

图书在版编目（CIP）数据

草莓有害生物的综合防治（第2版）/［美］劳瑞（Larry L. Strand）著；张潞生主译．—北京：中国农业大学出版社，2010.12

书名原文：Integrated Pest Management for Strawberries

ISBN 978-7-5655-0136-4

Ⅰ．①草…　Ⅱ．①劳…②张…　Ⅲ．①草莓-病虫害防治方法　Ⅳ．①S436.68

中国版本图书馆CIP数据核字（2010）第215776号

书　　名　草莓有害生物的综合防治（第2版）
作　　者　［美］Larry L. Strand　著
　　　　　张潞生　主译

策划编辑　梁爱荣　　　　责任编辑　梁爱荣
封面设计　郑　川　　　　责任校对　王晓凤　陈莹
出版发行　中国农业大学出版社
社　　址　北京市海淀区圆明园西路2号　　　　邮政编码　100193
电　　话　发行部 010-62731190，2620　　　　读者服务部 010-62732336
　　　　　编辑部 010-62732617，2618　　　　出　版　部 010-62733440
网　　址　http://www.cau.edu.cn/caup　　　　e-mail　cbsszs@cau.edu.cn
经　　销　新华书店
印　　刷　涿州市星河印刷有限公司
版　　次　2011年1月第1版　　2011年1月第1次印刷
规　　格　889×1194　16开本　11.75印张　354千字
定　　价　98.00元

主　译　张潞生

副主译　杨　钧　贾文锁

参译和校对（按姓氏拼音为序）

彩万志　陈卫文　丛　深　邓佐民　段改莲

范腾飞　贾文锁　李素华　刘海根　路　河

齐长红　孙洪仁　田炜玮　王　月　王立府

许鹤婷　许克仲　杨小丽　张　文　张国珍

张潞生　张云婷　张运涛　张正伟

本书简体中文版本翻译自 Larry L. Strand 著的“Integrated Pest Management for Strawberries，Second Edition”。

Translation from the English language edition:

Integrated Pest Management for Strawberries (Second Edition) by Larry L. Strand

译者序

中国各省（市、区）均有草莓栽培，主要集中在河北、山东、辽宁、江苏等地。据农业部统计，2006年中国草莓栽培面积（7.93万 hm^2）和产量（187.6万 t）均居世界首位。2012年第七届世界草莓大会将在北京市昌平区召开，这将更进一步促进中国草莓产业的发展。从全球许多草莓种植地区的生产经验可以看出，昆虫、真菌、病毒、线虫、杂草等有害生物是草莓大面积生产地区的发展克星，如果不加以有效地控制，会对草莓生产形成毁灭性的打击。

国外草莓生产先进国家一直非常重视草莓有害生物的综合防治，近年来在草莓有害生物的综合防治上，一些对环境友好的综合防治技术如间作、轮作、晒土闲田、使用微生物制剂等越来越受到重视。人们在重视草莓有害生物防治效果的同时，也更加关心所采用的措施是否会带来环境和产品的安全问题。

《草莓有害生物的综合防治》（原英文书名：*Integrated Pest Management for Strawberries*）是目前国内外关于草莓有害生物综合防治方面的一本难得的好书，由美国加利福尼亚州大学农业和自然资源部出版。之所以说是一本好书，是因为其内容详尽、系统，包括了90多种草莓有害生物的综合防治内容，同时书中还具有大量的彩色照片和图表，以及详细的文字描述，非常方便读者的阅读和参考。对于《草莓有害生物的综合防治》中文译本的出版，我感到很欣慰，这将有助于国内草莓生产者和草莓种植爱好者更加方便地了解和掌握国外在草莓有害生物综合防治上先进的成熟经验和技术，从而加以借鉴和应用。

前言

《草莓有害生物的综合防治》原著第2版作者Larry L.Strand是美国加利福尼亚州大学农业和自然资源部（University of California Agriculture and Natural Resources）“有害生物综合防治”（Integrated Pest Management, IPM）的主编，除了编著该书外，还编著出版了苹果、梨、马铃薯、番茄、核桃、核果类果树等多种作物有害生物综合防治的专业书籍。美国加利福尼亚州大学农业和自然资源部专门设立了草莓有害生物的综合防治机构，并建立了相应的专业网站（www.ipm.ucdavis.edu）。

《草莓有害生物的综合防治》原著第2版于2008年出版，书中所论述的“有害生物的综合防治”是一种基于不破坏生态系统的防治策略，它着重于对有害生物及其危害的长期预防。此书系统地介绍了草莓苗圃地、生产田和庭园草莓有害生物的综合防治技术，对危害草莓的昆虫和其他无脊椎动物、细菌真菌和病毒、线虫、杂草和脊椎动物等有害生物的主要种类特征、田间监测和诊断、预防与防治等进行了详尽的论述，同时对草莓生长发育和种植制度等也进行了介绍。书中有100多页的彩色照片、大量的图表和详细的文字描述，使读者可以更加形象、生动地了解草莓有害生物综合防治的知识和技术。

欧美草莓生产国家目前在草莓有害生物的综合防治上已经具有较为成熟和先进的经验和技术。我们试图通过该书的翻译将国外的先进经验和技术介绍给大家，以便在国内草莓生产中加以借鉴和应用。由于专业知识和外语水平的限制，书中难免有不当和错误之处，希望同行和读者给予批评和指正。

张潞生

2010年6月15日于北京

作者及致谢

Written by Larry L. Strand

Photographs by Jack Kelly Clark (except as noted in captions)

Mary Louise Flint, Technical Editor

Prepared by the University of California Statewide IPM Program at Davis.

Technical Coordinators for Second Edition

Mark A. Bolda, University of California Cooperative Extension, Watsonville

Oleg Daugovish, University of California Cooperative Extension, Ventura

Steven A. Fennimore, Department of Vegetable Crops and Weed Science, University of California, Davis; located at the United States Department of Agriculture, Salinas

Steven T. Koike, University of California Cooperative Extension, Salinas

Kirk D. Larson, Department of Plant Sciences, University of California, Davis; located at the South Coast Research and Extension Center, Irvine

Daniel B. Marcum, University of California Cooperative Extension, McArthur

Frank G. Zalom, Department of Entomology, University of California, Davis

Contributors to Second Edition

Entomology: Mark A. Bolda, Phil A. Phillips, Frank G. Zalom

Horticulture, Physiology, Soil and Water Relations: Mark A. Bolda, Oleg Daugovish, Steven R. Grattan, Franklin F. Laemmlen, Kirk D. Larson, Roger Loftus, Daniel B. Marcum, Maxwell V. Norton, Douglas V. Shaw

Nematology: Michael V. McKenry

Plant Pathology: Deborah A. Golino, Thomas R. Gordon, Steven T. Koike, Susan T. Sim, Krishnamurthy V. Subbarao

Vertebrate Biology: Oleg Daugovish, Rex E. Marsh

Weed Science: Oleg Daugovish, Steven A. Fennimore

Special Thanks

The following have generously provided information, offered suggestions, reviewed draft manuscripts, or helped obtain photographs: H. A. Ajwa, W. E. Bendixen, G. Browne, D. M. Clarke, J. M. Duniway, L. Epstein, E. Fuentes, W. P. Gorenzel, W. D. Gubler, R. R. Martin, R. S. Melnicoe, R. H. Molinar, N. Nicola, S. B. Orloff, A. O. Paulus, J. Rovito, A. Rowhani, S. Scholer, E. Show, D. Williams, and W. M. Wintermantel.

We would also like to acknowledge the important role of the contributors to the first edition of this manual, which was published in 1994: Harry S. Agamalian, William W. Allen, Robert A. Brendler, Richard P. Buchner, William E. Chaney, Jerry P. Clark, Clyde L. Elmore, Bill B. Fischer, Timothy K. Hartz, Marjorie A. Hoy, Pedro Ilic, Bruce C. Kirkpatrick, James A. McMurtry, Jewell L. Meyer, Roland D. Meyer, John M. Mircetich, F. Gordon Mitchell, Joseph G. Morse, T. Jack Morris, Earl R. Oatman, Harold W. Otto, Carolyn Pickel, Frank Sances, Wayne L. Schrader, Richard F. Smith, Marvin J. Snyder, John T. Trumble, Louie H. Valenzuela, Victor Voth, Norman C. Welch, Stephen C. Welter, and Becky B. Westerdahl.

Production

Design (second edition): Celeste Aida Rusconi, ANR Communication Services

Design (IPM manual series): Seventeenth Street Studios

Digital Photo Processing: Jack Kelly Clark

Drawings (second edition): Celeste Aida Rusconi

Drawings (first edition): David Kidd

Editing: Jim Coats, ANR Communication Services

Front Cover

Commercial strawberry field next to the Pacific Ocean near Watsonville, California. The wild strawberry, *Fragaria chiloensis*, native to the Pacific Coast of North and South America, is an ancestor of the modern cultivated strawberry. Photo by Jack Kelly Clark.

目　　录

草莓有害生物的综合防治

本书的撰写是为了帮助加利福尼亚州的种植者和有害生物防治顾问将有害生物综合防治原理应用在草莓上。草莓是一种需要集约化管理的作物，与其他作物相比，日常管理措施的好坏对草莓的产量有更大的影响。有害生物综合防治是通过协调有害生物防治活动，结合作物的生产栽培措施，争取达到经济地控制有害生物，并且使危害保持在最低水平，它强调对任何时候可能发生的问题进行预先评估和预先防治。一个有害生物综合防治计划往往采用已建成的监测技术和诊治指南来制订有害生物的防治方案。有害生物一词在本书中指有害昆虫和螨、病原体、杂草、线虫以及危害草莓的脊椎动物。

本书的第一章简要概述草莓在加利福尼亚州的生产状况。第二章讨论草莓的生长和发育，并且介绍了一些信息，这些信息将有助于理解栽培措施为何可以用于控制植物生长和果实生产，作物是如何受有害生物和环境因素影响。第三章包括管理方法和栽培措施，这两者对成功的作物生产和有害生物控制都很重要。第四章讨论有关苗圃草莓移栽苗生产管理的重要方法。后面的几章包括了许多插图和说明，它们有助于鉴别有害生物，选择防治方针，有助于挑选针对具体情况的控制策略。第十章讨论庭园种植草莓的有害生物问题和防治策略。在最后一章的后面列出的建议阅读将有助于个别特殊问题的解决。本书最后就读者可能不熟悉的专业词汇进行了解释。

本书通篇探讨了有害生物的生物防治和栽培防治方法。保持有益昆虫、螨虫的数量，维持植物本身的活性，以及尽量避免滋生有害生物的环境条件是成功进行有害生物综合防治的关键。生物防治和栽培防治方法可能减少农药的使用剂量，但是仅仅依靠这种防治满足不了商业化要求的水平。几乎在所有草莓上严重的有害生物的防治关键是尽早地确认有害生物，并及时有效地采用危害最小的合格农药进行防治。

有害生物综合防治策略随着有效信息的更新

草莓有害生物的综合防治（Integrated Pest Management，IPM）是一种基于生态系统的策略，它着重于对有害生物及其危害的长期预防。有害生物包括真菌和其他病原体、昆虫、螨虫、脊椎动物和危害草莓的杂草。有害生物的综合防治包括生物防治、栽培地修整、改变栽培措施和抗害品种的应用等技术手段。根据现有的应用法规，只有以控制有害生物为目的，当监测显示确实需要时农药才能被施用。被选择施用的农药必须在一定程度上对人体无害，对非目标生物和环境的危害最小。

而更新，为了草莓园的发展，需要和有害生物防治专家进行定期的协商。一些 UC（University of California）合作推广部的郡办事处的网站提供草莓生产和有害生物防治的最新信息。因为注册和商标说明通常有可能改变，就特定的农药本书不作推荐，但农药会被适当地探讨。为了得到最新的有害生物控制工具的信息，您可以参考最近的《UC IPM 有害生物综合防治指南：草莓》，可联系合作推广部郡办事处或是访问 www.ipm.ucdavis.edu 网站获得指南。与你的农场顾问或有害生物防治专家进行协商，获得最新的建议。你可以通过郡农业委员会获得现在的注册和商标说明的相关信息。

加利福尼亚州的草莓生产

加利福尼亚州的草莓生产主要在中部和南部海岸，少量在内陆地区。草莓特别适合于温和的温度，靠海洋 10 英里（约 16 km）以内的沿海地区普遍具有此温度。在结果期，日最低温约为 55° F（13℃）和最高温约为 75°F （24℃）时最利于保证高产和果实质量。极端温度会抵消为维持高产所采取的高成本的管理措施带来的好处。果实生产期间相对低的湿度可减少真菌和细菌感染并且能增强果品运输性能。

为了探讨作物和有害生物防治，加利福尼亚州的果品生产可以分为 5 个不同的栽培地区（图 1）。其中沃森维尔 / 萨利纳斯和圣塔玛丽亚谷的中部沿海地区占总面积的 60%（表 1），文图拉郡和南海岸生产地区占 40%。圣华金谷（San Joaquin）的小部分种植面积占总面积的 2% 左右，其果品生产不足总量的 1%。所有的草莓栽培都是靠移栽完成的，这些移栽苗来自在萨克拉曼多（Sacramento）和圣华金谷的低海拔地区苗圃或是加利福尼亚州北部峡谷山间的高海拔苗圃（图 1）。

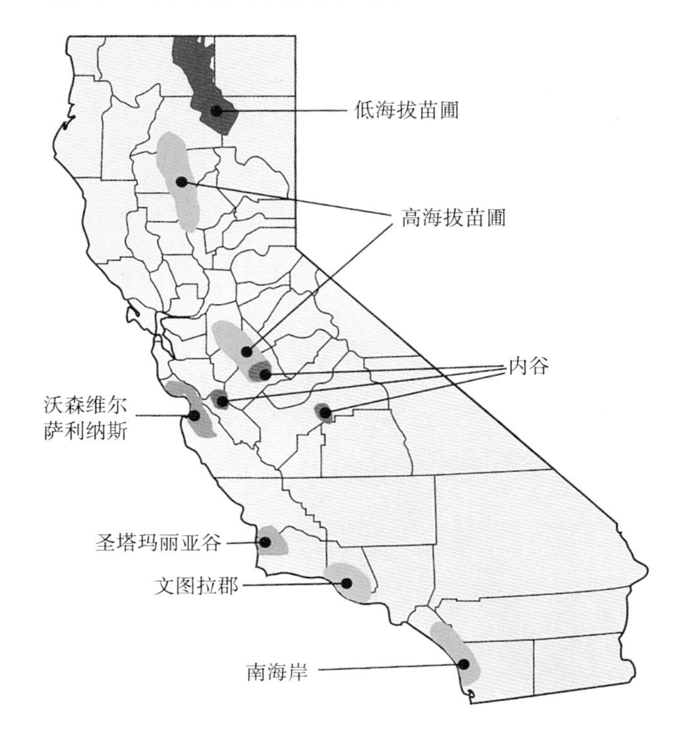

图 1　加利福尼亚州草莓种植区

表 1　加利福尼亚州草莓生产区的生产面积（英亩）和产量（t）。摘自 California County Agricultural Commissioner's Data published by USDA，National Agricultural Statistics Service（1 英亩约为 6 亩，以下同）。

种植地区	2002		2003		2004		2005		2006	
	面积	产量	面积	产量	面积	产量	面积	产量	面积	产量
内谷（Central Valley）	376	3 722	345	2 965	544	4 243	287	3 305	201	1 546
圣塔玛丽亚谷（Santa Maria Valley）	4 445	137 190	4 949	197 943	5 647	173 928	6 318	214 759	7 285	204 623
南海岸（South coast）	2 663	69 473	2 637	80 218	2 899	69 286	1 569	143 526	2 507	64 606
文图拉郡（Ventura Country）	8 582	242 613	8 794	268 041	10 349	273 214	11 333	286 482	11 936	319 418
沃森维尔 / 萨利纳斯（Watsonville/Salinas）	10 566	304 062	11 673	297 824	12 201	313 565	12 162	395 419	12 679	415 958
全州（State total）	27 300	767 526	29 132	857 948	31 640	835 296	33 928	976 584	35 834	1 018 097

一年中每个月份都有一个或多个栽培地区收获草莓，它的最高产量出现在春季中期（图2），2003 年平均产量达到每英亩 29 t。加利福尼亚州草莓的高产归功于高产栽培品种、温和的海洋气候、肥沃且排水良好的土壤和作物集约化管理，以及在一个生产季节结束后对大部分重茬地块上作物的精细管理，还有有效的有害生物防治技术。

各个地区的具体栽培和收获季节大有差别。有三个种植体系在应用：为了下一年春季的果实生产，冷藏的植株（frigo 植株）夏季被种植在中央峡谷；为了下一年秋季的果实生产，在春天或夏天冷藏植株被种植在圣塔玛丽亚谷和文图拉郡栽培地区。这两种植体系也许都可称为夏季定植。种植在加利福尼亚州中部和南部沿海地区的大多数草莓都是秋季定植的，为了下一年的果实生产，刚挖出的新鲜植株于 9 月下旬到 11 月中旬进行定植，传统上这种定植被称为冬季定植，但是在本书中它们被称为秋季定植，这样在术语上更为准确。

草莓繁殖

用于商业果实生产的草莓植株都是靠无性繁殖而来，这是为了保持品种的遗传稳定性。苗圃地新的植株（子株）都是由母株的匍匐茎产生，分离后同时用于生产田或苗圃地。

低海拔地区苗圃在 5 月中旬种植，12 月到第二年 1 月收获。下一年这些田里的移栽苗被种植于低海拔和高海拔地区的苗圃地。为了种植在果实生产田里，一些低海拔地区的移栽苗需要冷藏在 28 ℉（－2℃）条件下，直到第二年夏天。由于经过冷藏处理，所有低海拔地区苗圃移栽苗都叫做 frigo（冷藏）植株。

高海拔地区苗圃在 4 月份种下由低海拔地区苗圃挖来的移栽苗。高海拔地区苗圃生产的种苗于 9 月下旬到 11 月中旬进行收获、修剪整理、包装并立即用冷冻车转运到果实生产田，或 1～3 周内辅助储存。就加利福尼亚州的草莓生产，来自高海拔地区苗圃的移栽苗比来自低海拔地区苗圃的更受欢迎，因为它们的开花结果期更短，植株活力更易控制，果实质量更好。

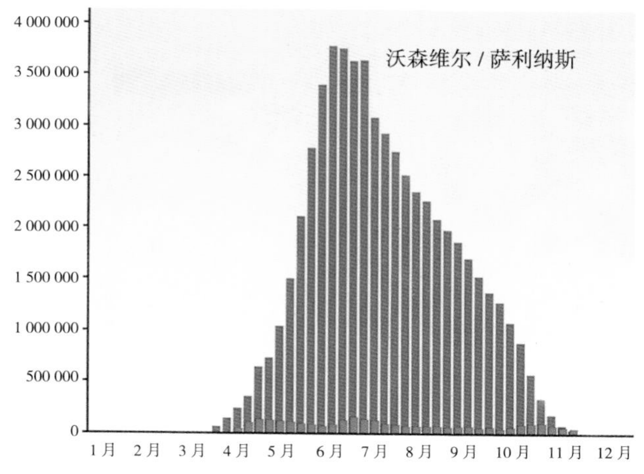

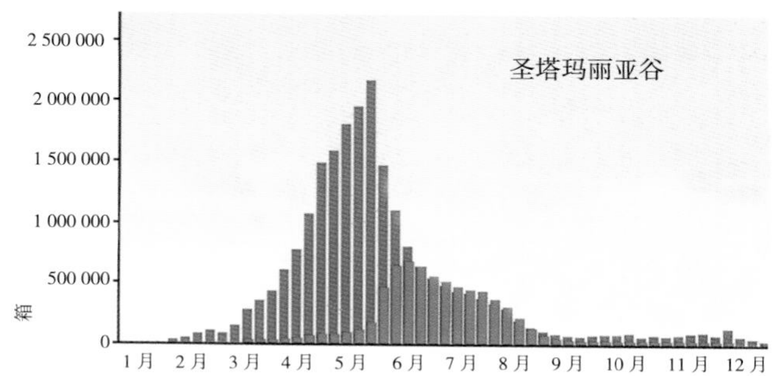

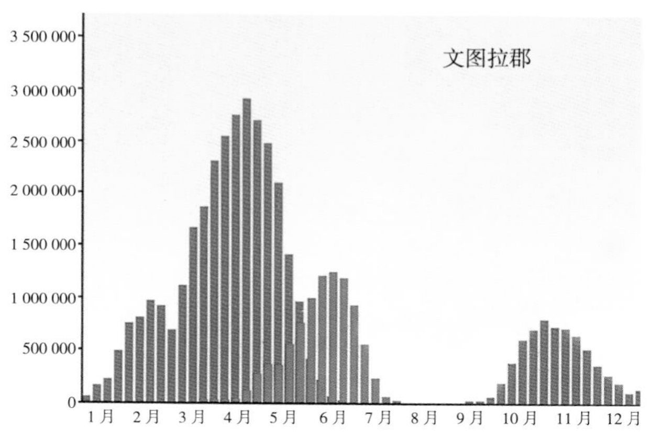

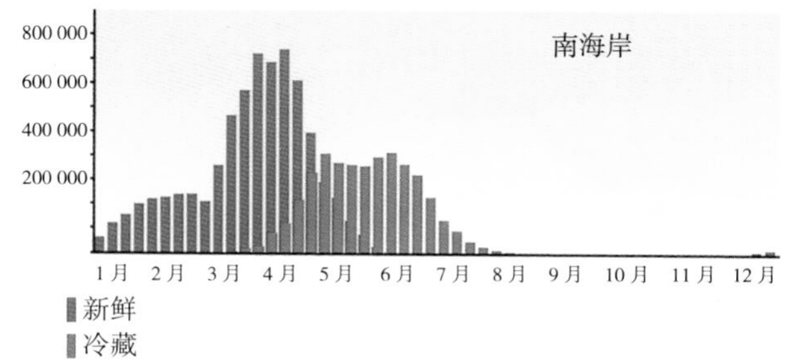

图2 不同种植地区 2004—2006 年草莓收获周平均产量。沃森维尔 / 萨利纳斯的产量包括圣华金河谷的收获。摘自：California Processing Strawberry Advisory Board。

草莓的生长发育

要成功种植草莓，你必须提供一个最佳的生长环境。许多栽培技术都可以用于控制果实生产模式、产量和果实品质，但每一种技术都必须应用于植株特定的生长时期。因此，很好地了解草莓植株如何生长以及栽培措施如何影响植物的生长对草莓成功栽培至关重要。熟悉草莓的营养需求和性状特征将有助于了解怎样进行管理、种植和栽培以及有害生物是如何影响生产的。对作物生产管理很重要的草莓生长发育的特征包括：

- 调整种植床环境对植株生长和果实生产的影响；
- 日照长度和温度对花、匍匐茎和根茎发育的影响；
- 低温对草莓生长的影响；
- 挖苗和定植期对植株生长、产量和果品质量的影响。

本章描述了草莓生长发育的一些特征，以及如何通过各种各样的管理措施来进行操作。

生长条件

草莓利用土壤里的水、矿物质和空气里的二氧化碳进行生长和发育，这些都是草莓生长和果实生产所必需的。水、二氧化碳提供了占植株和果实干重 90% 以上的碳水化合物。草莓所需的大量矿质元素包括 N、P、Ca、K、S 和 Mg。植株生长和果实生产过程需要 N，如果想要获得满意的产量，种植前在土壤施用 N 肥总是必要的。在大多数地方都需要在生育期增施 N 肥。Fe、Mn、B、Zn、Cu、Mo 和 Cl 等营养的需求量很少，所以它们被称为微量元素。加利福尼亚州大部分土壤中这些微量元素的自然含量都是充足的。然而，许多栽培者把补充微量元素作为一项常规操作规程。

根从土壤中吸收水和矿物质并且通过维管系统分布在植株全身。大部分的水分通过蒸发被叶片和茎部上叫做气孔的微小空隙排放出去，这个蒸发过程叫做蒸腾作用。蒸腾作用与气孔打开吸收空气中二氧化碳的过程同时发生。草莓叶片有大量的气孔，所以当环境条件温暖干燥时，植株的水分消耗非常高。种植者必须确保灌溉水足够用于补充水分损失，以防止生长衰退和果实产量下降。受胁迫植物通过减少有效水分含量来降低水分消耗水平，这种常运用于多年生木本作物的栽培管理技术，不应该用于草莓上以求控制草莓植株大小和活性。

茎、叶片里的叶绿素和其他色素从太阳光中捕获能量，进行光合作用。光合作用是利用二氧化碳和水来合成糖和其他分子的过程。光合作用产物被分配以作为植物生长所需的能量。植物通过呼吸作用分解高能分子来提供细胞活动所需能量。光合产物优先满足呼吸作用，所剩的就用来进行营养生长和果实生产。按照一般规律，温度在 59～79 ℉（15～26℃）时，草莓达最大净生长量。

有害生物通常通过减少有效光合产物的数量来影响产量，如叶部病害减少了能进行光合作用的叶面积并且加强了呼吸作用，叶螨消耗掉光合作用产物。一定要切记，大量减产可能会在草莓的健康明显受到影响前发生。除了有害生物的原因外，水分胁迫和营养缺乏也有可能抑制植物光合作用而减少产量。

发育

草莓是多年生植物，它通过有性生殖产生种子或无性生殖产生匍匐茎或子株进行繁殖。种子繁殖被用于繁殖草莓新品种，无性繁殖被用于商业生产和庭园栽培。在加利福尼亚州的种植体系中，草莓通常作为一年生作物，每年果实收获后就被除去，但偶尔植株也会生产 2 年。苗圃培育的移栽苗在春末、仲夏到夏末或秋季进行栽种，它们以各种方式进行管理以求在下一年某个生长季生产果实，管理包括苗圃选择、定植期选择、品种选择和栽培措施。草莓植株的结构特征如图 3。

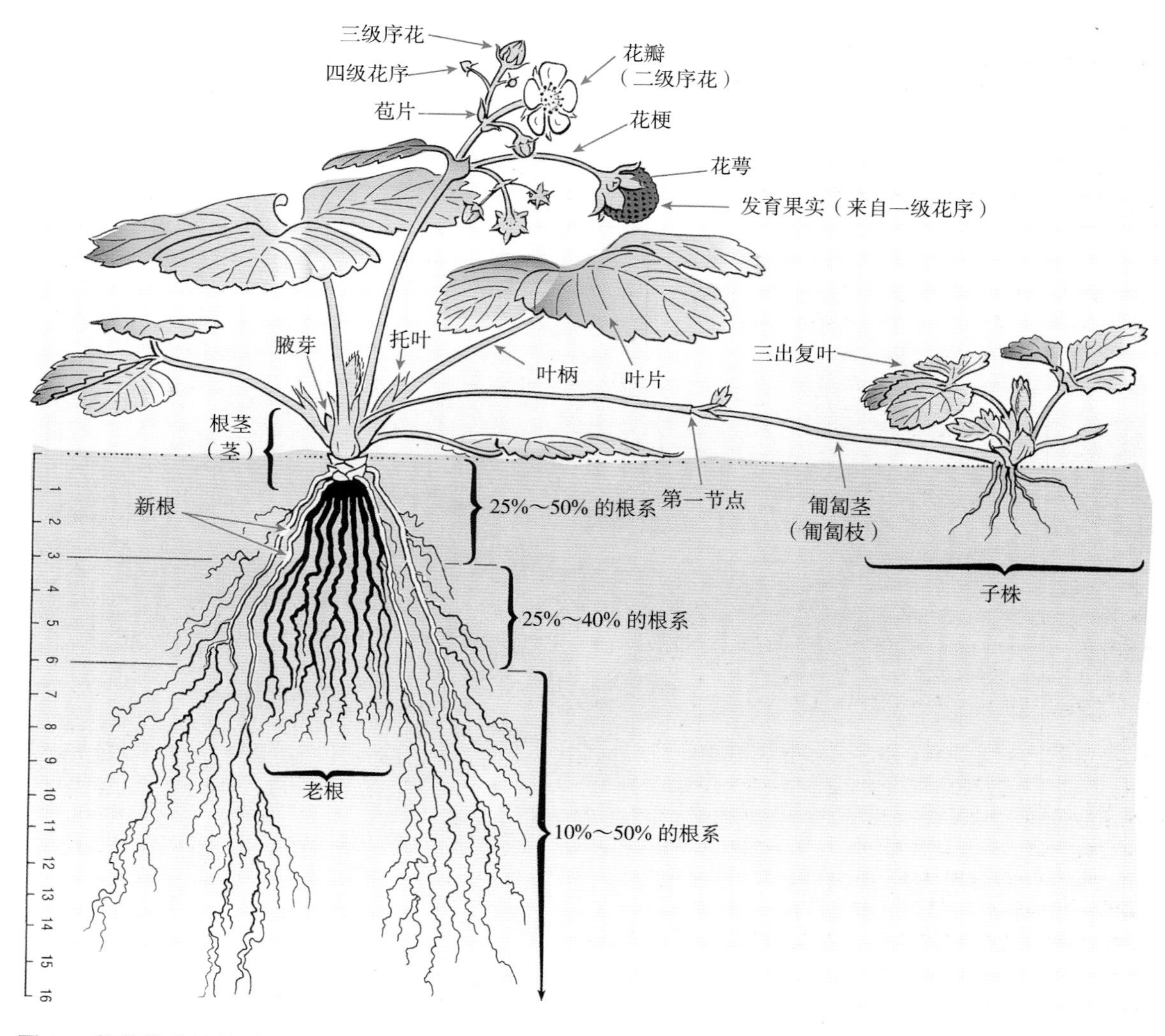

图 3　草莓发育植株的结构。

根茎

草莓植株的根茎【译者注：国内大多数教科书介绍时，将其分为老茎（2～3年根状茎）和新茎两部位，此书未分。】是带有中心木髓（central core）的短缩茎（图4），木髓被输导组织（维管束）环绕，茎顶端生长点依次分化出叶片和节。腋芽着生在叶和茎间，腋芽是否发育为匍匐茎或枝茎，这与环境条件和营养水平有关。长日照（大于14 h）和适宜温度（15℃）非常适宜腋芽发育为匍匐茎。日照长度少于14 h，短日照品种的腋芽诱导成枝茎，枝茎和主茎（译者注：枝茎和主茎发生、生长的部位是在新茎中）、子株在结构上是一样的，能长出不定根。如果植株生长旺盛并且不是紧密相连，对日中性（译者注：对日照不敏感的）品种和许多短日照品种整日都可萌发出匍匐茎。通过分离、移栽匍匐茎的方法可以增加枝茎的数目。花序只由茎生长点的分生组织长出。低于15℃的温度可诱导开花；对短日照品种，日照长度低于14 h也可诱导开花。因为各种枝茎都可以同时进行生长和发育，当枝茎分枝数量增加时，每株的果实数目也同时增加。果实大小随每株茎和果实数目的增加而减少。根茎系统的生长发育在温度高于10℃时生长最好。

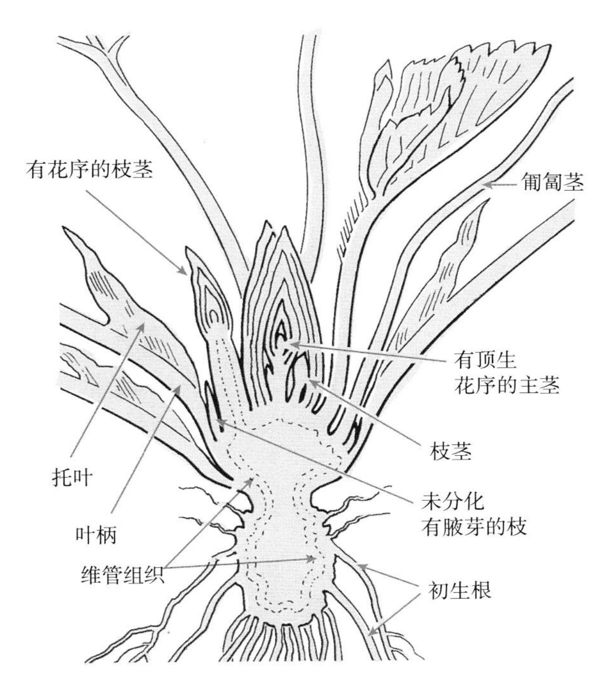

图4　草莓植株的根茎。

根系

草莓所有无性繁殖根系都是不定根，它们从植株根茎的茎组织长出，形成部位靠近接触湿润土壤的新叶基部，从维管束开始形成、发育，从根茎里冒出。随后，根系从根茎较高的水平部位陆续长出，这种模式限制了一定植株的生产寿命。对一个好的根系的发育来说，让移栽苗的大部分根茎接触土壤，并且保持土壤湿润是很重要的。有了适宜的种植深度和满意的土壤湿度，不定根也会由枝茎的基部长出，充足的营养和足够的灌溉对生育前期是至关重要的。土壤盐碱度和与根茎及根系接触的水分是极为重要的，如果盐碱度过高，生长会被严重推迟。

从根茎直接发出的根叫做初生根、结构根或定根（木栓化根 peg roots）。根的数目可达100或超过100，但通常每株草莓会形成20～30条根，每条根能活1～2年。初生根有一个带有输导组织的中心筒样的东西叫中柱，健康根系的中柱是白色或乳白色的，但是坏死后会变色。中柱向上运输营养到根茎，而光合产物向下运输到根部以淀粉的形式储存。淀粉储存可能发生在小于7℃的低温条件下。当植株在苗圃中得到足够的低温，它们的根部就能积累足够的储存淀粉来支持移栽后植株的营养生长。

一个好的、精密的根网络结构（根系）由初生根发育而来。这些根有次生根、吸收根或白根，它们没有中柱，由初生软组织组成。它们频繁的分枝构成了主要的根系，从土壤中吸收水分和营养，然后将它们转运到初生根。吸收根仅能存活几天或几周，然后不断地被替换。吸收根的外层在死前常常颜色变暗，因水涝致死。有害生物或逆境使吸收根受害会减慢或阻止水分和养分在植物体内的流动。田里草莓似乎并不显著受益于根部被菌根真菌侵染，尽管这样的侵染是可能发生的。

根系在种植后2～3个月开始形成。只要土温在7.2℃以上，根系就能继续生长。当土温在13℃时，它们长得极快；土温再高，生长变得缓慢。除去匍匐茎可以促进根的生长。大部分根系在土表层6英寸（15 cm）深的部位，在果实生产田隆起的种植床上生长良好。起垄做成种植床更便于利用塑料膜覆盖调节土壤温度。透明膜可以使秋栽苗土壤温度升高，促进植株在冬季的生长，使早春果实产量最大。黑色膜和其他颜色膜不及透明膜更能提升土壤温度（但蓝色膜除外），但它们也能控制杂草。晚冬可以用白色膜保持种植床较冷，从而延长果实生产时期，这种方法在文图拉郡也被用于夏植。

因为草莓有浅根区，所以控制土层6～12英寸（15～30 cm）处的水分、营养和盐度对草莓栽培很关键。种植床拥有足够的N/P可促进健康深广的根系发育。根系区的施肥位置对秋栽植株前期快速生长的促进至关重要。浅根系也使杂草管理变得很重要，杂草与植株争夺水分和养料可以轻易地减少草莓产量。

匍匐茎和子株的形成

新的草莓植株，叫做子株，它沿着匍匐茎发育而来，匍匐茎由根茎腋芽发育长出。匍匐茎一般在长日照和适宜的温度下产生。第一条匍匐茎作为一个匍匐枝从一片叶子的腋芽发出，而叶片是由中央根茎处长出。第一条匍匐茎通常沿着匍匐枝产生两个节。在匍匐茎第一节长出的一两片托叶（苞片），通常被叫做“盲节”，因为它通常不再形成新的植株或新的匍匐茎。相连的节相距很近，形成子株的主根茎。如果第二节被毁或没能成功发育，盲节就会形成一个子株或新的匍匐茎。

当子株形成自己的根系时，子株就通过匍匐茎的维管组织吸收水分和营养。子株的“木栓化”根和第一个三叶型叶大约同时从匍匐茎的第2～3节长出。2～3周后，植株就可以独立存活了。最终子株的一个腋芽分化为另一个匍匐茎，形成另一个子株的过程就叫再生。在苗圃，当条件允许进行繁衍时，单个母株在一个生长季能生产100或更多的子株。子株数目形成的多少依品种、苗圃位置和苗圃管理措施而定。苗圃中，日中性品种通常比短日品种形成的匍匐茎少。

在草莓生产中，匍匐茎被除去以促进枝茎和花芽的形成。对日中性的品种往往在整个生育季节同时产生花和匍匐茎。草莓果实生产地里的匍匐茎必须立即除去以促进花的发育，减少对有限资源的竞争。通过苗圃地延长低温处理时间或是用冷藏过的植株来提高植株活性，可增强匍匐茎在草莓生产田中的生长发育。

叶

草莓叶是典型的三出复叶，气孔仅长在叶背。全年都有新叶长出，3～6个月后老叶就显著衰老并死去。每8～12天一片新叶就可形成。叶片在茎上每6片一圈螺旋排列生长。

花和果实

一般来说，花序从根茎的顶端分生组织开始形成。虽然每个花序着生5～6个果实最典型，但每个花序也可以长成15个或更多的果实。第一朵长成的花叫做初花，初花下面两朵紧靠着的、较小的形成二级花，二级花下面形成较小的三级花，三级花下面形成较小的四级花（图3），偶尔四级花下面会长出非常小的五级花。

雌花胚珠发育为草莓果实种子，嵌入被称为花托的茎组织里（图5）。雄蕊的花粉能存活2～3天，被风、地心引力或昆虫转移到雌蕊的柱头表面。蜜蜂对草莓的授粉并不是绝对必需的。花粉粒萌发并形成花粉管，花粉管穿过花柱到花柱底部的子房给里面的胚珠受精。一旦胚珠受精，花托和胚囊组织就发育成了园艺果实——我们吃的草莓。真正的植株学上的果实，众所周知的瘦果“种子”长在花托组织的表面（图6）。每个发育中的

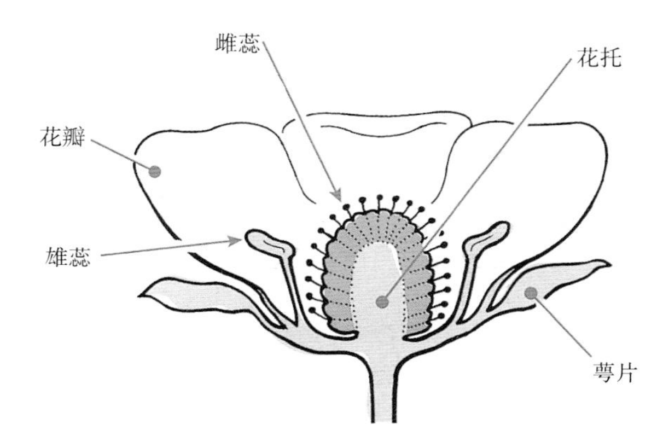

图5 草莓花的结构特征。

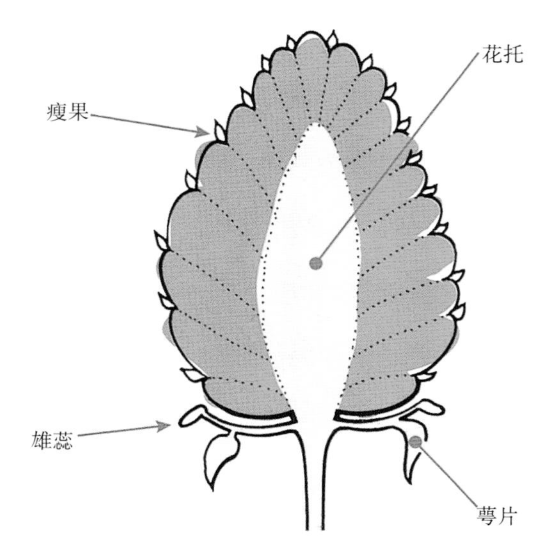

图6 草莓果实的结构特征。

瘦果都形成生长调节化合物，生长调节化合物诱导子房和花托膨大。如果瘦果没能正常生长，就会产生畸形果实。果实的发育从授粉到成熟需要25～60天，视当时的温度而定。从花托长到尺寸正常、成熟的草莓果实需要花托上大量瘦果的成熟发育。授粉和花托的发育可以被低温和有害生物危害，从而导致败果。

花芽形成

短日照品种，也被称为“六月结实”品种，当日照长度（光周期）等于或小于14 h光照时，会形成花芽。温度、光周期交互作用诱导成花。然而，如果温度高（大于15℃），诱导开花的光周期可能会少于14 h。在加利福尼亚州大多数种植区，冬天是温和的，短日照品种在整个冬天持续形成花芽。短日照品种通过春天、夏天、秋天也可以继续形成花芽，只要夜间温度不超过18℃就可延长生长周期。日中性品种（也称做终年结果品种）不管每天日照长度大小，只要温度适宜即可形成花和果实。栽培因素也影响开花诱导，并且可以加强或削弱日照长短和温度的影响。例如，大量施用N肥造成植物生长旺盛或长时间暴露在低于7℃的寒冷气温下可抑制正常日照长度和温度下的诱导开花，而正常的日照长度和温度是能诱导花芽形成的。

短日照品种在文图拉郡的南海岸和圣塔玛丽亚山谷种植区生长得更好，因为它们生产的是早熟果实。日照不敏感的品种在沃森维尔 - 萨利纳斯种植区更受欢迎，因为它们使种植者能抓住夏季和秋季的后期市场，这时短日照品种的果实已经很少了。

低温处理和植株生长

草莓植株的生长依赖于温度，在温度低于10℃时营养生长明显下降。草莓没有真正的像落叶果树那样的休眠期，但草莓植株的生长和新陈代谢过程在较低的温度下会减慢。在所有商品果实生产地区，除了中央山谷，全年的气温都很适宜草莓植株的生长。随着植物生长减缓，叶片和茎部产生的碳水化合物以淀粉的形式储存在根茎部和根部，当温度转好它们又支持植株重新生长。第二年夏天种植被冷藏起来的草莓移栽苗挖出时应该得到充分的冷处理，植株生长极为缓慢。

移植到果实生产田的草莓植株的生长模式取决于它们被挖出和冷藏前受过多大程度的低温处理。光照和温度都是控制植株开花和匍匐茎形成的主导因素。高温和长日照适宜匍匐茎的形成，低温和短日照适宜花的形成。长时间暴露于低温下，会导致生活力过旺，并减少花枝数目。然而低温处理不足或没有，可能导致低活力、果实产量下降和果实品质下降。大多数的加利福尼亚州商业种植者从高海拔的苗圃获取移栽苗，这些苗圃在加利福尼亚州东北部和俄勒冈州中南部寒冷的农业区。通过调整初秋苗圃的挖苗日期，种植者可以调节低温暴露处理的程度，从而调节移栽苗的活性。虽然成功的栽培也可以少用低温处理，但在挖苗前，种植者还应该力求合适的低温暴露处理（低于7.2 ℃处理150～400 h）。加利福尼亚州所有种植制度的目标就是在营养生长和生殖生长之间取得平衡，通过足够的低温处理来促进营养生长充分进行，从而使花发育为大的、品质好的果实。

所有新挖的、高海拔地区的移栽苗在略高于冻结温度下储存和运输，以确保产品的质量。低海拔地区苗圃的移栽苗被储存在2℃的低温下，以保持生长最缓，直到种植。大多数苗圃挖移栽苗的时间是在理想的种植日期和期望的低温处理时间之间取得平衡。植株在田里受到的低温处理程度以冷藏时数来测量，其计算方法为以9月1日后低于7.2℃的小时数减去26.7℃以上的小时数。近一半的高海拔地区苗圃在Macdoel地区，那里生产的移栽苗，在加利福尼亚州南部的生产区域10月1日栽植会得到正常合理的、及时的低温处理。在McArthur稍微暖和的地区（中部沿海生产区），为了赶到11月1日这个指定种植期，苗圃移栽苗都较晚才挖出。低海拔地区苗圃移栽苗在12月和1月被挖出，将它们冷藏在–2℃，以便春天在高海拔地区苗圃种植、出口或是夏天种植在果实生产区。

种植制度

在加利福尼亚州种植的草莓通常在一个果实生产季后即被替代。种植在晚春、夏天或秋天的植株以某种方式进行处理，这种方式在第一年即可达到预期的果实产量。如果这些植株第二年继续留在土里，产量及果实品质会有所下降，同时产生有害生物问题，增加成本。另外，第二年产生的有害生物问题常常影响到邻近种植的新植株。

秋季定植

秋季定植的主要优点是它能提供早熟果，产生更多大小一致的、品质更高的果实，并且费用少于夏季定植。加利福尼亚州90%种植面积的草莓都进行秋季定植，这也是加利福尼亚州中部和南部海岸的冬季暖和种植区采用的主要种植制度。

秋季定植在秋季中后期进行，在秋天和冬天短日照条件下生长，这是冬天和早春果实生产的需要。这种种植制度之所以成功，是因为加利福尼亚州中部和南部沿海地区1月平均温度为10℃或更高，为秋季定植提供了理想的条件。种植前必须有充足的低温处理，所以移栽苗必须来自高海拔地区的苗圃，那里秋季的温度足够低，能满足低温处理的需要。

夏季定植

对于一定的品种和种植区域，传统的夏季定植制度比秋季定植更多产。它们更耐盐，并且和秋季定植相比，严重的叶斑病也较少。在加利福尼亚州中部，通常夏季定植相应地比秋季定植晚2～3周结果，因为营养生长更强，对沿海地区这可能是一种优势。

夏季定植的移栽苗来自低海拔地区的苗圃，在12月和第二年1月移栽苗够粗壮时就可以挖苗了，然后把它们冷藏起来直到第二年春天或夏天栽种。与夏季凉爽、冬季温暖的地区相比，夏季温暖、冬季寒冷的地区栽种得较早些。如果栽种太早，植株生长弱，每株上果实过多，果实很小；如果栽种太晚，果实的品质也许不会有所不同，但是植株生长旺盛，影响花的形成，产量降低。栽培措施（如除去匍匐茎）常用来延长生长和增大根茎的形成。

在圣塔玛丽亚谷和文图拉郡，日中性品种可在春天或初夏栽种，果实在秋季形成。从管理角度看，这种做法可以被认为是一种夏季定植的改良，因为所用的移栽苗都是同一类型，管理方式也是相似的。

草莓有害生物防治

有害生物综合防治的目标就是通过作物栽培措施和有害生物防治措施，用最少的化学试剂来获得最大的作物产量。有害生物综合防治规划的关键组成包括：

- 及时、准确地识别有害生物和有益生物；
- 田间监测；
- 控制操作指南；
- 有效的防治方法。

没有任何一种规划放之四海而皆准。对于一个特定的栽培区域，其最好的防治规划是由许多因素决定的。这些因素包括现行种植的草莓品种、种植日期、收获季节相隔多久、水果市场地点、土壤类型、农田耕种历史、环境和当地的气候等。本章主要讨论防治措施，这将有助于你对自己的草莓田进行合理的管理。

有害生物识别

你需要知道哪些有害生物很可能出现在你的田里，这样才能确定监测时间和最有效的有害生物防治计划。甚至对于那些亲缘关系相近的有害生物或造成症状类似的病害，你可能使用不同的防治方法。同样的，你必须能够识别重要的有益生物。

本手册中的描述和图片将会帮助你识别发生在加利福尼亚州草莓上的一些常见有害生物和它们的天敌（有益生物）。其他有用的信息资源都列在本书后面的推荐阅读里。你需要经验丰富的专业人员来帮助了解一些问题起因。如果你不确定是什么引起的，不要犹豫，向他们寻求帮助。必要的时候农业顾问、郡农业委员会、有害生物防治专家可以帮助你或者指引你寻求其他专家的帮助。

田间监测

定期监测每块田地为制定有害生物防治决策提供至关重要的信息。一个好的监测项目涉及全年的调查，包括跟踪调查田间状况、栽培措施、有害生物种群的发展。持续多年的监测记录对长期计划是很有帮助的，它会告诉你明年情况会怎么样，什么样的防治技术是有效的，什么是无效的。

种植前检查潜在的问题

在田间准备种植前，大量的监测活动非常重要，它有助于制定当季的有害生物防治规划。

- 查阅种植、栽培措施、农药的使用、有害生物问题、土壤条件、盐分等的历史田间记录。检查前茬作物使用过的除草剂对后茬种植作物的限制作用。
- 调查田里的杂草。如果田里田旋花、油莎草多得成灾或是小花锦菜、多型苜蓿的密度很高，你可能就不想种草莓了。
- 收集灌溉用水的样品和田间土壤的样品来分析盐度、营养水平和微生物污染。
- 调查邻近地区的害虫，因为它们有可能跑到草莓田来。例如，二斑叶螨、地老虎或黏虫，寄生在杂草的草盲蝽，根象甲的可能来源。调查邻近地区风带来的野草种子，以及地鼠、金花鼠、田鼠或者鼹鼠的迹象。
- 如果可能的话，参观你计划获取移栽苗的苗圃，查明他们有害生物控制程序和管理措施。

根据种植时间、收获时间和田地位置，可以预料到不同类型的问题。夏季定植植株在秋天易遇到有害生物问题，需要监测有害生物群体的发展情况。如果不及早控制，一些有害生物问题在冬天会继续危害。在一些新鲜水果供应能延续到夏季的地区，草盲蝽成为潜在的严重问题，在收获季节结束前，盲蝽害虫的防治必须延续几周。如果夏天收获是为了果汁或果酱市场，盲蝽造成的危害并不是关注的重点。下年或“超载”种植田地更有可能被一些有害生物危害，诸如二斑叶螨、樱草狭肤线螨、白粉虱、长足金龟、根象甲和土传病原菌。如果植株连续种植两年以上，那么防止蚜虫种群的形成对于减少一些病毒病的传播就尤为重要。

有害生物的发生几率在一个季节是变化的。一些有害生物的发生，如普通叶斑病和炭疽病的植物梢顶枯萎时期，需要在早期第一片叶子形成时，就要进行频繁的监测。这个时期的条件非常有利于疾病迅速传播，小植株也很快被杀死。当第三或第四叶形成后，就需要对其他的有害生物进行更多的监测。图 7 列出草莓重要监测和防治活动的日程安排，表 2 中列出了草莓重要有害生物防治的季节活动安排。

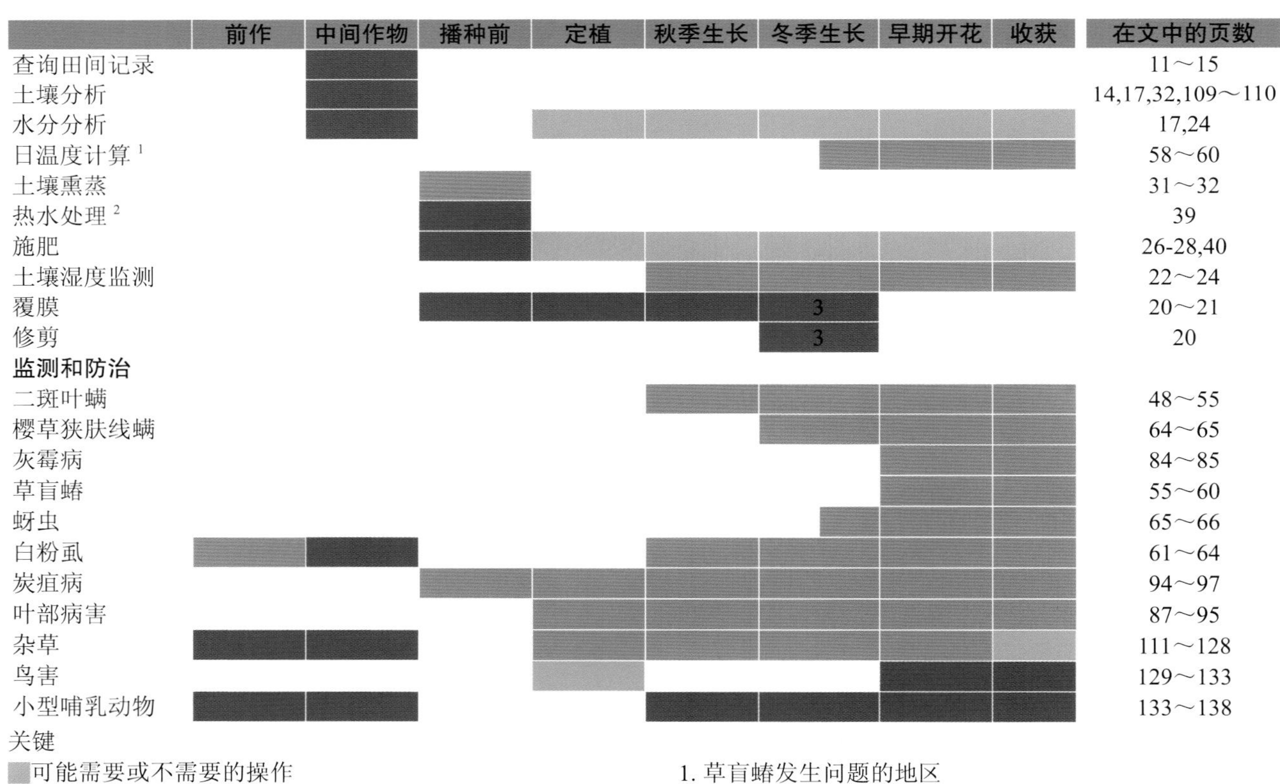

图 7　草莓重要监测和防治活动的日程安排。

表 2　草莓重要有害生物防治的季节活动安排。

活动	所见页面
定植前	
开垦前作杂草调查；控制多年生杂草和难以控制的一年生植物，如锦葵、三叶草和牻牛儿苗	113
调查邻近地区产生风传种子的杂草（如飞蓬、三裂叶豚草、苦苣菜），并于花前进行控制	122
调查温室附近白粉虱的寄主，熟悉白粉虱在当地的群体动态变化规律	62
检查前作和附近地区的地鼠、田鼠、金花鼠，考虑防治活动	133～138
查阅田间作物耕作史	12
对于土壤病原菌和杂草问题考虑土壤消毒（内陆山谷、有机栽培）	18
考虑轮作的经济性来减轻黄萎病、疫霉病、线虫和主要杂草问题	17
分析土壤养分和盐分	14,24,27
分析灌溉水盐浓度和氮	14,17,24
针对移栽苗的期望品种和认证水平做安排	35～40
调查苗圃螨、炭疽病和叶角斑病	47,65,93,95
考虑种植前进行土壤熏蒸	31
整地，确保配备良好的排水设施	17
考虑施用缓效肥	26～28
种植前土壤熏蒸需要时使用塑料膜	31
整形种植床使顶部水分最少，因为顶部有水分，常发生根部和根茎病害以及灰霉病	17
考虑塑料膜的颜色来控制杂草、水果生产的土壤温度以及植株大小的管理方向	20～21
定植	
使用经认证合格的定植苗以减少有害生物传给移栽苗	35～36
检查移栽苗的螨和病害症状	47,65,93,95
考虑炭疽病、疫霉病杀菌剂的浸蘸	97～99
根部象甲存在的地方考虑建立屏障	77
监测灌溉水的盐度	14,17,24
监测土壤湿度	21～23
植物生长	
每周监测田间有害生物	
二斑叶螨	53
樱草狭肤线螨	64
白粉虱	61
地老虎	66
炭疽病和疫霉病	95～98
白粉病和叶斑病	89～90，93～95
立即把带有未知病害的植株样本送到植物病原体检测实验室	84
监测杂草出现，人工除草是必需的	113
核查地鼠、田鼠、金花鼠的迹象，如果数量正上升考虑防治行为	133～138
监测灌溉水盐分	14,17,24
监测土壤湿度	21～23
用叶分析方法监测植物养分水平，根据需要使用肥料	27～28
早花	
每周监测田间有害生物	
二斑叶螨	53
樱草狭肤线螨	64
草盲蝽	59
蚜虫	65
灰霉病（当气候条件适宜发病时进行监测）	84
炭疽病	95～97
叶部病害，初期白粉病（当气候条件适宜发病时进行监测）	89～97
黄萎病、疫霉病	97～99
立即把带有未知病害的植株样本送到植物检测病原体实验室	82
监测杂草出现，人工除草是必需的	113
核查地鼠、田鼠、金花鼠的迹象，如果数量正上升考虑防治行为	133～138
监测灌溉水盐分	14,17,24
监测土壤湿度	21～23
用叶分析方法监测植物养分水平，根据需要使用肥料	27～28
计算草盲蝽的日发生程度	59
收获	
每周监测田间有害生物	
二斑叶螨	53
樱草狭肤线螨	64
盲蝽	59
蚜虫	65
果蝇	74
灰霉病(当气候条件适宜发病时进行监测)	84
炭疽病	95～97
黄萎病、疫霉病	97～99
立即把带有未知病害的植株样本送到植物检测病原体实验室	82
监测杂草出现，人工除草是必需的	113
除去或扔掉腐败的水果和带有水渍的水果	85～87，105
监测水果鸟害，特别是在之前存在鸟害历史的地方	131～133
核查地鼠、田鼠、金花鼠的迹象，如果数量正上升考虑防治行为	133～136
监测灌溉水盐分	14,17,24
监测土壤湿度	21～23
用叶分析方法监测植物养分水平，根据需要使用肥料	28
计算草盲蝽的日发生程度	59

水土取样

每年至少两次对灌溉用水中盐和硼进行实验分析，在每个季节前对土壤 pH、盐和养分进行分析，你也可以采集土样来分析有害线虫或某些土壤病原体。在采土样和水样时遵循如下原则：

- 提前联系实验室做好安排，根据要求准备样品。
- 为了采土样，将田地分成几个区域，使每个区域的土壤类型、以往管理措施保持一致，并且与前作物生长明显不同（图 8）。
- 在有迹象表明受盐害或缺乏营养的区域分别采样。
- 利用取土管或类似的设备，取上部 6 英寸（15 cm）的土壤。
- 每个区域至少取 20 份子样品，将样本在一个干净的桶里混合均匀。
- 提交约 1 品脱（0.568 L）混合土，进行盐度或营养分析；取 1 夸脱（$0.946\times10^{-3}m^{3}$）样品，对土壤线虫进行分析。
- 确保每个样本标记好采集日期、地点和你的地址和电话号码。
- 取灌溉水样前让泵运行至少 30 min。用干净的塑料瓶收集样品。

气候

气候对草莓的发育有重大影响，对影响草莓的有害生物也起作用。温度控制昆虫和螨虫的发育速度，降雨是叶病和果病发展的基本因素。可靠的气象信息来源对作出许多有害生物防治决策是关键的。日高温和日低温需要掌握，例如，当盲蝽要迁移到草莓上时，需要使用日温度累计器进行估计。

蒸腾量数据可用来安排灌溉并计算水的需要量。天气预报对于安排灰霉病和一些叶部病害的预防，以及安排防冻和保护性措施时是非常重要的。农业领域的许多报纸和电台都报告当地天气信息。国家气象服务在美国国家海洋气象局（NOAA）用 VHF162.42，162.50 和 162.55 MHz 播报当地和整个区域的气象信息。详细预测信息可从你所在地区的国家气象服务网站获得。蒸腾量的信息可从加利福尼亚州水资源部门 CIMIS（加州灌溉管理信息系统）规划（www.cimis.water.ca.gov）得到。许多地区的天气信息可从加利福尼亚州立大学的有害生物综合防治计划（www.ipm.ucdavis.edu）获得。私人厂商也提供气象信息和预测服务。

天气条件在局部地区常发生显著变化，尤其是气温和降雨量，在你的田地里及附近领域建立自己的气象站可以得到最准确的天气数据。气象仪器从简单的设备（如一个最高 / 最低温温度计）到能不断监测记录气象信息并转移到电脑的电子设备，更有经验丰富的监测站甚至实时发送数据到偏远地区的计算机上。一些较为简单的设备也是有效的，可追踪记录温度和日积温。根据制造商的建议建立并维护气象仪器，定期进行校准以确保准确性。保存你所有的观察记录。

保持记录

长期精确的田间观察记录将协助您评估防治措施的有效性，并使制定长期的规划变得容易。对于

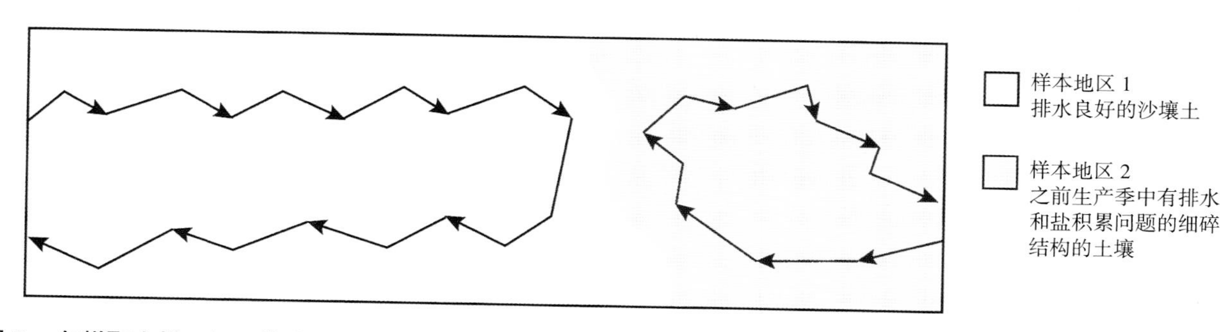

图 8　怎样取土样。把田块分为几个区域，使每个区域植株生长或土壤质地特性一致。每个区域大小为 2～10 英亩。每个区域至少取 20 份子样品，按照上面所显示的行走路线进行取样。合并子样品，然后取约 1 夸脱送实验室分析，在样本上标明你的名字、地址、电话号码和采样地点。保持土样凉爽并尽快送实验室。

每一块土地保持记录：

- 日常实地调研，包括日期和 GPS 的位置；
- 杂草调查；
- 实验分析结果，如土壤测试、水试验和有害生物识别；
- 园艺信息，包括品种、种植日期、移植苗来源、收获日期及产量；
- 记录使用的农药，包括材料、浓度和它们的效果。

把信息编辑在电脑的电子表格中是非常有用的，把多年来同一块田地的所有数据组合起来放在同一个文档，在这个文档里，你可以更容易进行比较和辨识其趋势。

防治活动指南

种植者或者有害生物控制专家可利用防治活动指南判断何时有害生物或其他胁迫造成的威胁足够大到有必要采用防治措施。该指南对于某些有害生物，如二斑叶螨、蓟马和草盲蝽，发生威胁的阈值估算是基于抽样技术的。对于其他的一些有害生物，如病原体和杂草，该指南是基于土地历史、作物发育阶段、出现的症状和损坏、天气条件以及其他的观察结果。防治活动指南可能随着新的品种、栽培措施、有关有害生物的新的信息而改变，防治技术才能变得更为有效。

防治措施

一个有效的有害生物综合防治计划能保护作物免受经济损失，同时尽可能少地干扰生产体系的长期稳定。实施有害生物综合防治计划最经济可靠的办法就是预估和及时避免有害生物的发生，通过监测显示需要进行防治时就尽快、尽早进行控制，使有害生物的防治次数减小。然而，不能只考虑有害生物防治方法，许多栽培措施如品种和植株的选择、低温处理、田间准备、灌溉和施肥等在有害生物防治上能起主要作用。当你的田里确实需要农药防治时，使用那些毒副作用最小（如生物防治）且经济有效的农药和施用方法。

生物防治

生物防治定义为任何生物措施，如寄生虫、捕食者、病原、拮抗剂或竞争者，它使有害生物数量远低于它原本该有的。有害生物的天敌生物和其他有益生物是有害生物综合防治计划中首当评估的事情。为了使生物防治尽可能有效，选择那些对天敌危害最小的农药、药物配比和施用技术。

天敌有助于控制草莓的大部分害虫和螨（表 3），

表 3　加利福尼亚州草莓害虫的天敌。

害虫	生防制剂
蚜虫[1]（Aphids）	寄生蜂（parasitic wasps）：茶足柄瘤蚜茧蜂（*Lysiphlebus testaceipes*），阿布拉小蜂（Aphidius），蚜小蜂（*Aphelinus*）；真菌病（fungal disease）：虫霉（*Entomophthora*）；草蛉（lacewings）；大眼长蝽（bigeyed bugs）；小花蝽（minute pirate bugs）；粉蛉（dusty wings）；姬蝽（damsel bugs）；瓢虫（lady beetles）
卷叶害虫（Caterpillar pests）	寄生蜂：赤眼蜂（*Trichogramma*），腰带长体茧蜂（*Macrocentrus*），姬蜂（*Hyposoter*），跳小蜂（*Copidosoma*）；姬蝽；大眼长蝽；草蛉；小花蝽；蜘蛛（spiders）；核型多角体病毒（nuclear polyhedrosis virus）
樱草狭肤线螨[2]（Cyclamen mite）	捕食性螨类（Predatory mites）：胡瓜钝绥螨 [*Amblyseius*（*Neoseiulus*）*aurescens*]，*A.*（*N.*）*cucumeris*，*Galendromus*（*Metaseiulus*）*occedentalis*；六点蓟马（sixspotted thrips）；小花蝽
草盲蝽[3]（Lygus bug）	寄生蜂：*Anaphes iole*，毛室茧蜂属杆菌（*Leiophron uniformis*）；大眼长蝽；姬蝽；小花蝽；蜘蛛
二斑叶螨[2]（Twospotted spider mite）	捕食性螨类：小植绥螨属智利小植绥螨[4]（*Phytoseiulus persimilis*），*Galendromus*（*Metaseiulus*）*occidentalis*，钝绥螨属加利福尼亚州螨 *Amblyseius*（*Neoseiulus*）*californicus*；六点牧草虫；食螨瓢虫（*Stethorus picipes*）；小花蝽；大眼长蝽；草蛉；粉蛉；捕食蠓（predatory midges），隐翅虫（rove beetle），*Oligota oviformis*
白粉虱[2]（Whiteflies）	寄生蜂；大眼长蝽；小花蝽；草蛉

1. 通过天敌经常防止到达危害水平，但是也推荐调控监管，有时也需要施用杀虫剂或肥皂粉喷雾剂。

2. 天敌帮助减少种群数量，但是通常需要用农药来防止有害生物群体到达危害水平。

3. 很少能靠天敌控制在危害水平以下。

4. 引进已在一些地区形成的捕食者，这和其他捕食性的螨类种类是商业可行的。增加释放是有用的，建成的野生种群显得更有效。

几种重要的天敌种类在下一章会有所描述。天敌也许在调节植物病原体、杂草、线虫和脊椎动物的群体数量上起作用，但通常不是十分经济有效。人们正在研究生物防治制剂控制植物病原体和杂草的能力，然而，此书不对生防制剂进行特别推荐。想了解草莓方面最新的生物防治信息，请与你们郡的农业顾问联系或参考《UC IPM 有害生物综合防治指南：草莓》，以及列于建议阅读和万维网的可用信息（www.ipm.dcdavis.edu）。

种植材料认证

几个不同的草莓植株病原体可以从苗圃转移到果实生产田中感染移栽苗，它们包括病毒、植原体、叶部和根结线虫以及各种各样的对植物致病的真菌。此外，杂草种子和多年生杂草的营养繁殖体可以在被污染的移栽苗上传播。使用认证合格的移植苗是防止病毒疾病和叶部线虫转移到果实生产田的主要方法。认证合格的移植苗在减少其他草莓病原体传播到果实生产田中也发挥重要作用。它们有助于减少杂草的扩散，因为认证合格的田地通常保持没有杂草。下一章“草莓苗圃有害生物防治”，将讨论合格移栽苗的生产。

品种选择

草莓品种对某些生物和非生物性危害的敏感性各有不同。例如，有些品种在叶螨上存在更多问题，有些品种对黄萎病、疫霉冠腐病或是白粉病更敏感。了解品种对有害生物敏感性的知识对规划栽培措施很重要，栽培措施可以使极有可能发生的问题最小化。因为新的品种不断研发，加利福尼亚州现行种植的草莓的品种特性这里没有列出，可以参考《UC IPM 有害生物综合防治指南：草莓》以及建议阅读，也可以在万维网找到（www.ipm.ucdavis.edu）有关信息。

栽培措施

从田间选择到手工采收果实，好的栽培措施对获得最大产量、最好品质的草莓是重要的。许多栽培措施在有害生物防治方面有显著作用，一般来说，即使有许多不同有害生物造成的低到中等的压力，保持植株活性会有助于保持产量。了解管理措施是如何影响草莓和草莓有害生物的，有助于更好地设计一个既有利于草莓生产又能将有害生物减至最小的规划。

园地选择

如果选择了具有理想特质且有害生物威胁最小的园地，管理费用就会大大降低。草莓喜深翻、排水良好的沙壤土，因为整地容易、熏蒸效果好、盐积累的可能性小，灌溉方便而且土壤较好适应频繁的灌溉和田间活动，这些都是草莓植物需求的。园地应能根据坡度合理分级，也应具备良好的空气下排，以便冷空气不停留在田里。避免排水差的土壤可减少如根部疫霉病和冠腐病等病害。避免使用长有难以控制的杂草的田地，如田旋花、油莎草、小花锦葵和三叶草。

确保有高质量的足够的水供应，确保土壤和田间条件允许现有水资源种植草莓。对水土的盐和碱进行检测，如果供水的总盐已经超过 900～1 000 ppm，将不得不特别留意避免有害盐的积累。如果盐分含量过高，就不宜种植草莓，除非你考虑把多余的盐从草莓根部冲走。在整地、熏蒸土壤和种植前，最好的做法是灌溉土壤以减少土壤盐分，并且它会花好几年才使条件适度改善。测试盐分和盐分管理在本章进行讨论，同时，测试土壤是否缺硼和锌。核实并确认残留期很长的除草剂没有被用在前作物上。

田间卫生

病原体、居住于土壤中的昆虫、杂草种子和多年生杂草的繁殖体可随着被侵染的移栽苗带到生产土壤中。如果你有一块没有有害生物的土地，要按照好的卫生操作来减少通过感染的移栽苗、土壤和农田设备带入有害生物的机会。以下措施有助于减少有害生物的蔓延：

- 使用高品质、合格的移植苗。导致多种疾病的病原体可以随着被感染的移栽苗传入。使用合格的材料，它并不能保证完全不受有害生物感染，但可大大地降低带入这些有害生物的可能性。带入杂草的可能性是微乎其微的，因为合格的大田是无杂草的。要非常了解和熟悉生产移植苗的苗圃，来自受侵染苗圃的樱草狭肤线螨和红蜘蛛可能会被传播到生产田。
- 在前后作物之间留下足够的时间，以便前作草莓的根茎可以在你种植前完全分解。最好在草莓植株间使用覆盖作物或轮作作物，而不是将草莓种成一片。

- 将设备移至下一块田里时，用纯净的水冲洗设备（如果可能，用热蒸汽），除去土壤和植物的残骸，以避免有害生物的传播，如多年生杂草、线虫或是根象甲。清洁干净田地是首要的。
- 如果在每块田里都发现樱草狭肤线螨，移去受害植株，通过人工或设备确保侵染没有扩散。
- 在杂草产生种子前，从田里及附近除去问题杂草。
- 在春生一代若虫达到成年前，从田里移去盲蝽的寄主。
- 确保粪便或其他有机肥料至少有一年时期的腐熟，在施用前对它们适当地混合和消毒。

作物轮作

用覆盖作物，如黑麦、大麦、或大麦和贝尔豆（bell beans）的混种，对草莓进行轮作可以增强有害生物控制，帮助改善土壤结构。一大堆谷物黑麦或大麦能额外地控制杂草，因为这些农作物和杂草相比是很有竞争力的，并允许使用阔叶除草剂来控制杂草，后期阔叶除草剂在草莓上会导致严重的问题。此外，不论是黑麦或是大麦都不寄生侵害草莓的有害生物，并且这两种谷物都能减少根结线虫的数量和土壤黄萎病的水平，虽然明显的疾病控制需要长期的轮作。在常用的覆盖作物中，芥菜通常是杂草最好的竞争对手，并且芥菜残留物比其他那些谷物更快分解。另外，覆盖的芥菜残留物减少了疫霉病在土壤中的出现。蔬菜作为轮作作物也许可作为额外的杂草控制选择，提供来自轮作作物的经济回报。花椰菜残留物在土壤里能减少土壤病原体的水平，包括黄萎病。然而，冬季蔬菜的操作可以导致土壤紧实和土壤结构损坏。覆盖作物的残留物可疏松土壤并帮助改善土壤灌溉，确保有足够的时间让覆盖物在种植整地前分解。长期使用土壤改善措施可改良土壤结构和排水。

田间准备

为再植处理和定植精心进行田间准备可以使有害生物防治更加容易。考虑的重要因素包括土壤类型、作物残留物、种植床的设计、适当的排水，以及是否打算在弄好种植床前后进行土壤熏蒸。不要在土壤很湿或很干时进行土壤操作，不管哪一种情况都会损害土壤结构。整理带有适当斜坡的种植床（至少在 0.75%），使水不会留在土壤里，也不会在下雨天排干，而不会导致土壤侵蚀。适当地对种植床整形，使水不会从床顶流走。在山坡上，把种植床弄成一个等高线梯田来减少床水土流失。

尽早整地，以使前茬作物在熏蒸前分解，因为未分解的作物残留物中的病原体可能光靠熏蒸不能杀死。在熏蒸前，适度地粉碎干燥土壤直到没有土块，因熏蒸不能渗透到土块中。很湿的土壤进行操作会导致土壤板结，土壤板结会影响土壤熏蒸的功效。土壤熏蒸在很干的土壤里不是很有效，所以得在熏蒸土壤前喷洒灌溉干燥的土壤。如果计划用太阳能晒土或微滴熏蒸土壤，这些相同的指导也适用。

如果土壤施用硫或石膏，在种植前几个月施用并与土壤充分混合。雨水和灌溉水将从根部区域过滤多余的盐。如果你正在用石膏改善水的渗透，那么，在土壤表面使用，不要把它混进土壤。

好的排水是必要的，能减少根部病害的发生并防治根部盐分积累。经常深耕下层土壤以保证有足够的排水。上层滞水面、紧实土壤层、分层或多层土必须在整地时处理好。翻起 30 英寸（75 cm）深的底土也许可以解决这些问题，且应每年重复多次。在某些情况下，有机质改善剂可改善排水。但是选择改善剂时应小心，不要导致盐的问题。如果使用粪便或复合肥，提前将它们与土壤充分混合，在种植前使雨和灌溉水能将多余的盐从根际冲走。高位种植床改善排水，因此增加床位高度可能有助于缓解排水需求问题。在雨季田里务必提供足够的排水系统，积水有利于根部和根茎部疾病的发展。滴灌大田应该有 0.75%～1% 的均匀排水坡度要求，理想的情况是雨水不应该在草莓地淤积超过大约 6 h。

种植床可能会在土壤熏蒸前或之后形成，熏蒸程序会在本章有害生物后面讨论。如果你打算用日晒控制杂草，你一定要先整床。你可以用两行或四行的种植床。图 9 中图解说明了种植床尺寸大小。四行的种植床是圣塔玛丽亚谷和加利福尼亚州南部地区最常见的。然而，两行的种植床是沃森维尔 / 萨利纳斯地区最常见的。四行的种植床在盐度管理、有害生物防治和收获上可能更困难。

当在丘陵地区建立种植床时，植物间应保留一定空间，例如，在种植块间做道路，这将有助于冷空气排出和降低低温损伤。

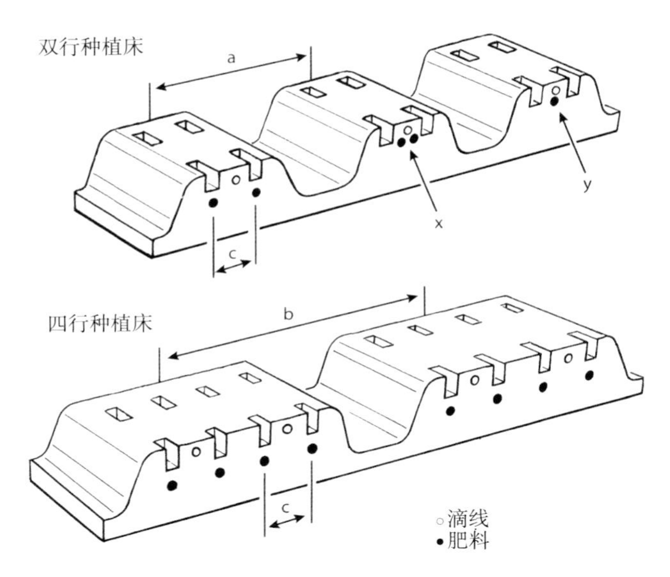

图9　2行和4行种植床的尺寸大小和推荐的施肥地方。（a）2行种植床中心间距40～52英寸（100～130 cm），（b）4行种植床中心间距60～68英寸（150～170 cm），（c）行间距12～16英寸（30～41 cm），行内株距12～18英寸（30～46 cm）。缓慢释放肥料如磷酸二氢铵类可以放到移栽苗根部以下1.5英寸（2～4 cm）处。肥料也可以放到种植狭槽的边处以及稍微高出移栽苗根部（x）或低于滴线（y）处，这样的配置可以使营养滴灌到根部区域。肥料施放到种植狭槽的边处可以降低肥料灼伤危险，而肥料施放到种植床高处会增加盐的问题。肥料也可以广播和与其他操作结合一起施放到种植床。

土壤日晒

根据当地的气候条件、日晒能够控制一些土传有害生物问题，但并不及土壤熏蒸有效。日晒涉及用透明塑料覆盖潮湿的土壤和让太阳加热土壤到足够高的温度杀死土传病原体、线虫和杂草。该技术在内陆山谷具有更大的潜力，那里太阳辐射是最高的。免耕期进行土壤日晒更容易适合栽培计划时间表。在沿海的草莓生产地区日晒没有效果。

使土壤没有土块、作物的残骸和杂草，会让土壤日晒效果最大。先整好种植床，然后放置滴灌管，确保它们被土壤覆盖；如果没有被覆盖，它们将被热毁坏。用1～2毫英寸（0.025～0.05 mm）的含紫外线抑制剂的聚乙烯膜覆盖种植床，并用泥沟里的土壤压紧，使土壤边际密封边缘。覆盖带来土壤湿度，增加土壤田间持水量，湿润的土壤被加热得更深层次、更迅速。当湿润时，病原体和杂草种子对热更敏感。在一年中最热的时候处理，至少6周，保持足够的热量以杀死有害生物。沿海岸的内陆地方需要8～12周的日晒。非必要的情况下，在种植日晒后请勿打扰，否则在本过程中没有被杀死的杂草种子将会被带到表面。平地土壤日晒，土传病原体和线虫的控制可能更大；使用两层日晒塑料使土壤更热，两层塑料相距大约1英寸（2 cm）。平地日晒也许更加适合那些日晒控制杂草不是很必要的地方。

大多数土壤，土壤日晒可以在一定程度上控制寄居土壤的节肢动物，但是花园么蚰不能很好地控制，因为它们能够移至土壤深层、避免热量。日晒可以控制12英寸（30 cm）土壤深度以上的线虫，然而因为线虫可以在土壤中移动，日晒通常不能防止线虫对草莓的严重危害。对大多数土传病害日晒可以减少病原体的水平，但导致炭腐病和黑根病的病原体病原例外，它们是无法被控制的。大多数杂草的种子，包括田旋花，在一定深度也能靠日晒杀死。然而草木樨的种子不能被杀死，田旋花和油莎草的多年生结构只有在上层几英寸土壤才能被破坏。日晒不大可能达到通过土壤熏蒸所获得的有害生物控制的程度和促进生长的效果。更多的信息可以在下面的日晒论述部分找到，在建议阅读资料中列入。

定植

如果想达到最佳的植株活力，至关重要的是依照推荐程序进行管理和种植所选的品种，良好的植株活性可以增加产量，降低有害生物的影响。

（1）定植时期。在内谷进行夏季定植，在春天和夏天种植（二者通常被称为“夏季定植”）是为了秋天在圣塔玛丽亚谷和加利福尼亚州南部地区种植的日中性（day-neutral）品种。秋季定植（有时被叫做冬季定植）除中央峡谷以外在所有区域都可进行。成功的秋季定植需要温和的秋天气候，那会使在短日照下进行根茎生长。植物生长的最佳时间视草莓的品种和栽培位置而定，产量、品质和成熟期受种植时期的影响。适当的定植时期有助于确保增强植株生长活性，提高产量，降低有害生物问题。如果定植得过早，植株活力和果实产量就会减小，而且可能会增加螨虫问题，大大增加畸形小果的问题。定植太迟导致叶片和匍匐茎过量生长，过度增长叶子，延迟结果，减少产量。

不同品种和栽培地区建议的定植时期见表4。

（2）移栽苗的定植。在移栽过程中保护好移栽苗防止它变干，并将它们放在土壤湿度接近田间持水量的地方。在种植床弄好前就已进行过土壤熏蒸的田里，移栽苗通常被栽入洞里，这些洞由机器在

表4 针对加利福尼亚州果实生产地区的短日照和日中性草莓品种推荐的定植时期。

种植地区	夏季定植	秋季定植
短日照品种		
内谷	7/20—8/5	无
圣塔玛丽亚谷	无	10/15—10/30
南海岸	无	9/25—10/15
文图拉郡	无	9/25—10/20
沃森维尔/萨利纳斯	很少	10/15—10/30
日中性品种		
内谷	无	无
圣塔玛丽亚谷	5/30—7/30	11/1—11/15
南海岸	无	无
文图拉郡	7/15—7/30	无
沃森维尔/萨利纳斯	很少	11/1—11/15

种植床的顶部挖出（图10A），在聚乙烯膜覆盖前后都可以挖。合理种植移植苗是至关重要的，因此，所有的移植苗都是手工种植的。确保根茎部在土壤覆盖后是适当暴露出来的（图10C）。如果种植过深植物就会死掉，过浅就会长得很差。在种植沟里根应该竖直放置，不允许放成J形。如果根过长而影响正常的种植，就可以修剪根，但修剪根的长度不应少于4英寸（10 cm）。移栽苗的种植位置不应超过距离滴水线6～7英寸（15～18 cm）。

种植密度建议依不同的品种、幼苗来源、定植期、氮肥管理、土壤类型、大田位置和种植床的宽度等进行选择。在圣塔玛丽亚谷和南加利福尼亚州的四排种植床，种植密度为每公顷22 000～28 000株，最常见的种植密度是每公顷24 000株。在沃森维尔和萨利纳斯的两排种植床的种植密度为每公顷16 000～20 000株。在所有的种植中，植株间是交错的，在种植床上尽量使植株间相互隔开，这种做法降低了植株间的竞争和增大了喷雾的范围。种植太密会使果实变小，使采摘效率低下，增加病害和着色不均。种植太稀减少产量。

植株定植成活

种植后立即喷灌是移栽苗定植成活的最好办法。新形成的根系对干燥和盐分十分敏感，所以需要小心施用肥料并经常灌溉防止生长衰退及产量下降。在种植后的前四周频繁的灌溉很重要。经常灌水使种植床土壤水量保持在田间持水量（张力计的读数5～10厘巴[cb]），但要避免积水。灌溉过度会滋生病害。如果使用滴灌使植物生长，放置滴线和薄膜，然后浇足够长的时间以便种植前让种植床达到田间持水量。如果土壤干透了，冬天必须灌溉。

图10 靠机械在种植床顶部开穴用于种植移栽苗。(A)在苗穴下或旁边可以用来放置底肥；(B)用手把移栽苗放入槽穴这样根就不至于暴露或弯曲成J字形了；(C)移栽苗定植后，根茎芽的顶部应该露在土外（箭头），确保根部不要接触肥料。

偶尔，在草莓秋季种植后会长出匍匐茎，必须除掉匍匐茎，以便让它长成大的、高产的植株。只要田间有足够多的匍匐茎，就要将它们尽快除去。清除匍匐茎时也可以结合人工除草。

整枝

从夏季定植植株上除去老叶，使种植床更多暴露于阳光下，温暖土壤刺激生长。整枝也可以除去粉虱若虫，这种若虫可能在夏季定植植株上形成，还有红蜘蛛和一些病毒的接种物，如角斑病。在2月下旬（在内谷为12月）当生长旺盛的植株有至少4个根茎部时进行整枝。除去外围较老的、没有功能的叶子，移去植株中央的一些幼叶（图11）。如果长得很差，只除去死掉的叶子。从冬天的植株上除去衰老和死去的叶片，有助于减少病毒接种物，特别是在湿润的年份。

聚乙烯膜覆盖

用聚乙烯薄膜覆盖种植床有助于调节土壤温度，从而调节植物的生长和果实产量。覆膜同样可以储存土壤水分和减轻盐分在土表的积累，在减轻衰退问题上具有非常重要的作用，因为它限制了果实和土壤及灌溉水的接触。再生杂草的控制是至关重要的（除非你使用透明薄膜），因为晶莹透明的塑料薄膜不能控制杂草生长。薄膜最好的使用时机取决于品种、种植和收获的时期以及其他管理的因素。聚乙烯薄膜可能在种植前就用机器铺好或在植株放好后用人工或机器铺好。在种植铺好膜后，塑料膜纵向在种植床上展开，并用金属别针把种植床两边每6～8英寸（1.6～2.4 m）固定好，或是将膜的边缘压入土壤。一个特殊的燃烧器是用来加热金属圆柱，这个金属圆柱可以在塑料膜上冲个小洞。膜上有植株，植株的地上部分被从洞里拉出薄膜。如果在种植床弄好后要熏蒸，你得在种植前覆膜。需要在顶部放置装满土壤的塑胶袋以防风吹走或损坏塑料膜。

透明的聚乙烯薄膜 薄膜（图12A）可以让日光在短日照的冬季使土壤增温，在生长季早期和全年刺激茎叶生长，并因此增加产量。在圣塔玛丽亚谷和南加利福尼亚州，在秋植草莓种植前覆盖透明膜或是种植后立即覆膜。在沃森维尔/萨利纳斯地区，短日照品种可以用透明的再植薄膜种植或种植后使用透明的薄膜，这种膜必须在种植后立即使用，促进冬季生长。对日中性品种，透明的薄膜通常在12月中旬或12月底使用。当夏季定植植株比建议种植日期晚种时，透明的薄膜也在内谷地区使

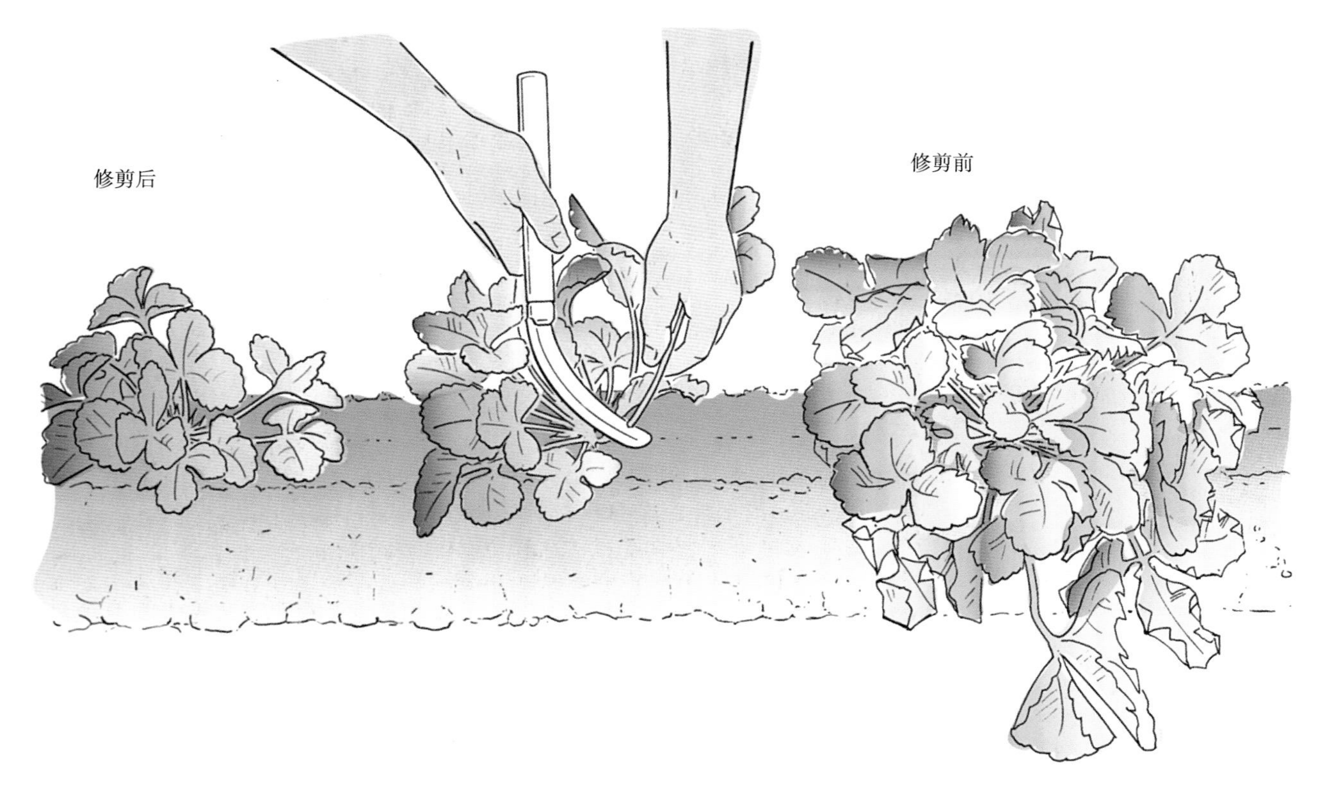

图11 在覆膜之前，修剪夏季植株，去除老叶和外部叶。

图 12 聚乙烯薄膜可以是透明的给土壤增温（A），或是白色的给土壤降温（B）。不透明的覆盖膜，大多数为黑色的（C）、绿色的（D）或棕色的，用来控制种植床上的杂草。那种一边白一边黑的不透明塑料膜覆盖也可用。

用。在 11 月上旬使用透明薄膜很重要，可刺激茎叶在暮秋到冬季的生长。待到 12 月底或第二年 1 月使用薄膜，这时日照长度增加，可以刺激匍匐茎的生长并缩短果实生长期。

白色的聚乙烯 白的（图 12B）或黑白相间覆盖膜显著地冷却土壤，令生育前期生长减缓。帮助增大果实，并且延长某些品种的果实生育期。在中央山谷，对夏季定植植株整枝后立即覆上白色的聚乙烯膜。白色覆盖膜是最不可能在热季烧死果实的。多数白色覆盖膜是半透明的且不抑制杂草生长。黑衬白色覆盖膜不能控制杂草生长。白色及银边薄膜的反射有助于抵御一些有害生物，如温室白粉虱。

不透明的聚乙烯膜 例如那些黑色的（图 12C）、棕色的或是绿色的（图 12D），能较大程度地给土壤增温（但不及透明薄膜）并控制种植床的杂草生长。然而，油莎草的嫩芽可以穿透薄膜并长大。用黑色塑料薄膜，当温度很高（在 32℃以上），果实会出现烧伤问题。

灌溉

周密的灌溉计划及其实施对成功种植草莓很重要。根际土壤水分必须维持在一定的水平，以维持旺盛生长和最大果实产量；同时避免过量的土壤湿度，那样会促进根系和根茎部疾病的发生，并增加果实腐烂。喷灌用于苗圃，并用在果实生产田里使移栽苗定植成活，尽管一些加利福尼亚州的苗圃已经改为滴灌。叶部和果实病害（特别是常见的叶斑、角斑和炭疽病）在喷灌下，更成问题。

一旦植株定植成活，推荐使用滴灌用于草莓的果实生产，这种方法高效用水，直接将水分和肥料分配到根际。在覆膜的条件下，使用滴灌代替喷灌有助于减少灰霉菌和其他果实衰退病的发生。滴灌可以稀释盐浓度，减少由于盐分造成的产量损失。为了确保盐分向下移动离开植株和种植床的顶部，滴灌管应安放在距离床面距离不小于 1 英寸（约 2.5 cm）的地方。滴灌也容易安排喷施和其他田间操作，因为没有必要移动喷灌线。长 200 英尺（约

60 m）或更短灌线对有效灌溉是最好的。

草莓需要的灌水量和灌水频率取决于土壤特性和当地的气候条件。不同种植地区的草莓在一个生长季的近似需水量列在表5。作为一般规则，当天气很热时，要每2～3 d进行灌溉，应该使在滴灌管下面的粗质地、排水良好的土壤保持在其田间持水量附近（张力计读数在12～15厘巴）。细碎结构土壤或是排水不良的土壤（或如果有必要种植草莓远离滴灌管的地方）不要经常灌溉，且每次灌溉应少量，以避免径流（runoff）和延长土壤水分饱和（saturation）的时期，较长土壤饱和期将有利于根部疾病的发生。通常，滴灌运行5～6 h，已足够淋去根系的盐分，以及湿润根际。用张力计或其他一些监测土壤湿度的方法很有用，这能帮助决定什么时候去灌水。

土壤张力计提供一个有效的方法用来监测土壤湿度，帮助决定什么时候需要灌溉。它能指示植物根系从土壤吸收水分有多困难，读数越高表示土壤水分越低。把张力计放置在植株种植行里，两棵植株之间，一个植株旺盛生长的地方。把一个中央带有4个多孔杯的张力计放在4～6英寸（10～15 cm）深处，监测根际土壤水分，另一个中央带有8个多孔杯的张力计放在8～12英寸（20～30 cm）深的地方用来监测深层土壤的湿度。有关正确安装、维修等方面的要求请咨询当地农业顾问或其他技术人员。表6根据土壤类型和张力计读数给出何时灌溉的建议。

表5 不同种植地区草莓生产上预估的平均每生长季需水量（单位：英寸，1英寸约为2.5 cm）。

种植地区	夏季定植	秋季定植
内谷	32～36	无
圣塔玛丽亚谷	29	23
南海岸	无	31
文图拉郡	未长成好苗	29
沃森维尔/萨利纳斯	26	20

表6 推荐的土壤湿度计读数下进行灌溉

湿度计深度	土壤湿度计读数（厘巴 centibars）	
	排水良好的土壤	排水不良的土壤
6英寸（15 cm）	10～15	15～20
12英寸（30 cm）	0～10	5～10
18英寸（45 cm）	10～15厘巴正常；0～10厘巴表明灌溉过量或者排水不良	

每次灌溉应该施用的水量应是自上次灌溉已经消耗了的水量。通过土壤水分蒸发、蒸腾损失总量（ET）的记录，可以测量出作物的水分消耗量。ET指植物所吸收水分总量加上土壤表面蒸发的数量。一旦有另外两个数据即日参考蒸发量（ET_0）和作物系数（K_c），也可以算出作物土壤水分蒸发蒸腾损失总量（ET_c）。作物系数取决于作物本身的特性和被作物叶片覆盖的小块土壤。日蒸发量测试值可从当地新闻、广播和电视转播以及加利福尼亚州的水利部门CIMIS系统（www.cimis.water.ca.gov）和UC IPM的网址（www.ipm.ucdavis.edu）获得。

一般草莓作物系数已由实验确定，数据列于表7中。随着地面被植株覆盖的面积增加，作物系数的测量值也随着变大。实际作物系数取决于品种和叶面积，一般测量值的调整按照如下所述进行。日参考蒸腾量（ET_0）乘以适当的作物系数（K_c）得到作物土壤水分蒸发蒸腾损失总量（ET_c）。自上次灌溉起，把一个时间段的土壤水分蒸发蒸腾损失总量值都加起来，从而得到每英寸的田间水分需求量。把这个值乘以1.2（如果使用的是喷灌，乘以1.25～1.3）来弥补非统一的应用情况。如果需要淋洗盐分，总的土壤水分蒸发蒸腾损失总量乘以淋洗分数（参见下面的“盐度管理”），并把结果加到总的作物蒸腾量中，除以施用率（AR）就可得到所需的灌溉时间。施用率（AR）可由滴灌带的输出量和种植床尺寸算出。在公式中D是滴灌带的输出量，单位为加仑（4.546 L）每分钟每100英尺（30 m），W是英寸距离。使用张力计读数和蒸腾量运算来计算灌溉时间和灌溉量的例子在图13给出。

$$AR = [11.6][D]/W$$

表7 作物系数（K_c）和草莓植株覆盖土地比例（排水良好的土壤，聚乙烯膜覆盖的种植床）之间的关系。

土地覆盖百分比	作物系数（K_c）
10%	0.20
20%	0.30
30%	0.40
40%	0.50
50%～60%[1]	0.60
70%～80%[2]	0.70

注：1.60%土地覆盖就是完全覆盖了双排种植床。

2.75%土地覆盖就是完全覆盖了四行种植床。

日期月/日	6英寸深土壤湿度计读数（厘巴）	日参考蒸发量（ET_0）（英寸）	作物系数（K_c）	作物土壤水分蒸发蒸腾损失总量（ET_c）（英寸）	上次灌溉后的总ET_c（英寸）	评价
6/9	0					灌溉
6/10	–1.4	0.14	0.7	0.10	0.10	
6/11	—	0.14	″	0.10	0.20	
6/12	–4.3	0.16	″	0.11	0.31	
6/13	—	0.16	″	0.11	0.42	
6/14	–7.6	0.18	″	0.13	0.55	
6/15	—	0.19	″	0.13	0.68	
6/16	–11.1	0.17	″	0.12	0.80	
6/17	—	0.12	″	0.08	0.88	
6/18	–14.6	0.12	″	0.08	0.96	+20%+25%淋洗分数（LF）=1.25
6/19	—					应用灌溉1.4

图13　一个使用土壤湿度计读数的例子和用于规划灌溉的每日ET_0值。使用土壤湿度计读数来安排灌溉，并参照表6给出的建议。基于植物生长，选择一个作物系数（表7）。从当地的ET_0值计算出ET_c来决定应使用多少水。由于不统一的施用，加上20%的分数来补偿。把淋洗分数加到ET_c（图15）。淋洗分数0.25被用于这个例子中。

也可以用加利福尼亚州灌溉管理信息系统（CIMIS）提供的信息做出日蒸腾量测量值的表格。来自加利福尼亚州灌溉管理信息系统（CIMIS）的微机程序非常有用，它能够进行必要的计算。从建议阅读可知道关于联系CIMIS的信息和一系列讨论灌溉制度、张力计的使用及蒸腾量计算的出版物。

灌溉后检查张力计，核实已经施用了足够的水。用地下深层的张力计读数来核实灌溉足够与否。根据计算进行灌溉后，整个灌溉期如果读数仍然持续不到5厘巴，就是灌溉太多的水了。检查并确认张力计是否正常工作和正确地放置地方。如果一切正常，降低计算中使用的K_c。如果灌溉后，张力计读数没有回到0厘巴附近且张力计正确工作的话，说明灌水不足，需要增加K_c。调整K_c不超过0.05，之后再做任何进一步调整前，对一系列的灌溉尝试进行新的算法。

如果不使用张力计，仍然可以使用ET计算来安排灌溉或决定施用多少水分。当总的作物ET达到预期的量，比如1.0英寸，就可以灌溉了，然后每次施用同样的水量——125%的作物蒸腾量或更多的水量（需要淋洗时）。或者在固定间隔灌溉，如每3天进行一次，并施用相当于前次灌溉加上额外用来淋洗所需的累积作物蒸腾量的125%。

你也可以靠手触摸土壤来感觉评估土壤水分状况。表8描述了如何使用这种技术来评估需水量，以使不同土壤类型达到田间容量。

另一个简单的检查土壤水分状况的方法是用电介质常数测量仪，评价田间不同位置的读数。

无论使用哪种技术来安排灌溉和计算需水量，在灌溉期间和灌溉后都需要立即检查田间是否均匀施用。表8描述了土壤感觉技术，是一种较实用的

表8　通过感官和外表来判断土壤水分消耗。

粗质土壤	水分需要量/英寸（mm）[1]	中型颗粒土壤结构	水分需要量/英寸（mm）[1]	细质土壤	水分需要量/英寸（mm）[1]
土壤看上去和感觉都很潮湿，形成形状或球，并且黏手	0.0（0.0）	土壤黑暗，感觉平滑，手指间带状，在手上留有湿的轮廓	0.0（0.0）	土壤黑暗，感觉很黏手，当挤压时容易成条，形成好的球状	0.0（0.0）
土壤黑暗，稍微地黏手，当挤压时形成一个薄弱的球	0.3（7.5）	土壤黑暗，感觉光滑，黏手，操作容易，并形成球或形状	0.5（12.5）	土壤黑暗，感觉光滑、黏手，容易成条和形成好的球状	0.7（17.5）
当挤压时土壤会形成一个脆弱的形状	0.6（10.5）	土壤脆弱但是当挤压时可能形成一个薄弱的形状	1.0（25）	土壤易碎但是圆润，形成形状或球，能成带，稍微黏手	1.4（35）
土壤干燥、疏松、易碎	1.0（25）	土壤易碎，粉，当挤压时很少保持形状	1.5（37.5）	土壤坚硬、破裂，太硬了而不能成条	2.0（50）

注：1. 土壤在给定的条件下，1英尺（0.3 m）深的土壤所需要的水量，来恢复田间容量。

检测土壤水分状况的方法，检测整个田间的几个位置。水分不均匀施用的主要原因是压差、滴灌带堵塞和泄漏。在喷灌和滴灌系统的多个位置安装压力表并使用便携式压力表定期观察，检测田间许多位点的压力。记录下每个灌溉周期的起始和结束时的压力值，能帮助你及早发现和纠正问题。目视检查田间状况对追踪灌溉设备的性能仍很必要。

盐度控制

草莓对盐高度敏感，土壤盐分或灌溉用水盐分增大在许多地区是一个严重的问题。土壤中过高浓度的盐或是现存各种与根系生长相作用的盐分含量不平衡，会减慢草莓植株生长率并减少产量。土壤表面附近盐积累会由根茎干扰到根系的发育。生长在凉爽的沿海气候的草莓植株比温暖的内陆地区的草莓植株对盐分似乎较不敏感。盐度问题通常是由灌溉水中的盐分造成，但也可以是土壤中既存盐分、不良排水和不合理施肥引起。一些土壤和水中含硼，虽然硼对植物是必不可少的元素，但如果水中存在的浓度大于 1 ppm，硼也可能具有毒害。

可见的盐毒害症状包括植株矮化、黑带蓝绿色叶片、叶尖和叶片边缘灼伤，在老叶上损伤更严重，症状即疾病的描述在第六章中。叶面症状出现之前通常就会发生产量损失，受盐胁迫的植物对二斑叶螨的形成更敏感。由于这些原因，在种植之前就要测试好水分和土壤是很重要的，并遵循推荐灌溉和施肥管理程序，以避免盐分积累。粪便、复合肥和一些化学肥料可以显著增加土壤中的盐含量。在为种植进行田间准备前，用灌溉来减少土壤盐分和土壤硼是最好的处理。

（1）监测。存在于土壤和水分盐分是带正电或负电矿物离子，在灌溉水和土壤溶解物中找到的最常见的正离子（阳离子）钙、镁、钠和负离子（阴离子）氯、硫酸盐及重碳酸盐。这些带电离子增加了水的导电能力，所以可以靠测量电导率来估计它们的浓度。衡量电导率以每米分欧姆（dS/m）或每厘米毫欧姆（mmho/cm）测量，在数值上是相等的。硼并不影响电导率，应单独分析。虽然在土壤中具有高水平的石膏时，草莓可以忍受 3 dS/m，而产量没有任何减少，但通常在饱和土壤黏浆中只能耐受 1 dS/m 的电导率。

如果你认为盐可能会增加，对灌溉用水进行抽样，每年至少两次或更多次。如果对盐分积累特别关心，买一台便携式电导率仪，在整个种植季期间每周测量水样电导率。一个完整的水样分析报告包括了总盐测量值、电导率（EC_w）、一些特殊离子（硼、氯和钠）的浓度、pH、钠吸附比（SAR）。钠吸附比是平衡钠、钙、镁的测量方法。过高的钠吸附比（如 10 以上）和较低的水分电导率，说明水分渗透可能存在问题。如果钙含量过低或钠含量过高，在土壤中增施石膏肥料能增加水分渗透。

表 9 列出了可能制约对草莓使用灌溉用水的盐度测量值。土壤盐度测量值是用土壤样品的水提取物电导率（EC_e）表示的。土壤盐量通常是灌溉用水盐度的 1.5～3 倍，视施用多少水而定。施用水越多，土壤盐分越低。土壤含盐量的季节变化能通过灌溉用水盐分和淋洗分数估算出（见下文）。用表 10 来帮助估计基于灌溉用水盐度和淋洗分数的土壤含盐量，而分析土壤样品提取液的电导率（EC）来证实淋洗灌溉的作用和检测种植季期间的变化。

表 9　用于解释水分分析结果的指南。

特性	测量单位	水分使用限制		
		如果低于，没有限制	如果在之间，有一些限制	如果超过，便有严重限制
电导率（EC_w）	dS/m	0.7	0.7～2.0[1]	3.0
总盐度（TDS）	mg/L	450	450～2 000	2 000
钠	SAR	3	3～9	9
氯化物	Meq/L	4	4～10	10
硼	mg/L	0.7	0.7～2.0	2.0
硝酸盐	mg/L	5	5～30	30
重碳酸盐	Meq/L	1.5	1.5～8.5	8.5
酸度	pH		正常范围 6.5～8.5	

注：1. 在中海岸 EC_w 高于 1.4 的地区不推荐种植草莓。

（2）淋洗要求（Leaching Requirement）。盐度对产量的影响取决于品种、气候、土壤状况和栽培措施，包括灌溉方法。图 14 说明盐含量如何影响产量潜力。为避免盐分积累到导致不良的产量损失的水平，一定要采用土壤所能保持的更多的水从根际淋洗掉盐分。保持最高产量所需的额外用水的最少量即所谓的淋洗需要量。任何低于此值的水量都能让盐分在根际积累到会减少产量的水平。淋洗需求量取决于灌溉用水的盐度、作物、理想的产量潜力。淋洗分数（LF）是这样的一个水量分数，既根际下的排出水量除以施用水量。

图 15 表示灌溉水盐分在淋洗需要量（淋洗分数）上的影响，需要维持潜在产量 80%、90% 或 100%。可以使用这个图来估计维持理想产量的淋

表 10　根据灌溉水盐度和淋洗分数估计土壤盐度。

灌溉水盐度（EC_w）	不同淋洗分数（LF）下的土壤盐度近似值 EC_e（mmhos/cm）				
	LF=0.05	LF=0.10	LF=0.15	LF=0.20	LF=0.30
0.25	0.80	0.53	0.38	0.33	0.28
0.50	1.60	1.10	0.75	0.65	0.55
0.75	2.40	1.58	1.13	0.98	0.83
1.0	3.20	2.10	1.50	1.30	1.10
1.5	4.80	3.15	2.25	1.95	1.65
2.0	6.40	4.10	3.00	2.60	2.20

淋洗分数（LF）计算的例子：

如果灌溉水盐度，EC_w 测得为 0.75，需要多大的淋洗分数来维持最大产量潜力呢？

从图 14 可以看出，100% 的产量潜力需要的土壤盐分 EC_e 大约为 1.0 dS/m。

从上面的表 10 找到 EC_w 0.75，横着读找到 1.0 的 EC_e 或低于 1.0 的 EC_e。

0.98 的 EC_e 相当于 0.20 或 20% 的 LF 或 0.75 EC_w 的灌溉水，淋洗分数在 20% 将维持土壤盐分约 1.0，使产量最大。

如果自上次灌溉后的 ET 是 0.5 英寸，那么加 20% 或 0.1 英寸的量到下次要灌溉的量里面。

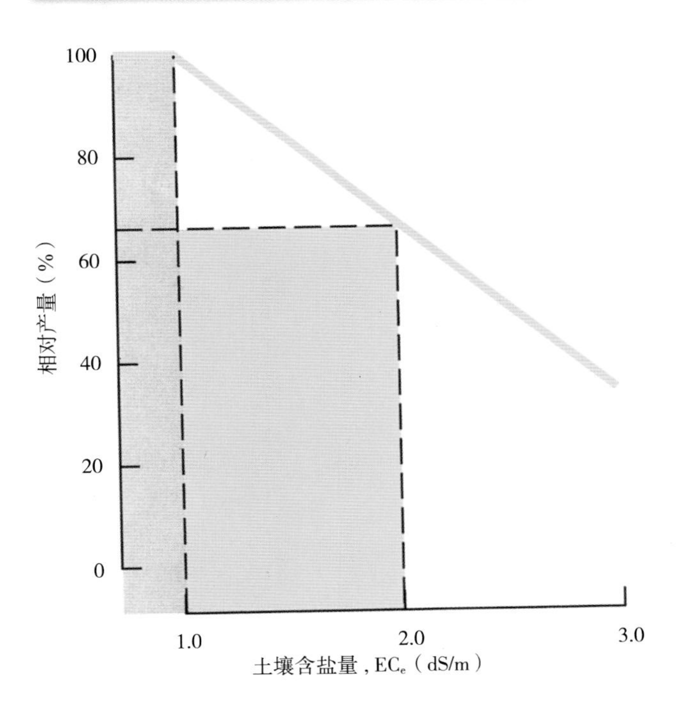

图 14　土壤盐分对相应产量的影响。使用这个图来帮你确定一个基于有效灌溉水的盐分和生产目标的淋洗需要量。

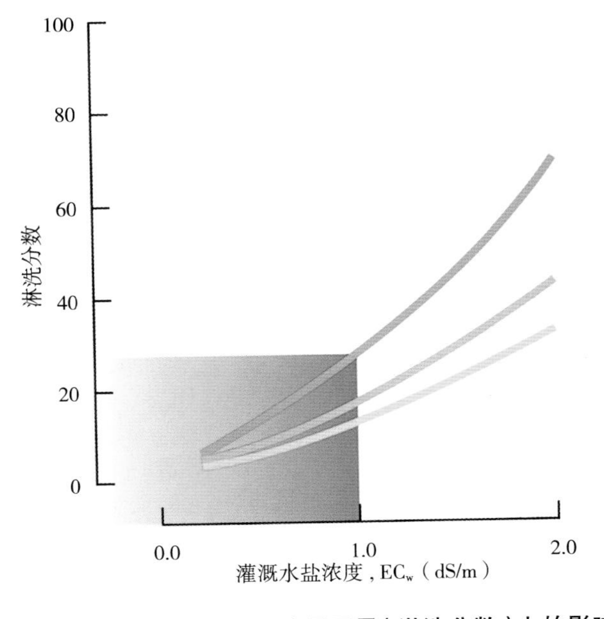

图 15　灌溉水盐分在淋洗需要量（淋洗分数）上的影响，需要维持潜在产量 80%、90% 或 100%。例如，盐分在 1.0 dS/m 的灌溉水，需要淋洗分数在 25% 来维持最大产量。用淋洗分数乘上计算出的蒸发量（ET），并且加到蒸发量上，来表示每次灌溉施用多少水（图 13）。

洗分数。也可以用图 14 来评估你需要保持的含盐量，并用表 10 来找出淋洗分数，这个淋洗分数将保持你需要的土壤盐分（参见表 10 所附的例子）。

事实上，滴灌可能会改善草莓的耐盐力，就是说，用滴灌系统灌溉，通常可以频繁地满足根系自土壤中提取大量水分，而土壤水分来自附近的发射器，那里水分含量处于或高于土壤田间持水量。因此，作物根区的土壤含盐量将显著低于使用较少滴灌的地方。

用灌溉减少土壤盐分最好的时间是在种植整地前。喷灌后接下来分析土样的电导率，直到盐度达到允许水平。喷灌淋洗了根茎区域的潜在盐害，那样它们就不会抑制不定根的生长，不定根对植株定植成活很重要。只要塑料膜上的洞足够大到让雨水能渗透到植物根茎周围，雨水就有助于在生长前期冲走盐分。在生长期间，滴灌能有助于使盐分稀释。

霜冻防治

喷灌能用来保护花朵和果实，以免受霜冻。只要在平静的夜晚温度不低于 –5℃，或者风速小于等于 2 英里（3.2 km)/h 且温度不低于 –4℃，水冻结时，释放的热能足以防止冻害。发生冻害的温度视植物的生长阶段而定，萌动的芽当气温下降到 –12℃会受到危害，而闭合的芽在 –6～–3℃，开放的花朵在 –1℃，小的绿色果实在 –2℃。如果风速超过每小时 4 英里（约 6.4 km)，就不建议用喷灌来防霜冻了，并且在冷冻持续很久时也没有效果。

为了有效进行霜冻保护，霜期喷水器需不断地运行，从霜冻开始到度过冻结温度后停止。应当在什么温度开始，什么温度结束，决定于露点温度；当露点温度稍有降低，立即开始。表 11 是下午 7 点以后的本地露点温度数值，可用这个表来决定晚上什么时候开始喷灌，早上什么时候结束。设置喷水器每分钟至少完成一次循环，每分钟两次循环更好。水的速率设定在每小时 0.10～0.15 英寸（0.25～0.4 cm)，这可能需要不同于常规灌溉所使用的喷水器。对 –5℃的温度，防霜冻需要每小时 0.15 英寸的速率。

如果灌溉能力太小而不能在霜期喷灌所有的田地，那么限制在一定土地面积上，使之能在霜期持续地保持土壤湿润。如果在霜期中途停止喷灌，冻害会比根本不喷灌更严重。有些霜冻防护可以通过在霜期前湿润 6～12 英寸（15～30 cm）深的土壤获得。湿润的土壤储存和释放的热量是干土释放热量地两倍还多。如果滴灌带安装好了，就用滴灌带。如果没有，就充分早于寒冷时期前使用喷灌，以使叶片在霜期开始前就干燥，否则，蒸发冷却将加重冻害。喷灌逆风或斜坡上的田地也能对临近的顺风或下坡上的田地提供一些防冻保护。

表 11 露点温度的影响，在露点温度开始喷灌，以防止草莓果实和花霜冻。

露点温度°F（℃）	灌溉温度°F（℃）
32（0.0）	32（0.0）
31（–0.6）	33（0.6）
30（–1.1）	34（1.1）
29（–1.7）	34（1.1）
28（–2.2）	35（1.7）
27（–2.8）	35（1.7）
26（–3.3）	36（2.2）
25（–3.9）	37（2.8）
24（–4.4）	37（2.8）
23（–5.0）	38（3.3）
22（–5.6）	38（3.3）
21（–6.1）	39（3.9）
20（–6.7）	39（3.9）
19（–7.2）	39（3.9）
18（–7.8）	40（4.4）
17（–8.3）	40（4.4）
16（–8.9）	41（5.0）
15（–9.4）	41（5.0）

施肥

提供了足够量的必需营养的那些植物更旺盛，更能耐受有害生物，并且高产、果实品质好。在种植前后施肥提供了这些营养，但必须避免过度施肥以减少发生盐害、营养生长过旺和地下水污染的机会。草莓所需的养分种类和数量取决于前作、当下种植品种、土壤状况和种植季节。请咨询当地推广办事处，以获得适于草莓种植品种的最新建议。

有些氮肥是每一个季节都需要的，根据品种和土壤类型，通常需要相当于每公顷 150～300 磅的氮肥。粗质的土壤需要更高的量，并且它们必须分多次施用，每次少量增加。季节需要量的很大一部分在种植中施在种植床上，补充施肥靠滴灌增施，通常每公顷不超过 5～6 磅的 N。控释肥可以带状施肥，直接施在种植行下面，4～5 英寸（10～12.5 cm）深。在降雨量高的年份，需要经常性地施用少量的 N

肥（每公顷1～3磅的N），以弥补淋失和脱氮作用造成的损失。

如果接着种植需要大量施肥的蔬菜作物，除了N之外其他的养分通常就不需要施用了。在其他情况下，可能需要磷、钾、锌。这些营养虽然可以通过滴灌带施用，但最好在播种前施用。然而，如果发生缺乏症状，即使病被治好后也会造成产量损失。可以用土壤测试来估计对磷、钾、锌的需要。每个季节前后分析土样营养是个好的办法，这样就能知晓土壤变化动态并预估肥料需要。如上所述取土样（图8）。表12显示了土壤中这些养分在什么

表12　土壤营养水平检测表明施肥是否有增产的可能性。

养分	养分浓度（ppm）		提取方法
	如果低于，施肥可能增产	如果高于，施肥不可能增产	
硼[1]	0.1	0.5	饱和土壤黏浆
磷	10	20	碳酸氢钠（0.5M）
钾	50	80	醋酸铵（1.0M）
锌	0.5	1.0	DTPA

1. 由于硼缺素症，土壤检测不像植物组织检测那样理想，并且土壤检测首先应该用在检测潜在的中毒浓度。硼浓度水平超过0.5ppm就有可能中毒。

水平会被推荐施用。如果需要磷和钾，施用营养元素含量高的播前肥料。如果缺锌，施用含有锌作为微量元素的播前肥料。如果需要在秋季和冬季月份促进生长，即使当土壤测试显示磷和钾含量足够，你或许也想施用它们，因为在土壤温度很低时，这些养分对植物是不够的。

因为将肥料施在根际或其附近，可能导致盐害。当考虑盐度时，你可以根据肥料的盐指数选择肥料。盐指数是一个衡量盐在水中溶解难易的量，它直接关系到这种盐对草莓根系的潜在危害。盐指数相对于一个高度溶解的苏打水中硝酸盐的指数为100进行计算。盐指数低的肥料施在植物根系附近更安全可靠。磷酸盐的盐指数低，硝酸盐的盐指数高。局部的盐指数（或每单位营养素的盐指数）是比较不同形式肥料含盐量影响的最佳方法，因为它将含盐量同实际需要增施的养分数量联系起来了。表13列出了盐指数和常用氮肥形式的部分盐指数。作为一般规则，铵态氮是草莓的最佳选择。

适当施用播前肥料至关重要。如果太深，它将不能用来支持前期生长；如果太浅，它的盐分会危

表13　盐指数和常用氮、磷肥形式的部分盐指数。摘自 L.F.Rader,L.M.White,and Whittaker. *Soil Science* 55：202-218，1943。

肥料	盐指数	每单位N的部分指数[1]
液氨	47.1	0.57
铵盐	104.7	2.99
磷铵（11-48-0）	26.9	2.44
		（0.56）[2]
硫酸铵	69.0	3.25
硝酸钙	52.5	4.41
硫酸钙（石膏）	8.1	—
磷酸二铵（21-53-0）	34.2	1.61
		（0.64）[2]
粪盐，20%	112.7	5.64[3]
粪盐，30%	91.9	3.07
钠硝石[4]	100.0	6.06
硝酸钾	73.6	5.34
过磷酸钙，20%	7.8	（0.39）[2]
过磷酸钙，45%	10.1	（0.22）[2]
尿素	75.4	1.62

1. 每单位植物营养物质的部分盐指数是比较不同肥料形式的盐浓度影响的最好方法。

2. 每单位 P_2O_5 的部分盐指数。

3. 每单位全 $N+P_2O_5+K_2O$ 的部分盐指数。

4. 不常用在草莓上的。

害植物。缓释和控释肥料很少造成盐或氨水中毒，较便宜点儿的磷酸一铵磷酸盐也能安全施用，只要它们被仔细施放。本章前面的表9展示有肥料施用的位置。不要将释放氨气的肥料（如无水氨、磷酸氢二铵、尿素）施在根系附近，特别是在离子交换能力差的粗质土壤和高pH土壤里。

秋季定植　在种植床，带状施肥4～5英寸（10～12.5 cm）深，直接施在种植行下面，这形成了一个盐度梯度：滴灌带附近最低，施肥带最高；使根在有效水量最高的区域生长最快。由于需要吸收营养，根可以长到肥料区域，使受到危害的风险最小化。针对具体情况，向当地农业顾问或其他合格的作物顾问核实推荐播前N肥施用量。通过滴灌带，可随时增施N肥，用量每公顷1～5磅的N，用硫酸铵、硝酸铵或其他几个剂型。在将其注入滴灌系统前，经常检查肥料原料和灌溉水的相容性。

夏季定植　在把土壤整入种植床定型前，所需

的石灰、石膏、硫、磷、钾或微量元素都要均匀撒施后翻入土内。在种植洞穴下面条施 N 肥就像上面描述的（图 9）。增施的氮可通过滴灌系统施用。

次年定植　由于昆虫和病害问题，草莓的次年种植并不被推荐，这些问题会形成并传播到毗邻田间。如果种植必须持续到下一年以收获果实产量，每年种植依照植后肥料施用步骤进行。在第一个果实生产季结束时，寒冷天气来临前最后一次施肥以在植物衰退前促进生长。

季节性监测　可以通过分析叶片样本来监测一个生长季中一些营养元素的水平。图 16 描述了叶片取样的步骤。如果计划分析叶片样本，提前安排好分析实验室，并在采集好样本后尽可能快地送过去。如果不能立即把样本送到实验室，用温热的清洁剂清洗，然后再用水洗，最后在约 70℃下干燥。表 14 所列出营养元素水平和简单的操作指导，对于加利福尼亚州的草莓还没有定出针对极限产量的营养水平。有关组织分析以及缺素症状的彩色照片的更多信息可以在《草莓缺素症》（*Strawberry Deficiency Symptoms*）这本出版物上找到。几种营养缺乏，在本书的“病害”这一章后面的“非生物性病害”中有所描述和展示。

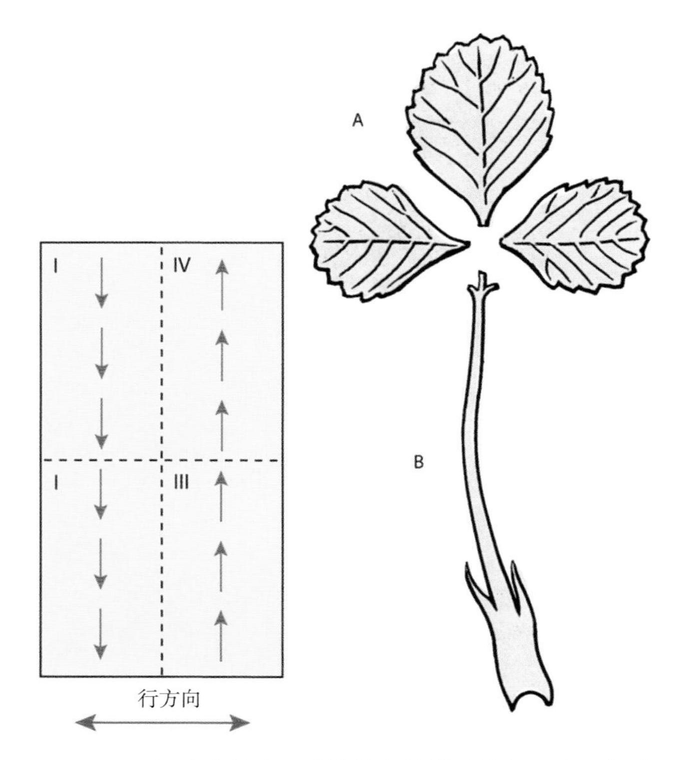

图 16　用场地分割法取叶片样本作养分分析。为了把叶片样本带去作营养分析，使用图 8 所推荐的田间划分程序，并把每个样本区域分为 4 个部分（I～IV）。沿着中心行走并在每个部分选择 30～40 片叶子。把叶分为叶片（A）和叶柄（B）两部分，保存在一个冷藏杯中，并立即送到实验室，分析叶片和叶柄的养分。

表 14　草莓植株营养水平检测，低于该水平的植株可认为是缺素（本数据基于实验室试验和显著症状观察，并非源于大田试验的田间表现）。

养分	植株测试部分	养分浓度(ppm)
硼（B）	叶片	25
钙（Ca）	叶片	3 000
铜（Cu）	叶片	3.0
铁（Fe）	叶片	50
镁（Mg）	叶片	2 000
钼（Mo）	叶片	0.5
氮（N）		
硝酸盐 N	叶柄	2 500
磷（P）		
磷酸盐 P	叶柄	700
全磷 P	叶片	1 000
钾（K）	叶片	1 000
硫（S）		
硫酸盐 S	叶片	100
全硫 S	叶片	1 000
锌（Zn）	叶片	20

收获和处理

在成熟阶段适时收获果实，小心采摘，遵循处理操作能大大减少收获后的损失。正确的收获成熟度取决于水果的品种和市场目的地。果实坚硬的品种可到完熟时收获，到新鲜水果市场出售。其他新鲜水果，要到水果粉红或 3/4 熟色收获。但是收获的水果去往更远的市场就得在不太成熟的阶段收获了。过熟的水果容易损坏，在收获后也更易腐烂。收获水果用来加工时，得在完熟时收获并在收获的同时除去花萼和茎。从茎秆上用一种扭曲的动作可将水果和花萼从茎秆上分开。当茎秆被放在箱子里，它能刺穿旁边的水果。在市场上的鲜果留着花萼有助于延长其保质期。一些特殊市场的水果采收时带着 4～5 英寸（10～12 cm）的茎秆，而且也不放在箱子里。本书最后一页插图说明了成熟的阶段，第一章的图 2 也展示了不同种植地区的收获时期。

在收获果实阶段，要小心处理果实，小心采摘行为大大减少损失。去掉所有过熟的和有腐烂迹象的果实。腐烂会在收获果实堆中快速传播，减少腐烂和延长货架保质期的关键一步是快速冷冻水果。草莓衰败很快，并且腐烂的有机体在田间温度下快速发展。以下预防措施将有助于保持果实品质，增长保质期，减少腐烂损失。

- 给还放在田里的收获果实遮阴。
- 保护水果以防热风。
- 从田里快速移走水果，最好在收获后 1 h，最迟不超过 2 h。
- 尽快地将水果冷却到 0～1℃，并在储存、装卸和运输期间采取措施防止变暖。
- 用二氧化碳处理改进腐败控制，特别是那些水果果肉温度不能维持在 1～2℃的地方。

冷却气封袋里的水果，气封袋含有 12%～15%的二氧化碳。

关于产后处理措施的更多信息可以在推荐阅读的《园艺作物采后技术》(*Postharvest Technology of Horticutltural Crops*) 找到。

农药

正确地使用农药能安全、有效、经济地控制许多草莓有害生物。种植前的土壤熏蒸在控制土传有害生物上起着重要作用。在一个有害生物综合防治计划中，当监测、种植历史或有害生物预测模型显示需要使用时才可以使用农药。小心使用农药能使它们更有效，并减少农药抗性、有害生物复发和次生有害生物再暴发、作物受害、危害人类及环境等问题。

在使用农药前，了解有效化学物质组成以及它们对有益昆虫及螨类、作物、人类和环境的潜在危害。确保所有处理和施用农药的人员都熟悉必要的安全措施，并知道如果紧急情况发生应怎么处理。在选农药时，除了考虑它们对目标群体的作用因素外，还包括它们导致其他有害生物暴发的可能性以及它们在目标群体上的抗药性历史。无论何时，可能的话用有选择性的材料，如苏云金杆菌（Bt）的多杀菌素和配方。

确保每种农药处理是适合正被处理有害生物的生命周期阶段的，并且是被及时施用的。如果在它们变得难以控制前处理有害生物问题，会提高农药的效果并减少需要施用的处理次数。针对气象条件选择正确的农药和浓度以减少草莓植株的受害情况。尽可能地依靠生物防治和农业防治减少应用农药的需要。使用能最有效地施用农药的技术和仪器。作用范围全面彻底是极为重要的，特别在叶片的背面，许多叶部有害生物就是在那里发现的。为了最好地覆盖，使用空心锥形喷头，如图 17 所示的那样的一个结构。通过减少农药处理的次数和提高处理的效率，将减少三件事：你的花费、有害生物产生农药抗性的速率和次生有害生物再暴发的可能性。

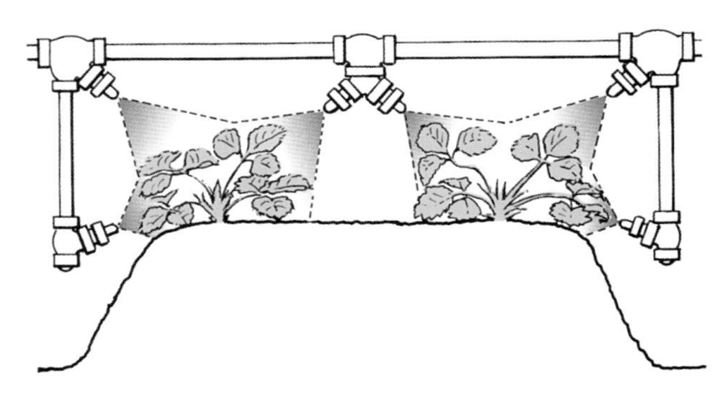

图 17　推荐喷嘴配置，以确保叶片表面充足的覆盖。为了达到最佳的覆盖面，使用能够给空心锥喷雾模式的喷嘴。

在使用任何农药前，都要仔细阅读商标说明，遵照说明并遵守所有的建议安全预防措施。因为商标的限制可能会改变，所以本指南没有具体的农药推荐。有关农药推荐方面的信息在《UC IPM 有害生物综合防治指南：草莓》可以找到，这本书已列举在推荐阅读中。了解商标的最新变化情况，如果在商标变化和商标说明上有任何疑问，向县农业委员、有害生物防治顾问或农场的顾问核实。

农药的抗性

重复使用同一种农药控制有害生物可能会导致抗性基因在有害生物群体内积累（图 18）。在某些情况下，一个有害生物群体能对一种农药产生抗性，同时获得某些其他相同类型的农药的抗性，即一种被称为交叉抗性的现象。在大多数种植地区的二斑叶螨群体中已经产生了对一种或多种可用的杀螨剂的抗性；还有在一些中央海岸地区的草盲蝽也形成了对大多数可用杀虫剂的抗性。一些病原菌产生了对可用杀菌剂的抗性。当对任何这些有害生物计划防治方法时，与当地专家核实情况以找出有效的农药种类，且这种农药种类是以前没有用过的。改变你使用的农药种类。只要有可能，苗圃里使用的农药在果实生产区域不使用。闲作期在控制二斑叶螨抗性上是有用的，当采用闲作期时，螨类群体的抵抗变得更慢并且一个群体的抗性也下降得更快。

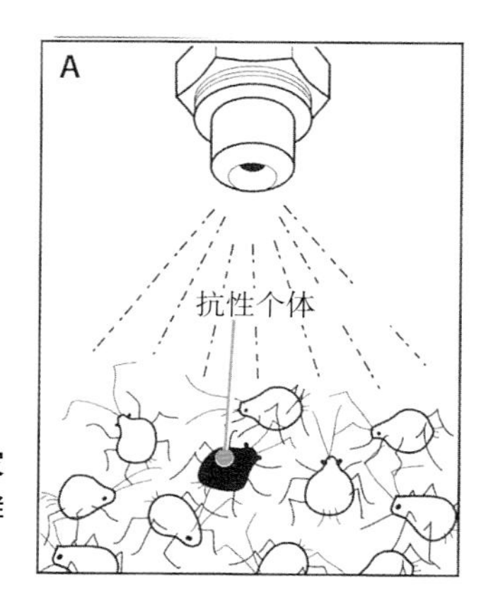

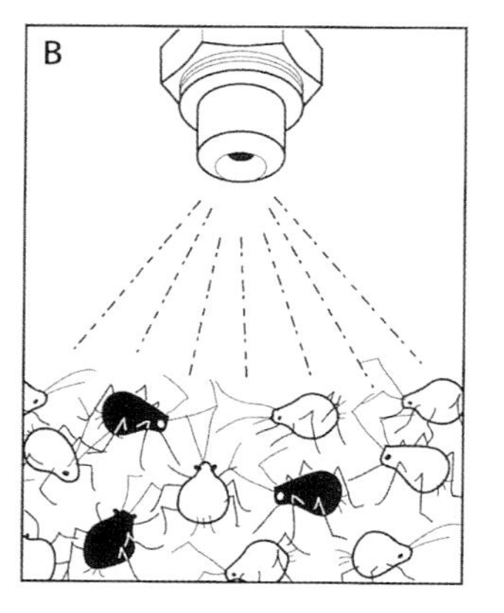

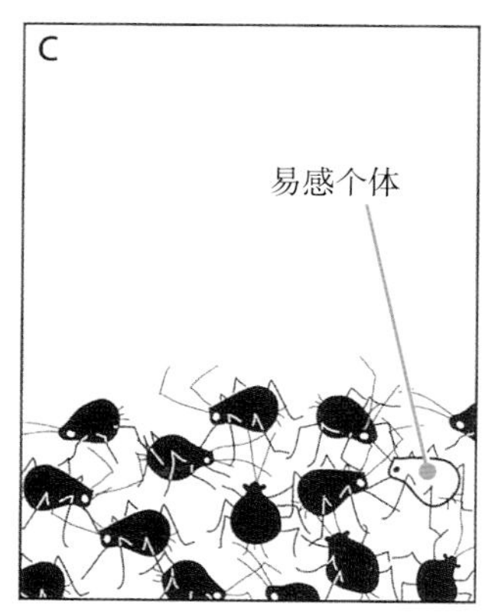

图 18 重复使用一种农药导致从有害生物种群中选择出抗性种。

有害生物复发和次生有害生物再暴发

杀死或干扰天敌的农药可能导致目标有害生物复发或次生有害生物再暴发。在草莓上，这些问题最可能发生在二斑叶螨上。

当一种非选择性农药杀死目标有害生物的同时杀死它的天敌，会出现有害生物复发。天敌的群体需要很长时间才能恢复过来，因为它们需要有害生物作为食物。没有了生物控制的制约，一些有害生物就会在处理后存活过来或从未处理过地区大量快速地侵入田间，有时其数量会增长到比处理前更高的水平（图 19）。使用对有害生物毒性比对其天敌的毒性更大的选择性农药能减少有害生物复发的问题。也可以用较低等级的选择性农药来很好地降低有害生物群体数量到危害水平以下，但保留一些有害生物作为天敌的食物来源。目前注册的用于草莓上的对天敌的毒性相对小的农药可以在列于推荐阅读的《UC IPM 有害生物综合防治指南：草莓》中找到。

农药的使用有时会使非目标有害生物增长到有害水平。当农药杀死了控制这些非目标有害生物的天敌时（图 20），就出现所谓的次生有害生物再暴发。当使用广谱杀虫剂控制如蚜虫、盲蝽或谷实夜蛾后二斑叶螨的群体数量在草莓上通常会增加。地老虎、粉纹夜蛾和白粉虱的暴发都紧接着在使用真空装置控制盲蝽后发生。

对作物的危害

农药对草莓或其他栽培作物的危害（植物毒性）会由不恰当施用方法和时间、在气温高时施用、施用过量和土壤或水中残留导致。草莓对农药危害敏感，即使是小心应用，也可能导致一些生长迟缓。例如，杀虫皂用于控制蚜虫，导致草莓逐渐生长迟缓但又不容易发现。在温暖的天气里进行防治极有可能造成严重受伤，一定要小心遵守商标上所有的浓度、配方限制和施用的时机，要与种植或生长阶

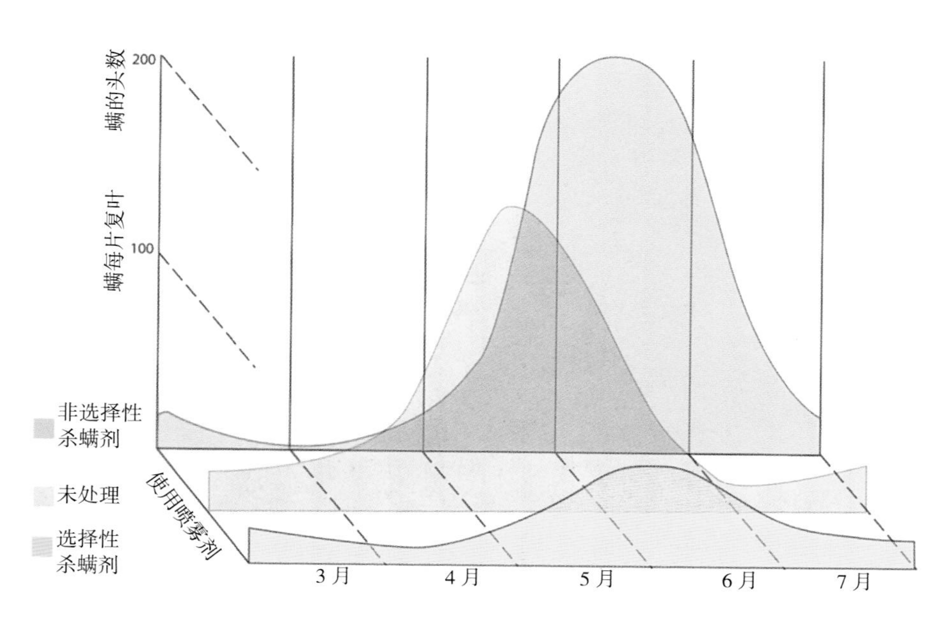

图 19 与那些使用选择性农药处理或未处理相比，使用非选择性农药后，一种有害生物的种群数量（插图展示的二斑叶螨种群）可能增长到更高的水平，这一现象被称为有害生物复发，这是由于天敌种群被破坏造成的。

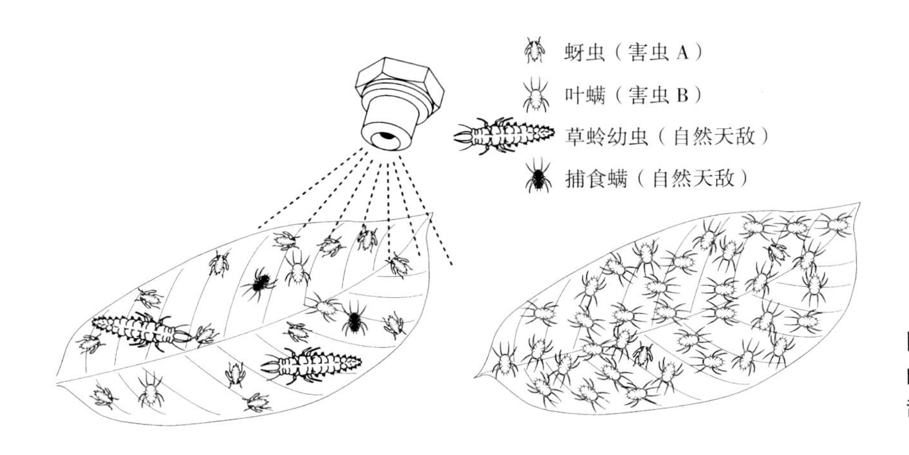

图20 当一种用于控制某种有害生物的农药杀死了控制次生有害生物的天敌时，次生有害生物再暴发就会发生。

段、气象条件、防止漂移匹配。密切关注和草莓轮作的后茬作物对你使用的任何除草剂的限制。

对人类的危害

一些在草莓上应用的农药对人有害，喷施农药的人最危险，但是现场人员和其他人进入喷施领域也可能暴露在危险之下。农药可以向附近的地区漂移，进而造成问题。阅读并遵守所有标签上的农药指南，如农药的处理和应用、过程及有关收获前的间隔，以及装农药的器具等，尤其需要特别注意农药喷施附近的居住区。确保所有的工人都得到训练，知道如何进行农药喷施，同时穿上合适的保护衣服。保持所有应用设备处于良好的工作状态和必要的安全特性。发表的几篇有关农药安全的文章都列在建议阅读资料中。

对野生生物的危害

如果径流污染水体或漂移到自然环境，应用到草莓上的农药会危害野生生物。告知农药的使用信息和制度，以保护水和野生生物。采取预防措施，选择最小危害的农药，或在径流或漂移可能污染的附近水域或敏感的野生生物的栖息地避免使用农药。

土壤熏蒸

草莓定植前利用溴甲烷和三氯硝基甲熏蒸土壤，控制造成草莓问题的杂草、线虫、土栖节肢动物、土传病原菌。熏蒸土壤也能杀死一些间接地影响植株生长和产量的生物。但是，这种处理只能用于特定的有害生物问题，这些问题在现行溴甲烷的必要用途豁免（Critical Use Exemption）中有列出。检查你的国家农业部最新的必要用途豁免。只要种植者适当地观察、等待一段时期，定植前的土壤熏蒸会使草莓根系发育和养分增强，因为土壤有益微生物的定居比有害微生物更快。溴甲烷可能被禁止使用，其他的替代土壤熏蒸正在研究中。一般来说，可替代溴甲烷的可用化学物在有效控制土壤有害生物、促进生长和增产方面不理想，但它们的使用比不使用提供更好的防治和产量。

如果熏蒸安全、有效，那么适当的土壤制备是至关重要的。在生长季节，中耕土壤2～4次，既可使熏蒸剂渗透也使排水良好。耕作直至使土块粉碎，确保所有的作物残留物已分解。如果田间草莓重茬，至少需要有2～3个月使旧的根茎在潮湿的土壤中分解；熏蒸剂不能渗透土块和大段的植物材料。当土壤湿时不要操作，因为土壤压实影响熏蒸剂渗透和排水。如果需要水浸土壤以减少土壤盐分，那么在熏蒸之前进行操作。

熏蒸前，保持土壤湿度以使杂草种子萌发的时间至少要4天。土壤湿润而不是饱和时进行熏蒸，土壤太湿熏蒸剂不会渗入；土壤太干，熏蒸剂也会很快从土壤中挥发掉。同时，当土壤太干，杂草种子和病原体繁殖体对熏蒸剂的作用也会不那么敏感。为了测量正确的（土壤）湿度含量，从6～8英寸（15～20 cm）深的土壤取样，并在手中挤压它们。粗质地的土壤因不够湿而无法成球状。细质地的土壤摸上去感觉易碎且稍稍弄脏你的手。当土壤温度低于10℃，不要熏蒸土壤。当土壤温度在6℃左右，高海拔地区苗圃要进行有效的熏蒸。

施用溴甲烷和三氯硝基甲烷最常见的方法就是平地撒播熏蒸，应用到土壤各个层次，应用后的这些田地立即用聚乙烯塑料密封膜起来。在要求的等待时期过后，塑料膜被拆走，种植床形成后可以用来种植。备用的化学药品往往通过滴灌系统施用到成型的种植床，种植床被塑料膜覆盖着，塑料膜在种植床凸起部分的边缘用一层土壤压上密封着。塑料膜在渗透性和熏蒸剂停留时间上各有不同：高密度的聚乙烯能允许最大量的熏蒸剂遗失，然而，不透膜停留熏蒸剂会久一点，因而可以减少排放量并能加强对土传有害生物的控制。在合适的一段等待期过后，移栽苗就可以栽种在塑料膜上割破处的土壤穴中。关于土壤熏蒸和备用溴甲烷的更多信息可以在推荐阅读的《UC IPM 有害生物综合防治指南：草莓》列表中找到。

土壤熏蒸必须由认证合格的人员执行，以便提前做好安排。加利福尼亚州农药控制部门已经发行了规章制度详细说明缓冲地区、面积卫星导航定位（caps）、最小耕作和注射深度、防水布材料、密封和不密封防水布、安全设备和程序要求，以及迹象的记录。苗圃的熏蒸程序标准是由加利福尼亚州食品农业部特别制定。当田地被熏蒸到接近占据（occupied）的结构时，应施用特别的限制条件。向你当地的农业署核实最新的信息。

有机草莓生产

相对于传统的草莓生产，有机草莓生产需要集约化管理。对有机草莓种植者来说有害生物防治选择更少。一些有机栽培化学控制是可接受的，但它们常常相比较传统的化学控制没有效果。有机栽培可接受的管理技术在推荐阅读中的《UC IPM 有害生物综合防治指南：草莓》中给出。有机草莓种植者必须依靠预防措施和栽培措施，比如田地选择、卫生设施、品种选择、作物轮作和耕作。有机草莓的劳力耗费更高、产量更低；但有机草莓的产品的利润可观。

田地选择

尽可能选择没有有害生物问题的田地对有机栽培至关重要。选择灌溉良好的土壤，如果可能，选择那些没有经历过大雾或结霜事件的位置。查阅土壤种植历史找出种植草莓已经多少年了，前面都发生过什么问题，都种植过哪些覆盖作物，可能应用过什么应急改良方案。分析土壤和灌溉水的质量，看是否出现过黄萎病和疫霉病害，避免在被侵染的土壤里种植，或者在种植前采取措施来减少病原菌的水平，并且选择最不敏感的品种。避免选择滋生狗牙根、田旋花、曼陀罗、油莎草或常见的马齿苋的田地。

品种选择

减少有机栽培中有害生物问题的一个办法就是种植对潜在的有害生物最不敏感的品种。在一些主要疾病上，如黄萎病、疫霉根腐病、冠腐病和白粉病，草莓的敏感性差别很大。在有机草莓上黄萎病通常是最严重的病害，尽管全部现有的品种都是易受感染的，但是有一些明显比其他品种敏感性差。一些较新的品种已经增强了对由疫霉属引起的根部疾病的耐受能力。短日照品种当在夏天种植时相对耐二斑叶螨，然而在秋天种植就不那么耐病了。在所在地的有机条件下，向当地专家证实哪种品种表现得更好，并且产出更理想的果实。现在种植在加利福尼亚州的草莓品种的特性可在推荐阅读《UC IPM 有害生物综合防治指南：草莓》列表中找到。

田间卫生

采取预防措施以避免引入有害生物，合适的时候除去有害生物侵染的植株。使用最好的质量合格的移栽苗。除掉衰老的叶片和得病的果实以减少霜霉病和白粉病病原菌的水平，降低这些疾病的发生率。移走植株残骸和残次果，抑制园铅卷蛾、蠼螋、果蝇、蛞蝓和蜗牛的积累。在感染有难以控制的杂草或土传病原菌的田里工作过后把仪器设备移到干净田地前，用高压洗涤机清洗。在草莓田的临近地区控制杂草，如向日葵家庭的物种，生产大量风传的种子。清除从田野中连根拔起的杂草。

作物轮作、覆盖作物

草莓与其他作物进行轮作可以减少土传病原体和杂草，你选择的轮作作物将取决于当地种植模式和主要有害生物。用高密栽植的轮作作物如莴苣和油菜能减少杂草群体。如果现存在黄萎病，莴苣将增加其病原体。生长的花椰菜和其残留物的绿色腐熟肥料可减少黄萎病的水平。芥菜类覆盖作物可以减少杂草，当作为绿色腐熟肥料也可减少黄萎病。

晒土消毒

在内谷生长区域，土壤日照消毒可以有效地减少大多数杂草的群体数量，减少土传病原体，帮助防治象金龟子那样的土栖害虫。

塑料薄膜覆盖

覆盖塑料薄膜通过隔绝果实与土壤的接触，可以减少果实的发病率。不透明的塑料薄膜控制种植床上的杂草，种植床间的杂草需要人工控制。

其他栽培措施

耕作和人工除草是有机草莓种植杂草控制的主要方法。种植床形成后，铺薄膜前，灌溉会刺激杂草种子发芽，采用浅耕防治杂草幼苗。一旦覆盖塑料薄膜，人工除草是唯一的控制杂草方法。在杂草开花之前，一定要除掉。

保持薄膜覆盖下的种植槽尽可能小，使杂草不太可能萌发和生长在草莓的基部周围土中。

在覆盖塑料薄膜前，燃烧丙烷火炬可以有效地控制幼小杂草。丙烷火炬燃烧比较容易控制阔叶杂草，但不能控制多年生杂草。

起垄和种植草莓时，要考虑行向与种植密度，使空气流通最好。改善空气环流有助于减少灰霉菌。

提供足够的但不过度氮肥，过剩的氮增加灰霉菌。

起垄时提供良好的排水，在生长季节形成良好的灌溉栽培管理，这两种做法有助于降低根与地上部病害。

草莓苗圃有害生物防治

用于草莓果实生产的移栽苗定植时采用脱毒苗（生长点植物），其来自加利福尼亚州大学或私人公司。这些脱毒苗的繁殖在受控条件下进行，然后在移植前通过扩繁三代为果实生产田所用。

- 第一代：基础繁殖区域，通常在加利福尼亚州北部进行。
- 第二代：增殖区域，在低纬度的内谷苗圃进行。
- 第三代：生产区域，在高纬度的南俄勒冈州和加利福尼亚州北部苗圃进行。

苗圃地有害生物防治的核心任务是控制和消除有害生物对移栽苗的侵害，包括病毒、线虫、根、茎、叶病，各种螨虫和麻烦的杂草。

脱毒植株

苗圃繁殖的草莓脱毒植株的一个来源是加利福尼亚州大学植物服务基金会（FPS）的草莓育苗计划。在FPS，苗圃繁殖的草莓植株要经过鉴定，以确保它们是脱毒的，病毒病在加利福尼亚州草莓生产中非常重视。苗圃地所有的草莓植物（母株）都进行许多病原体（表15）的脱毒鉴定。从FPS买病毒检测指示植物的买家必须有加利福尼亚州大学（UC）办公室技术转让许可，才能作为大学专利草莓材料的繁殖者。加利福尼亚州大学收取苗木出售的种苗税。更多的信息请联系加利福尼亚州大学的技术转让办公室（www.ucop.edu /ott/strawberry/）。

草莓脱毒母株脱除这些病毒是通过热处理和组织培养获得的。带有匍匐茎的大的母株在35～37℃高温处理21～28天来抑制或阻止病毒的繁殖。然后“分生组织”（约0.5 mm直径的小芽，由未分化的分生组织组成，带有一或两个叶原基）从茎尖上切下转接到幼小的子代根茎上，放在营养培养基上培养，新植物由此生长而成。分生组织是活跃的细胞分裂之处，通常是不受病毒感染的，但老的组织通常是受到感染的。新植株进行病毒测试，以确保热处理及分生组织培养脱毒过程是成功的。在FPS草莓计划中，保持脱毒母株在温室或隔离室中，

表 15 加利福尼亚州大学植物保护基金会草莓育苗计划检测的母本植株的病原体。

病原体	检查方法
南芥菜花叶病毒（*Arabis mosaic virus*）	（HI,PCR）
植原体（Phytoplasmas）	（PCR）
树莓环斑病毒（*Raspberry ringspot virus*）	（HI）
草莓皱缩病毒（*Strawberry crinkle virus*）	（SI,PCR）
草莓潜隐病毒 C（*Strawberry latent C virus*）	（SI）
草莓潜隐环斑病毒（*Strawberry latent ringspot virus*）	（HI,PCR）
草莓卷叶病毒（*Strawberry leafroll virus*）	（SI）
草莓轻型黄边病毒（*Strawberry mild yellow edge virus*）	（SI,PCR）
草莓斑驳病毒（*Strawberry mottle virus*）	（SI,PCR）
草莓白化伴随病毒（*Strawberry pallidosis associated virus*）	（SI,PCR）
草莓拟轻型黄边病毒（Strawberry pseudo mild yellow edge disease）	（SI）
草莓镶脉病毒（*Strawberry vein banding virus*）	（SI,PCR）
烟草环斑病毒（*Tobacco ringspot virus*）	（HI）
番茄黑环病毒（*Tomato black ring virus*）	（HI）
番茄环斑病毒（*Tomato ringspot virus*）	（SI,HI）
草莓坏死伴随病毒（Virus associated with strawberry necrotic Shock disease）	（SI,PCR）
草莓黄单胞菌（*Xanthomonas fragariae*）	（PCR）

SI= 草莓指示植物，PCR= 聚合酶链式反应，HI= 草本的指示植物

防止病毒的侵染，而且对它们每年进行病毒测试。分生组织取自母本植株匍匐茎，用来培养长成无病毒种苗（通常也称为分生组织植株），这些种苗销售到育苗圃后生产合格的植株原种。除 FPS 之外，无病毒植株在一些私人公司可以得到。

用来检测病毒的标准程序是叶片嫁接方法（图 21）。一片从被检测植株上取下的小叶片被嫁接到一个指示植物的叶片上。野生草莓品种 *Fragaria vesca* 和 *F. viriginana* 的营养系被用作指示植物。每个品种在接种了一种或更多的被测病毒后就会形成特有的病症。此外，感染某些亲缘病毒（表 15）会显示症状的一些草本植物，用已鉴定的植物提取物进行接种。这一过程是费时的，而且这些接种症状也不总是那么容易检测的。血清学和重组 DNA 技术也同样被用来检测植物提取物中的病毒蛋白或核酸以寻找某些病原体，这些技术更加容易，且能更快速地进行草莓植株检测。截至写这本书的时候，叶片嫁接和草本植物寄主的接种是国家认可的检测病毒的唯一技术，这些技术用于生产认证合格种植材料。

草莓认证程序

加利福尼亚州食品农业部管理草莓认证程序的病毒测试和苗圃监测，该监测是为确保被检测的移植苗没有潜在的有害病原菌和杂草，所以得到认证的草莓植株必须满足这个程序的要求。

苗圃生产的第一代认证草莓植株是由通过病毒测试的分生组织植株繁殖来的，分生组织植株繁殖是在被保护、远离病毒带菌体的隔离室中进行。这个认证程序检测来自分生组织植株的每个子代植株是否有上述提及的病毒。

接着，三代或更多代的植株可能会在田间生产。每一代生产的包装好的植株通过认证检测的会得到一个颜色不同的标签。第一代称作原种，会得到一个白色的标签；第二代称作已注册植株会得到紫色标签；第三代称作认证植株的会得到蓝色的标签。随后产出的几代植株不是认证的也不会得到标记。土壤熏蒸由县农业专员监督，并且在生长期间、收获、整枝和包装操作时，检查植株上是否存在有害生物的迹象。检查员在每个包装中寻找疾病、昆虫、杂草、线虫，统计植株的正确数目以及不合标准的植株。至少代表了每个基础块中全部营养系植株的 1% 是通过采用叶片嫁接方法检测病毒的。

认证过程参见图 22。同一世代认证的移载苗或植株通常用于果实粒，如果要求额外的脱毒水平的话，那么更加昂贵的注册植株也同样会采用。

苗圃植株世代

第一代

最初的一代，作为“分生组织”，没有分化的一些小块分生组织加上一个或两个叶原基，来源于无病毒母本植株，在无菌基质上长成小苗。带有匍匐茎的母本植株移栽到生长室，在 35～37℃或更高的温度下生长至少 3 周，以防止病毒繁殖。从每个子代植株上取 1～6 个分生组织切块，并在无菌条件下长成小植株。这些分生组织植株在有雾的培养箱中生长木质化，在一个隔离室里面，被种植在

图 21 叶嫁接技术用在草莓上检测病毒。用于检测的来自供体植株的小叶片被修剪成一个矛形（A），它的叶柄也被小心地切成一个长的楔形物（B）以使维管组织暴露在外。除去一个指示植株的中间叶片（C），并小心分离其叶柄以暴露维管组织（D）。供体小叶的叶柄被放在指示叶片的叶柄裂缝处，指示叶片用自粘带绑缚在供体叶柄周围（E）。指示植物带有三个来自供体植株叶片的接枝（F）。如果病毒存在于供体叶片中，它们将会通过维管组织转移至指示植株。约一个月在指示植株新长成的叶片上显示病症。

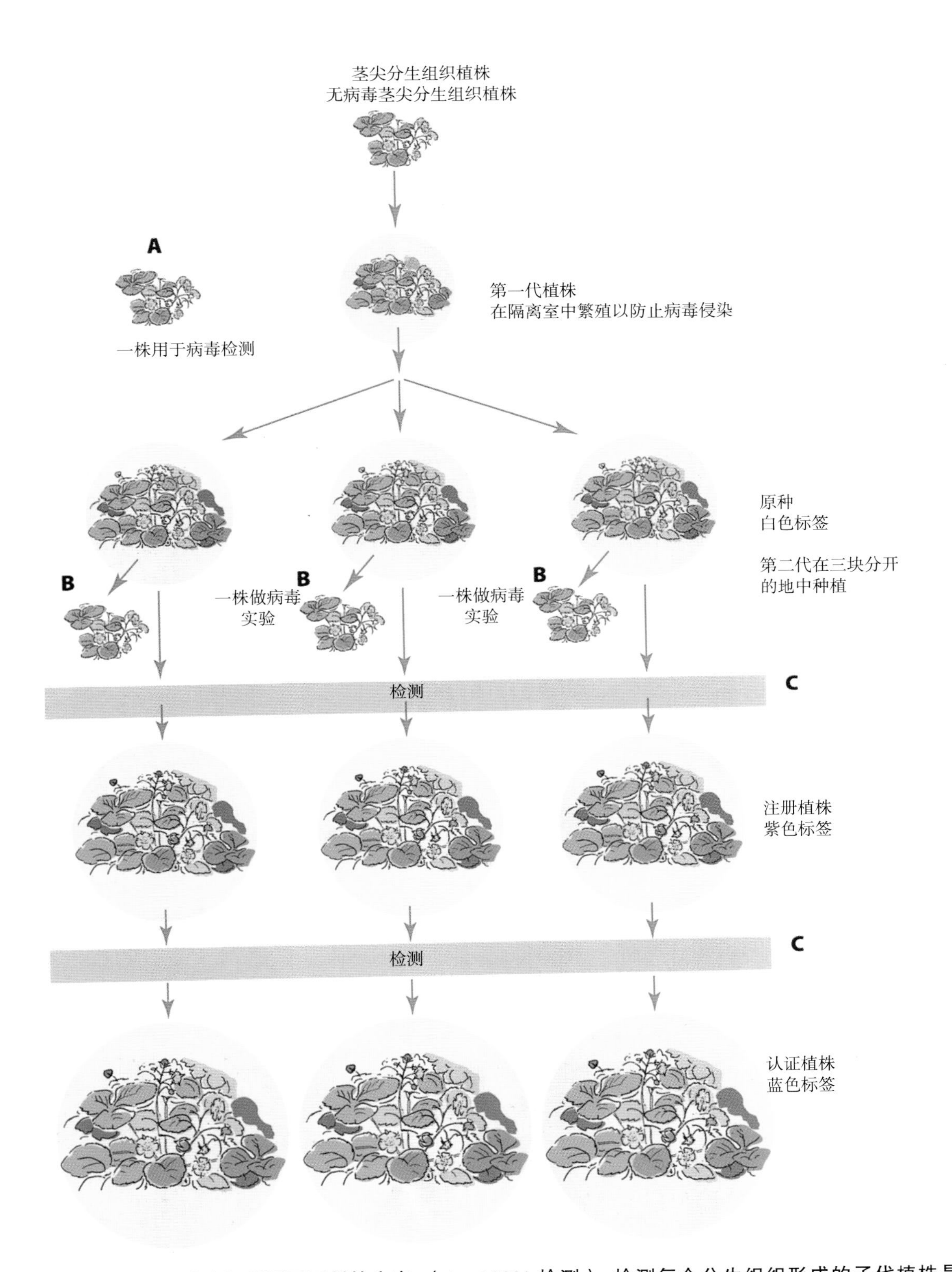

图 22 认证草莓定植母株在加利福尼亚州的生产。(**A，100%** 检测): 检测每个分生组织形成的子代植株是否有病毒。因为病毒会对一个个体母株繁殖得到的所有子代植株进行系统的侵染，所以检测分生组织形成的植株相当于对所有子代植株进行检测。检测包括实验室里的根部线虫的检查。(**B，1%** 检测): 每 **100** 个里面的一个植株被检测，它们来自一个单一分生组织植株繁殖的植株。因为在植株数量上增加到了 **300** 倍，检测三个植株被认为是等同于检测了至少 **1%** 的这代的所有植株。(**C**) : 检查包括病毒检测及实验室检查植物根系线虫。

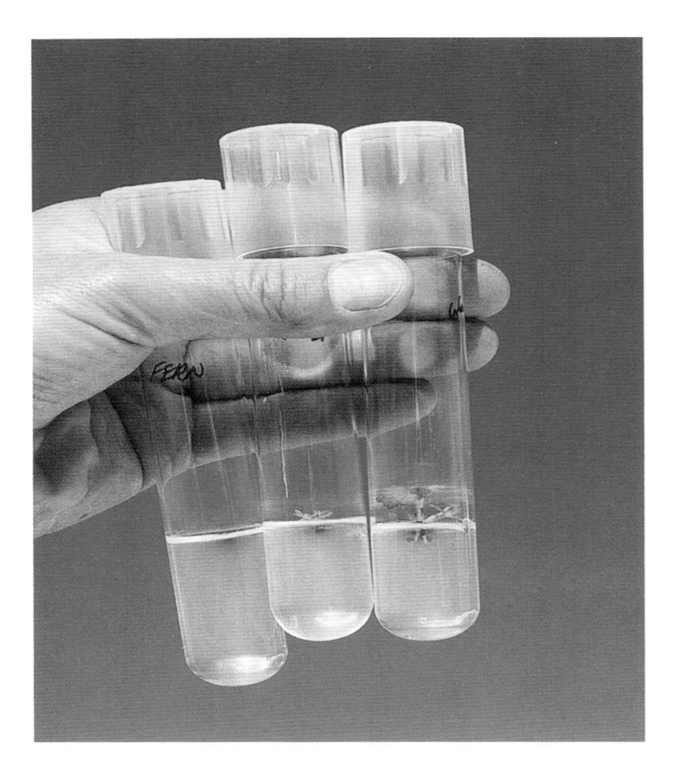

分生组织切块在无菌条件下培养生产无病毒苗。

从无病毒植株繁殖长成的植株可用于生产匍匐茎和子代植株。生产在温室进行，在低于能防止病毒繁殖的平均温度下进行。子代植株分生组织培养生产植株，这些植株在隔离室中增殖。

被熏蒸过的土壤上，并在那里繁殖。每个分生组织植株第一代产生 100～1 500 子代植株，视不同品种有所不同，分生组织植株产生的子代植株数要比非分生组织植株产生的子代植株数多得多。

隔离室被设计来隔离蚜虫，蚜虫可以传播病毒和其他有害生物。然而，仍要至少每周 2～3 次监测蚜虫、白粉虱和螨类，如果发现有害生物应立即进行处理。同样要监测植株的病症，显示出症状的植株应小心包

分生组织植株在隔离室熏蒸处理过的种植床上增殖，以防止病毒侵染。

苗圃植株第一代的田间后代在原种区里生长，原种区必须和其他草莓种植区相离至少 **1** 英里（约 **1.6 km**）。

好，然后移走。一般的措施是在 12 月挖出隔离室植株并把它们冷藏直到第二年春季，这时它们被种植在原种区中。在低海拔增殖区，植株也可以作为原种（白色的标签）卖掉或在低海拔的苗圃地种植。

原种区

原种种植区是第一代草莓生产地。原种区必须与其他草莓种植区相隔至少 1 英里（约 1.6 km）。每个原种植株在原种区可产生 200～300 子株。定期监测种植区的白粉虱、蚜虫、螨虫和病害。有樱草狭肤线螨和那些显露症状的病毒性疾病、炭疽病或角斑病的植株小心去除。从原种区生产繁殖的、通过认证检查的植株获得一个白色的（原种）的标签。它们种植在低海拔的苗圃增殖区继续增殖，或作为原种出售。

增殖区

大部分从原种区得到的植株种植在低海拔的内谷苗圃增殖区继续增殖。在这里植株增殖 50～150 倍。如果有任何炭疽病或樱草狭肤线螨问题，定植前植株可以使用热水处理（见下文）。定期监测定植植株的有害生物问题，防止蚜虫、白粉虱或螨虫的出现和聚集。监测日中性品种果实炭疽病的症状，如果出现症状，就要防治。无论何时，一旦发现植株可能带有病症或受樱草狭肤线螨侵染，要小心包好并移走销毁。来自增殖区通过了认证的植株能得到紫色标记（注册的）商标。这些植株进入冷库储藏。从冷库中取出的植株（“冷藏”植株）被用作高海拔地区苗圃生产区生产和在加利福尼亚州进行夏季种植或者被拿到网上销售。

生产区

从低海拔地区苗圃收获的植株，可以在加利福尼亚州北部和俄勒冈州南部高海拔地区苗圃进行增殖。生产区在春天定植，秋天收获。每个植株通常生产 20～30 株子代植株。如果有任何炭疽病或樱草狭肤线螨问题，定植前植株可以使用热水处理。定期检查植株的有害生物问题以及采用处理方法，防止蚜虫、白粉虱或螨虫的出现和聚集。监测日中性品种果实炭疽病的症状，如果出现症状，就要防治。无论何时，一旦植株可能带有叶角斑病病症或受樱草狭肤线螨侵染，要小心包好并移走销毁。来自低海拔生产区通过认证的植株能得到紫色标记（注册的）商标。高海拔地区苗圃植株被设计用来供加利福尼亚州中部和南部果实生产田的生产，由于时间限制，这些植株没有得到认证监测，但是因为是从注册区生产出来的，通常它们都同认证植株的清洁程度相当。种植者们选择他们的种植地点和收获日期，其目的是为在特定地区生产草莓果实的种植者提供具有活性的和园艺特质的理想植株。

热水处理

移栽苗上的樱草狭肤线螨、叶线虫和常见叶斑可通过将裸根的草莓植株浸入热水的方法得到控制，使炭疽病的病原菌能减少，但不能根除。这种技术用于苗圃植株，但是一定不要用在果实生产田的移栽苗上，因为植株活性因热水处理会大大降低。如果使用不当，热水处理会杀死植物。如果病原体存在于一些正被处理的移栽苗中，热水处理同样也传播能导致角斑病的细菌，会增加发生这种疾病的几率。在处理任何植株前，确信你明白了这个程序：农场顾问可以回答你的任何问题。

为了使用热水处理，首先应将从冷藏室取出的植株浸在温度约 12℃的凉自来水中使植株升温。然后把它们在 49℃的水中浸置 5～7min，然后立即在冷的自来水浴中冷却。这个程序如图 23 展示。精确地控制温度对热水处理必不可少，这样才不伤害植株。使用足够大的热水浴池以使水能维持它的温度。此外还应周期性地换水。

定植

苗圃地是平整的，采用机械种植。在高海拔地区苗圃，典型的行间距是 36 英寸（91 cm），行内植株间距 12～18 英寸（30～46 cm），取决于品种和苗圃位置。更大的间距用来种植旺盛的、延伸更快的品种。低海拔地区的苗圃生长季节更长，能让

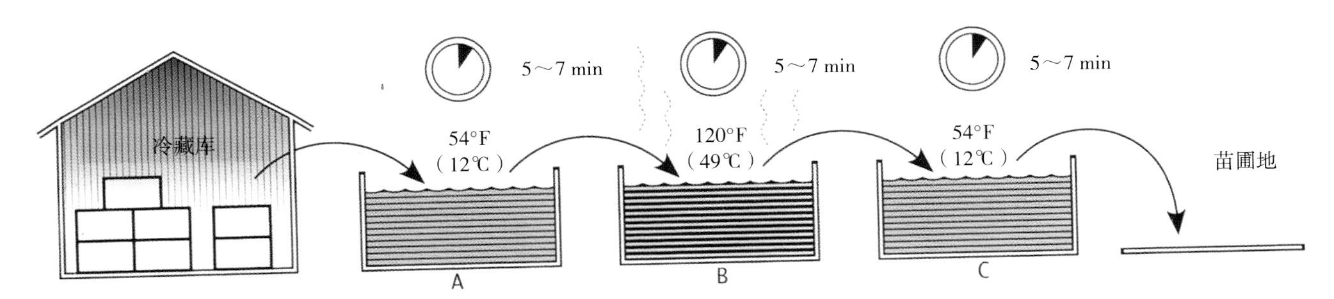

图 23　裸根移栽苗的热水处理。精确、统一的温度和细心监测热水浴中的移栽苗浸泡时间是处理成功的关键。当浸泡移栽苗时，用大量足够的热水来维持持续的温度。在水池间每 5～7 min 进行植株倒池。该技术仅用于将要移植至苗圃的移植苗。

植株有更多时间延伸，在低海拔地区也使用较宽的间距。

灌溉

高架喷洒装置十分适用于少量的、经常性的灌溉，对维持粗质土壤苗圃地充足的表面湿度很必要。然而，大多数灌溉也可能应用滴灌技术。滴灌系统可以减少疾病发生的几率，如炭疽病、角斑病；也可以用来施肥和喷些农药。当在一些有盐土或盐水的地方使用滴灌时，或许需要偶尔使用喷灌来淋洗掉根际的盐分（见上一章的“盐分管理”）。灌溉苗圃地足以使之保持土壤表面湿度。在从定植到匍匐茎的产生这一时期中灌溉是最重要管理措施，通常从 5 月上旬延续到 10 月上旬。频繁的灌溉有助于子株成活并促进有活力的根系形成。尽可能多，避免用天天灌溉的方法来抑制病害发生。当使用高架灌溉时，只要有可能，在早上或晚上稍晚时进行灌溉。这使叶片能在中午变干，造成一个不适于病害发生的环境。

施肥

在定植前每公顷施 40～80 磅的 N 肥。对肥料的选择取决于其他养分的需要，这在土壤检测结果中有所显示。在生长季，通过撒施使生长旺盛的匍匐茎和子代形成。每次撒施推荐 N 肥为每公顷 20～30 磅。

收获和处理

挖取移栽苗前合适的土壤湿度是关键，挖苗前灌溉以使土壤挖掘时维持适当的湿度。收获的移栽苗的根应当弄湿，而不要土壤粘到上面。如果收获时土壤太湿，泥就会黏附在根上。如果收获时土壤太干，挖掘时根就会被扯断。

送往佛罗里达州的移栽苗挖出时带叶和匍匐茎完整，在整形棚里匍匐茎被切分开。送往加利福尼亚州田地和大部分其他市场的移栽苗不带叶挖出，并且它们的匍匐茎也在田里切分开。挖掘前用一个甩刀式割草机除掉叶子而不要触及植物根茎部，并且保留叶柄约 1 英寸（2.5 cm）长。带有叉的一个侧排式干草耙用来断开匍匐茎。二次割草也许可用来移走割断的匍匐茎。一个带有平坦型挖土机钢板的链条挖掘机被用来把植物从土中掘出。挖掘深度被调整到使收获的植株的根保留 6～8 英寸（15～20 cm）长。这些植株靠重力通过转鼓移走或

苗圃地是平整的，由机器定植，植株株行距取决于苗圃位置和被种植的品种。

苗圃植株由机械收获并且通常在晚上，以使收获植株凉爽。

通过一个星状轮传送带移走土壤，并且之后运输到整形棚，叶柄和根靠手工被整修到一致的长度，并被包裹在厚纸板盒子中，盒子内衬是薄（0.15 mil，1 mil=0.025 4 cm）的聚乙烯以防止植株水分损失。

夏季定植的移栽苗在 12 月或第二年 1 月收获，这些移栽苗是在前一年 5 月种植在低海拔苗圃中长成的。这些移栽苗在冷藏室、–2℃下被保存约 7 个月，这能防止病原菌的生长，也使植株不生长，也不会受危害。如果储藏温度下降到 –3℃以下，植株就会受危害或被冻死。装有移栽苗的盒子放在冷藏室来，保持足够的通风。如果通风不够，由植物缓慢呼吸释放出来的小量热量将增加冷藏室温度，促进移栽苗腐败并降低活性，后来的田间表现不佳。

秋季定植的移栽苗从高海拔地区苗圃收获，从 9 月下旬到 11 月上旬，植株得到足够的 200～400 h

低于 7℃的冷量。这些移栽苗或者立即定植，或者在 1℃短期储存起来。最早的定植在加利福尼亚州南部约在 10 月 1 日，是由在丘谷和南部的俄勒冈州地区苗圃育成的移栽苗定植的，这些地区移栽苗得到最早的田间冷却。之后的定植约在 11 月 1 日，在加利福尼亚州中部沿海地区，是由那些相同地区的移栽苗或来自在亚瑟区的苗圃育成的移栽苗定植的。

日中性品种植株应当放在约 1℃冷藏室中，做额外的储藏时期。大多数短日照品种并不储藏，但 7～14 天的冷藏对一些品种是有利的。短日品种太多的冷处理会导致过量的匍匐茎和叶子产生，并减少产量。日中性品种有更高的冷处理需求，并应当保存 1.5～3 周，视品种和它们在苗圃已经得到的冷处理量而定。冷处理不够会导致植株直立不良和增强对螨类和其他有害生物的敏感性，因为其降低了植株活性，然而过量的冷处理导致营养生产和匍匐茎生长过量。对补充冷处理的建议可以在品种特性表格，即《UC IPM 有害生物综合防治指南：草莓》一书中找到（万维网 www.ipm.ucdavis.edu）。

收获后的草莓植株应该尽早地用薄多聚膜捆好包装在盒子里

农药在苗圃中的使用

解决有害生物问题也许需要在苗圃中施用农药，包括蚜虫、白粉虱、樱草狭肤线螨、叶螨、炭疽病、普通叶斑病、疫霉根腐病、冠腐病和白粉菌，仅在当监测显示需要农药时施用。为了降低抗性累积的可能性，轮换施用不同农药，并在可能的时候使用并没在果实生产田上使用过的农药。要小心遵循标签上的说明进行施用。

昆虫和其他无脊椎动物

加利福尼亚州草莓可能发生各种各样的昆虫和螨类虫害，但只有少数几种对所有种植区有重大影响。在所有种植区二斑叶螨是最严重的害虫，其他螨类和昆虫害虫的重要性取决于作物的位置、天气状况、收获季节、目标市场，以及草莓是否延长到第二年生产。草盲蝽在中心海岸和圣塔玛丽亚谷区域构成主要问题，那里的收获期从夏天到秋天持续几个月。温室白粉虱最近在文图拉郡和南部海岸、中央海岸种植区的一些地方已经成为一种严重的害虫。白粉虱的发生必须在苗圃预防，因为它们能成为病毒载体。樱草狭肤线螨在一些种植两年的植株以及种植一年的植株上偶尔会引起严重的问题，它们可能通过被感染的移栽苗或者其他途径被引入。蚜虫最有可能在南加利福尼亚州和圣塔玛丽亚谷的部分地区造成重大损失，但是在所有地区它们都会成为一个问题。苗圃种植者必须防止蚜虫增加以减少病毒病在定植苗间的传播。黏虫和地老虎在所有种植区都有发现，它们直接在果实上或者在新移栽幼苗的根茎上取食造成危害。谷实夜蛾在南海岸的农田里可能达到危害水平。根象甲和长足金龟的侵染能在二年生植株上成为问题，尤其是在其他充当传染源的寄主附近或者在未熏蒸的田地上。

昆虫和螨类通常在取食时杀死植物或者减少果实生产中可用的营养物质的供应从而造成危害。在某些情况下，昆虫和螨类通过减小果实大小、留下污物、造成伤疤、使果实畸形这些途径降低果实品质，使这些水果大量滞销。通过一些蚜虫传播的病毒能影响草莓植株的生长发育，降低产量，但是这主要与使用两年以上的苗圃和种植地有关。

在草莓地中的许多昆虫和螨类是有益的捕食者和寄生虫，它们能抑制害虫的数量。捕食性螨类和寄生蜂仅会攻击一种或少数几种的害虫，但是它们在控制那些害虫数量上起关键作用。这些天敌会在以后的章节中进行讨论和详细说明。通过学习识别草莓害虫的天敌，可以将它们与害虫区分开，并在常规的田间监测中记录它们的数量，当需要使用杀虫剂时，选择对有益的昆虫和螨类危害最小的种类。当使用毒饵和内吸剂时尽可能点施，这样能降低对天敌的不良影响。

常见捕食性天敌

常见捕食性天敌如大眼长蝽、小花蝽、姬蝽和草蛉，以多种昆虫和螨类为食。一个捕食性天敌通常会捕食大量的害虫。常见捕食性天敌在大多数情况下会在害虫数量增加之前聚集在草莓地，因为它们捕食大量不同种类的害虫。一些常见捕食性天敌对控制草莓虫害有益，它们会在这一章中有所描述和图解。

大眼长蝽
Geocoris spp.

大眼长蝽以各个阶段的螨类、草盲蝽和白粉虱的卵和若虫、卷叶害虫的卵和幼虫以及蚜虫为食；它们也以花蜜为食，这使它们在没有猎物时也能存活。大眼长蝽以成虫越冬。它们成年时大约有 3/16（5 mm）英寸长，呈浅棕色、灰色或者黄褐色。大眼长蝽很容易被误认为草盲蝽。它们两个在外形上相似，但是大眼长蝽有宽大的头部，非常大的眼睛和尖端膨大的短触角。卵棒状，浅色，通常分散产在叶子上，尽管有时可以像草盲蝽那样将卵产入叶片组织中。卵在产后不久便长出特有的红斑。卵孵化后，浅灰色或者浅蓝色的若虫以小型猎物为食，如螨类和昆虫的卵。大一点的若虫和成虫会攻击更大更灵活的猎物。成虫每天会吃掉一或两只昆虫或者几个昆虫卵。它们的种群集中在苜蓿、其他豆科植物和杂草上。在草莓地中，一些种植者使用真空机控制草盲蝽同时也减少大眼长蝽的数量。

小花蝽
Orius spp.

小花蝽以蓟马、各个阶段的螨类、昆虫卵、草盲蝽若虫、蚜虫和小幼虫为食。蓟马是它们最喜欢的食物。假设以螨类为食，小花蝽一生可以吃掉 100 只以上。小花蝽成虫是黑色的，大约 1/8 英寸（3 mm）长。在它们背上有白色或者银色的三角形斑纹，形成黑色的 X 形图案。卵产入叶片组织，大部分沿着叶子下表面的叶脉。若虫呈黄橙色，有凸起的淡红色眼睛。若虫和成虫都有突出的喙，都以同样的害虫为食。在草莓地中，大量的小花蝽被蓟马吸引在花上。使用真空机控制草盲蝽不会影响小花蝽的种群数量。

大眼长蝽有一个宽大的头、非常大的眼睛和尖端膨大的短触角。大眼睛可以帮助我们区分大眼长蝽和草盲蝽，否则很容易混淆。大眼长蝽以各个阶段的螨类和小型昆虫为食。

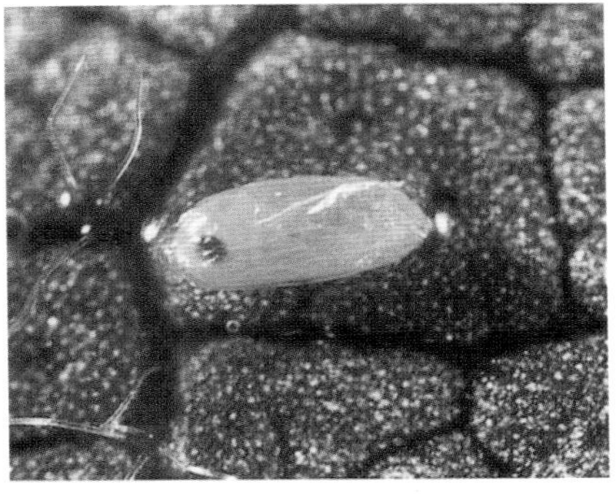

大眼长蝽通常分散在叶子的表面。卵呈棒状，浅色，产后不久便长出特有的红斑。

大眼长蝽

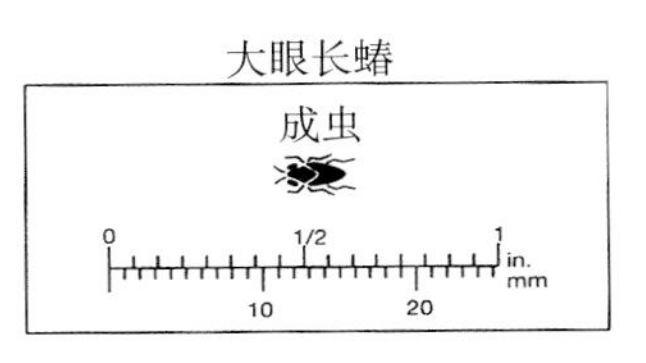

小花蝽

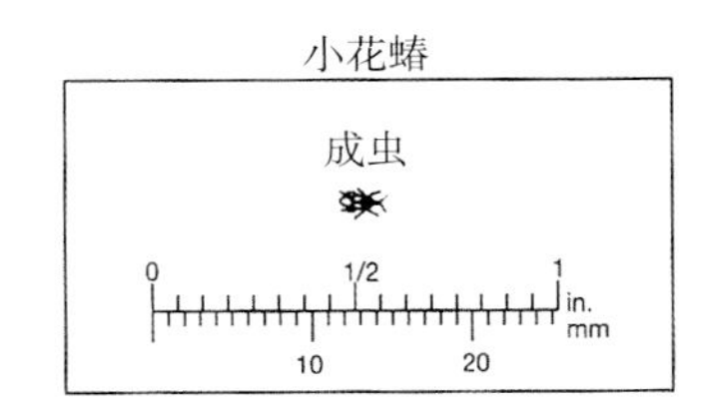

图中小花蝽成虫正在吃叶螨的卵，在它们背部有黑色和银色的斑纹，形成一个 X 形图案。

草蛉

草蛉幼虫以它们能捕获的小型昆虫、螨类和昆虫卵为食。一些种类的成虫是捕食性的。

草蛉（*Chrysoperla* 和 *Chrysopa* spp.） 成虫呈亮绿色，大约 3/4 英寸（15～20 mm）长，身体细长，停栖时四只翅成帐篷状置于背部。草蛉以成虫越冬。*Chrysopa* 的成虫是捕食性的；*Chrysoperla* 的成虫不是捕食性的，它们主要以花蜜为食。 卵产在叶子表面，分散还是成簇由种类决定。卵通过一条长长的丝状物固定在植物的叶片上，以防止它们被捕食。幼虫呈杂灰色或者黄灰色，可以长到 3/8 英寸（10 mm）长。幼虫身体两端扁而尖，有长而弯曲的下颚，帮助它们抓住猎物并吸取它们的体液。研究表明，一只幼虫可以消灭掉 400 只蚜虫或者 11 000 只叶螨。草蛉的一些种可以用于商业生产，向地里释放虫卵和活着的幼虫。没有研究资料表明他们在草莓上有效。

褐蛉（*Hemerobius* spp.）在外形上和草蛉相似，但是它们的成虫较小且呈暗褐色。它们将卵分散产在叶子背面。卵棒状，很像大眼长蝽的卵，但没有红斑。褐蛉以成虫或蛹越冬。成虫和幼虫都是捕食性的。褐蛉在冷凉的条件下比草蛉活动性强。

粉蛉

Conwentzia spp.，*Coniopteryx* spp.

粉蛉与草蛉近缘。*Comwentzia californica* 这个种在南加利福尼亚州是最主要的螨类天敌，它们存

草蛉的卵通过一条长长的丝状物固定在植物的叶片上，以防止它们被捕食。

草蛉幼虫用它们像钳子一样的颚吸取螨类和小型昆虫的体液。图片中的草蛉幼虫正在捕食蚜虫。

草蛉成虫停栖时四只翅膀成帐篷状置于背部。

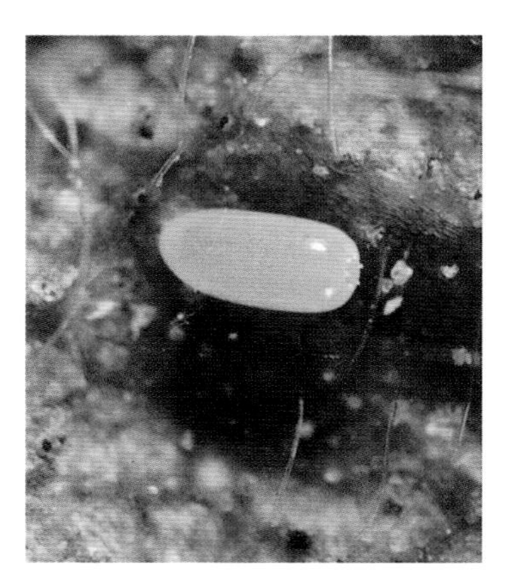

褐蛉的卵很像大眼长蝽的卵，但没有红斑。它们分散产在叶子背面。

褐蛉的成虫是捕食性的。它们在外形上和绿蛉相似，但是较小。

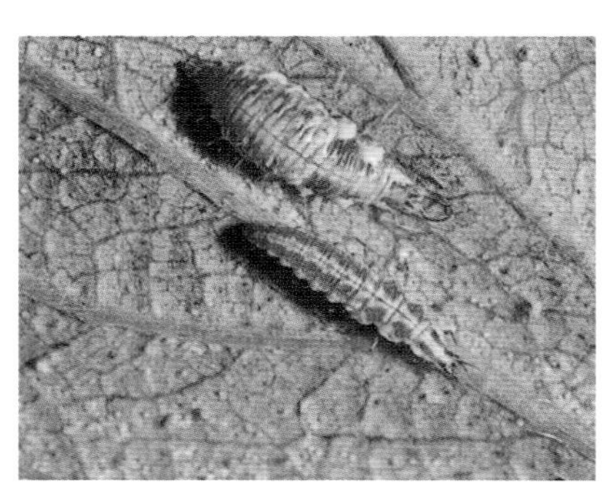

褐蛉的幼虫（上）和草蛉的幼虫（下）在外形上很相似而且有相同的取食习性。

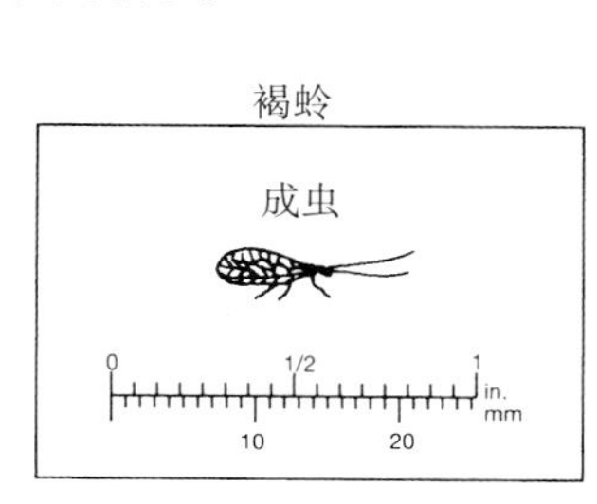

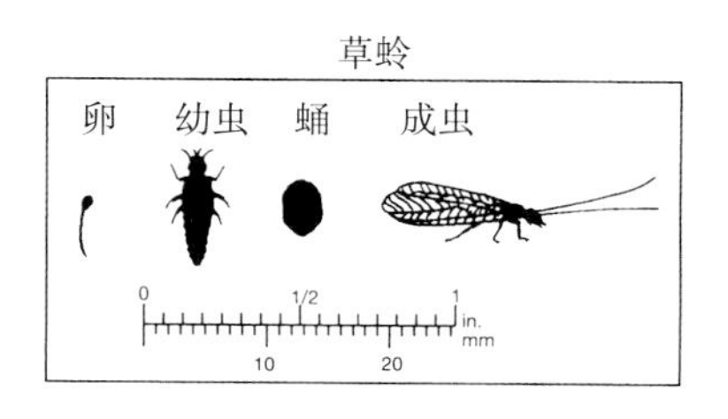

在于草莓和柑橘属的植株上。其他种遍布整个加利福尼亚州。幼虫和成虫皆以各个阶段的螨类为食。一个幼虫可以消灭掉300只以上的螨类。幼虫也以小型昆虫如蚜虫为食。成虫约1/8英寸（3～4 mm）长。它们在一般外形上与草蛉相似，但是因为体型小而且翅上有浅灰色的白粉，又经常和白粉虱混淆。卵通常分散地产在叶子背面。幼虫在外形上和草蛉相似，但更宽而且更小。幼虫的颜色经常变化，但通常是红橙色、黑色或白色的斑点。

粉蛉幼虫在外形上和草蛉相似，它们以螨类和小型昆虫为食。

粉蛉成虫可能会和白粉虱混淆，因为它体形小而且翅上有浅灰色的白粉。

粉蛉

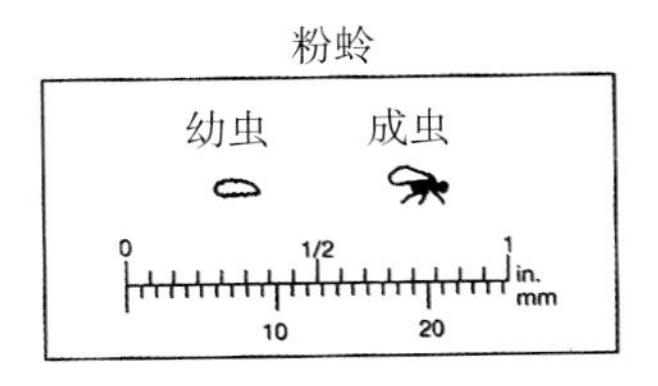

姬蝽

***Nabis* spp.**

姬蝽的若虫和成虫以草盲蝽和其他盲蝽、蚜虫和小型幼虫为食。一只姬蝽能消灭掉30只草盲蝽。姬蝽呈浅灰棕色，3/8～1/2英寸（10～12 mm）长，身体细长，头窄，眼睛凸出，有长腿和长触角。它们将卵产入叶片组织中。

姬蝽身体细长，头窄，眼睛凸出，有长腿和长触角。它们以草盲蝽和其他盲蝽、蚜虫、小型幼虫为食。图片中是一只成虫。未成熟的姬蝽和成熟的相似但没有翅。

姬蝽

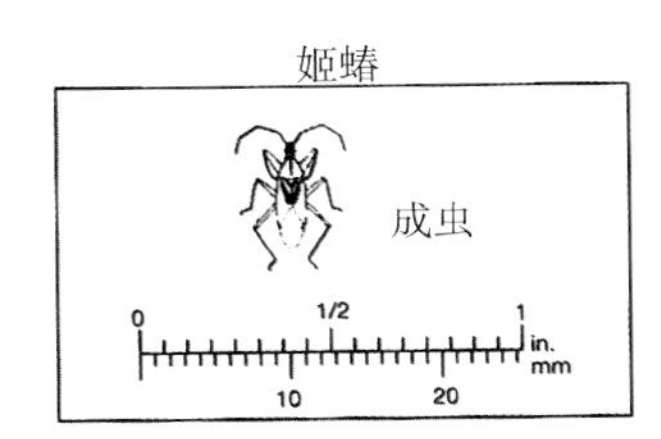

捕食性瘿蚊

Feltiella acarivora

加利福尼亚州这种瘿蚊的幼虫，是二斑叶螨的天敌，它们也以螨虫、幼龄蚜虫和卵、白粉虱和蓟

捕食性瘿蚊以螨类和螨类的卵、未成熟的蚜虫和卵、白粉虱和蓟马为食。

马为食。成虫是长腿的蚊，它们将极小的亮琥珀色的卵分散地产在叶子背面。幼虫是极小的红橙色蛆，成熟时大约 1/16 英寸（1.5 mm）长。

集栖瓢虫
Hippodamia convergens

在草莓地中会有各种各样的瓢虫，尤其是春天蚜虫数量多的时候，其中最常见的就是集栖瓢虫。它们 2～5 月从山上迁移到地里，在有大量蚜虫的情况下，它们会在地里繁殖。越冬的成虫在它们取食和繁殖之前需要飞行一段时间。成虫和幼虫食量很大，它们主要以蚜虫为食。一只瓢虫一生可以消灭掉几千只蚜虫。

虽然天然数量的集栖瓢虫能抑制蚜虫，但没有证据表明在地里释放商品化瓢虫有明显的效果。当越冬的瓢虫成虫被厂商收集并装运时，它们还没有必需的飞行能力。释放到草莓地中的集栖瓢虫在它们进食前需要飞行几英里。因此，没有任何帮助，它们不太可能回到他们被释放的田地中。

集栖瓢虫

幼虫 成虫

0 1/2 1 in.

10 20 mm

蜘蛛

蜘蛛是常见的捕食性天敌，它们在抑制草莓害虫数量上也扮演着很重要的角色。微蛛在草莓上很常见。它们以多种小型节肢动物为食，包括新孵化的幼虫，进食在定植床和草莓叶上。微蛛科和圆蛛科、球腹蛛科中的一些小型蜘蛛以吃螨类为大家所熟知。

微蛛在草莓地中很常见，它们以多种小型非节肢动物类害虫为食，包括螨类。

集栖瓢虫的幼虫和成虫都能吃掉大量的蚜虫。

监测

治理草莓上的昆虫和螨类成功的关键是在害虫达到危害水平之前查明它们潜在的种群数量。对害虫的定期监测是必不可少的，记录害虫和天敌的种群数量，了解一些害虫生命周期中的敏感期。如果要避免重大产量损失，二斑叶螨的早期控制必须在每片复叶只有少量螨虫时进行。草盲蝽一旦达到阈值（根据不同取样方法每 20 棵植株有 1～2 只草盲蝽），需要立刻用杀虫剂处理，当处理目标是敏感的若虫期时，杀虫剂处理效果最好。在建立种植园的地区要监测寄主植物包括移植的草莓上的温室白粉虱。采取措施消灭那些寄主或者在移植前降低其上白粉虱的密度。樱草狭肤线螨一旦出现在草莓上就要立刻治理。为了将对天敌的危害降到最低，只有当蚜虫数量达到危害水平时才对它们进行治理。不同生产地区的主要害虫监测活动的时间安排在图 24 中。在生产季节的主要时期中，至少每

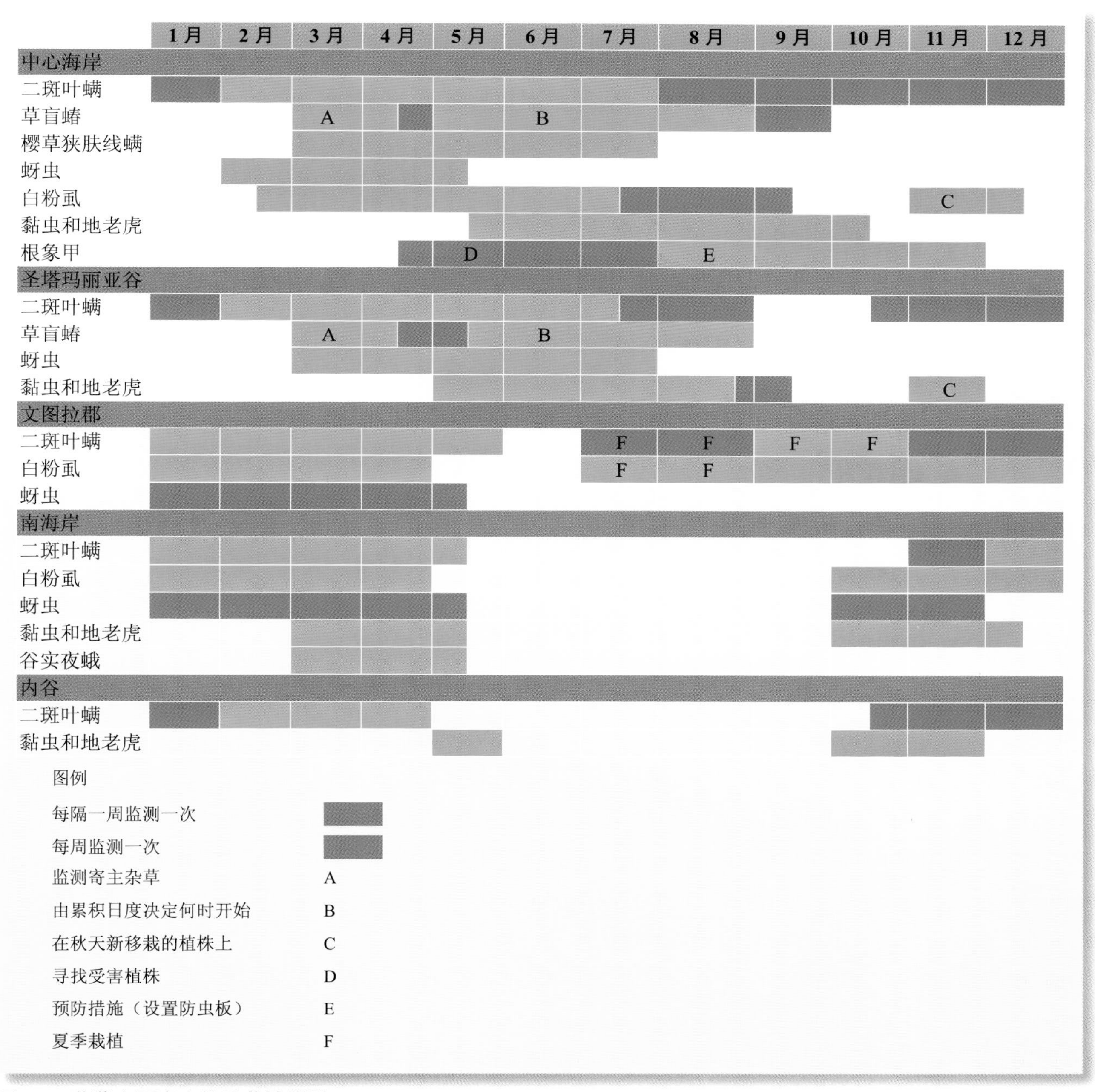

图 24　草莓主要害虫的季节性监测。

周监测一次。如果一种害虫的种群数量接近防治阈值，需要频繁地采集标本。

在种植前着手制定一个监测计划。将所有田地画在一张图上，根据草莓地常用的分区方法把地分成 3～5 英亩（18～30 亩）的采样小区，计划好在生产季如何监测这片地。在图上标出邻近区域的是什么；草盲蝽和其他害虫常常是从邻近的作物、后院或者自然区域进入草莓地的。温室白粉虱通过寄主包括移植的草莓进入新移植的田地里。如果可能的话，检查这些区域的难处理害虫。虫害在相同的区域会频繁地复发，所以要考查这片土地的档案，在图上标出可能发生问题的区域。如果想知道哪块田地过去发生过根象甲虫害，并使用防虫板防治，这些工作是非常必要的。图 25 是一张田间抽样图。在生产季进行监测时，每 50 行做一个标记能帮助你弄清楚所监测的行数。在田间拉一条软线，软线不要妨碍机械，当把线插入地中时小心不要弄坏滴灌管。这也是标记螨类和其他害虫高发区的好方法，以后做抽样调查时会很容易找到这片地。

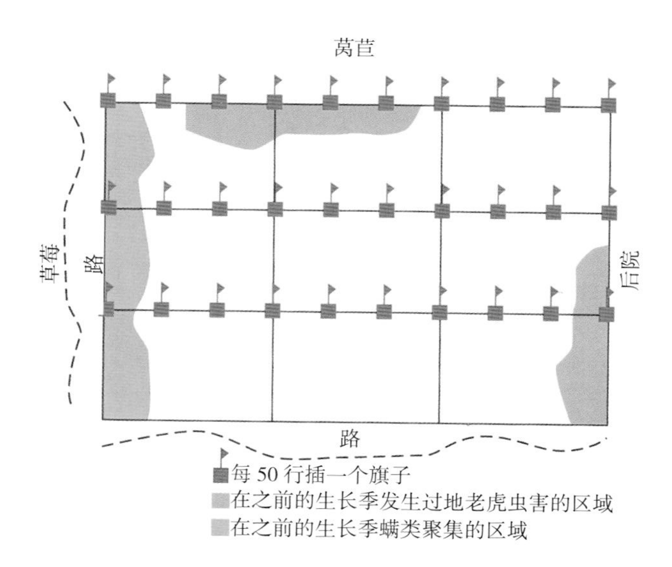

图 25 田地抽样图。田地被分成 9 个小区，每个小区大约 3 英亩。

抽样 害虫如螨类和蚜虫的防治阈值是根据随机调查得出的。为了使抽样调查准确，样本必须能代表整个小区。走遍每一个小区，样本采集覆盖所有区域。每周使用不同的方式。不要采集明显感染或者有病症的植株。单独从田边取样是一个好方法，螨类和其他害虫常常先在田边聚集。取样的数量在后面的害虫讨论中提到。

如果计划用捕食性天敌来抑制二斑叶螨，在生产季的早期采用非随机的集中抽样方案测定螨类在田中的分布。如果时间允许的话，全面地从每一行抽样，这样你就会找到螨类最先出现在哪里。把这些地方插上旗子，稍后回来释放捕食性螨类。

主要害虫

二斑叶螨

Tetranychus urticae

在整个加利福尼亚州种植区二斑叶螨是一种严重的草莓害虫。它们取食植株，降低植物活力，导致果实减小，产量降低；如果螨类仍未得到控制，植株将会枯萎。整个生产季必须有规律地监测草莓上的螨类；通常每年都要治理，以免产生重大损失。通过采用培育壮株、生物防治等栽培措施来控制叶螨，只有当已制定的监测技术和防治阈值显示有需要时，再使用适当的杀螨剂。一些用来控制草盲蝽、蚜虫或者其他害虫的杀虫剂能杀灭捕食性天敌，引起叶螨的暴发；可能的话，只在生产季后期使用杀虫剂。列在推荐读物中的《UC IPM 有害生物综合防治指南：草莓》给出了草莓常用杀虫剂对自然天敌的相对毒力。

形态和生物学特性

二斑叶螨主要生活在草莓叶片背面，吸取植物汁液。在没有放大的情况下，它们非常小，看起来像移动的小圆点。最多能长到大约 1/60 英寸（0.4 mm）长。通过放大镜观察，它们呈淡黄色或者淡绿色，在头部有两个红色眼点，在腹部两侧各有一个黑色的大斑点。未成熟的螨虫在外形上和成虫很相似，但是较小，刚从卵中孵化出的幼虫没有黑斑。当天气寒冷时，雌虫会休眠，它们呈红橙色，经常被误认为是捕食螨（*Phytoseiulus persimilis*）或者朱砂叶螨（*Tetranychus cinnabarinus*）。朱砂叶螨和二斑叶螨亲缘关系很近，最近在南加利福尼亚州的草莓上发生越来越频繁。二斑叶螨的卵呈球形，半透明白色，在放大镜下很容易被看见。朱砂

二斑叶螨在腹部两侧各有一个黑色的大斑点，在头部有两个红色眼点。你需要一个放大镜来观察这些特征。卵是球形的（下），刚孵化的幼虫在两侧没有黑斑。

朱砂叶螨在南加利福尼亚州的草莓上发生越来越频繁。这种螨外形和大小与二斑叶螨很相似，但是呈深红色。

叶螨的卵大小和形状与二斑叶螨相同，但呈黄色至橙色。当有大量叶螨时，它们形成网状，因此而得名——红蜘蛛。

二斑叶螨和朱砂叶螨以休眠雌成虫度过寒冷的天气。在气候温和的海岸种植区，它们整个冬天都能在草莓和其他寄主上保持活动。它们在天气温暖的时期将卵产在叶子上。二斑叶螨以很多种作物和杂草为食，能通过风传播。这意味着新种植的草莓地很快地就会被侵害，而且在条件适宜的情况下二斑叶螨的数量会迅速增加。朱砂叶螨的寄主范围十分小。二斑叶螨通常在最早种植的作物到达生长高峰期之前达到最高密度。夏天，在中心海岸的草莓地中它们的数量在 6 月上旬急剧下降，然后再一次增加。数量高峰出现在秋天，在夏天种植的草莓上。

危害

叶螨引起的最严重危害是果实减小，产量降低。11 月到第二年 3 月初在加利福尼亚州南部地区以及 2～5 月在中心海岸地区，如果叶螨积累的时间与保护地的建立时间相同，将会导致严重减产。在这个时期，叶螨取食草莓植株会使产量减少，但并不在植株上引起肉眼可见的病症。如果在生产季早期叶螨就达到危害水平，那么它们对生产

叶螨危害严重时会阻碍植株的生长发育。

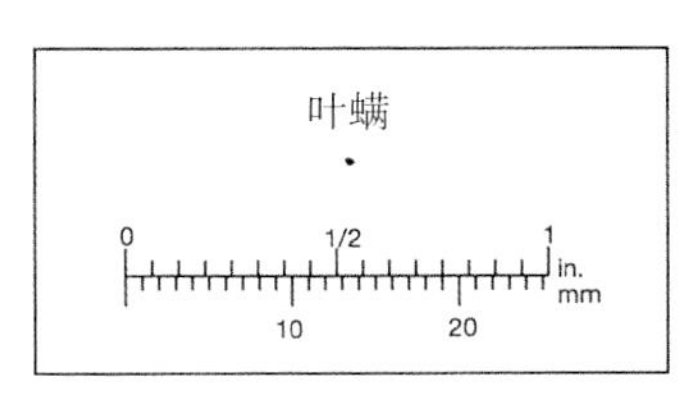

的影响将会持续整个生产季。允许受害水平内的叶螨数量和在草莓上聚集的相对叶螨的数量是由栽培品种、种植地区和生长时期决定。

如果螨类没有得到控制，在春天叶螨群体取食植株会引起上部叶片表面产生黄斑。受害严重时能阻碍植株生长，使叶片下垂，变成红到紫色或者使叶片卷曲、变褐、变干。螨类偶尔能引起果实锈斑。只有当螨类数量非常高，远高于防治阈值时，才会明显地危害叶片和果实。记住即使螨类正在引发产量损失，草莓植株看上去很健壮，

健壮的植株受到螨类的危害较小，当植株很健壮时，螨类会保持在很低的数量。秋植的植株比夏植的植株更容易受到螨类影响，日中性栽培品种对螨类更加敏感。如果在移植前没有得到充分的低温，在一些日中性栽培品种上二斑叶螨会很快聚集。大量对易感的 Selva 品种的研究证明适当的低温对螨虫防治很重要。

防治

为使二斑叶螨的危害降至最低，可使用栽培措施使植株健壮。确保移植的植株得到充分的低温，采用推荐的施肥与灌溉措施。在非熏蒸地削弱植物生命力会导致螨类增加，加大产量损失。在整个生产季进行有规律的田间监测（图 24），尽可能选择对天敌影响最小的杀螨剂以避免破坏自然的害虫控制。只有当确定了地中的螨类数量达到防治阈值才使用合适的杀螨剂，在冬季不定期地消灭残余的螨类。如果需要使用一种以上处理（在一些药物上贴着标签，详细说明两种喷雾剂的处理效果），轮流使用以延迟抗药性。当治理其他害虫时，尤其是生产季早期，用对天敌影响最小的药物和技术以降低叶螨二次暴发的可能性。如果没有叶螨的天敌存在，可以释放捕食性螨类。在生产季的最后一个月通常没有必要控制叶螨，在这个时期螨类增加不会影响产量。

栽培技术　健壮的草莓植株是抵御二斑叶螨的第一道防线。健壮的植株能承受大量的螨类，受到较少的危害，在某些情况下螨类数量增长甚至会减慢。例如，日中性的植物移植前充分低温会降低螨类的种群密度，减少杀螨剂的使用次数。适当的低温也可以降低螨类在短日照栽培品种上的增长，因此秋天栽植过早会引发螨类问题。低温的要求在前面的“草莓有害生物防治”一章讨论过。采用推荐的技术来确定播期、移植、施肥、灌溉、修剪措施，促使作物健壮生长。过度的低温和植株过度的生长会导致较差的果实产量。

在土地闲置期降低螨虫对杀螨剂产生抗药性的比率。在夏植和秋植部分重叠的地区，限制化学药品的使用和轮换使用化学药品甚至更危险，因为螨类抗药性会增强得更快。

多灰尘的条件可促进二斑叶螨的增长和扩散，要限制此类活动，防止把灰尘弄到草莓植株上。靠近或在草莓地中的土路上驾驶时要慢。在农事活动时期要保持车道上洒水防止尘土飞扬。可以使用木桩和塑料布沿地的边缘设置临时低矮的栅栏防止路上的灰尘进入田地。高热天气和缺水也能促进叶螨的增长。

生物防治　本地的或者自然出现的天敌有助于控制叶螨数量，减少杀虫剂的使用。虽说如此，也需要合适的杀螨剂来控制晚冬和早春螨类的数量不高于危害水平，帮助平衡天敌和叶螨的数量。因此在生产季早期就应该开始监测叶螨及其天敌，以便能知道天敌的数量是否能控制叶螨或者是否需要治理。叶螨的主要天敌是捕食螨 [*Phytoseiulus persimilis*、*Galendromus*（*Metaseiulus*）*occidentalis* 和 *Amblyseius*（*Neoseiulus*）*californicus*]，六斑蓟

靠近二斑叶螨的淡红色捕食性螨（*Phytoseiulus persimilis*）正在吃叶螨的卵。

西部捕食性螨攻击二斑叶螨。

食螨瓢虫是极小的黑色甲虫，以几种螨类包括叶螨为食。

捕食性螨正在吃二斑叶螨的卵。

食螨瓢虫以叶螨和大量其他有害螨类为食。

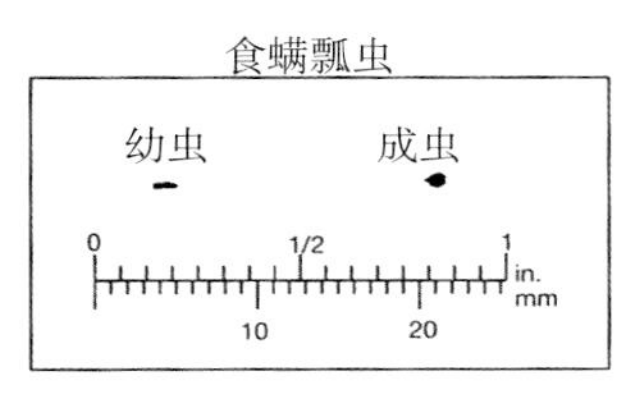

马、小花蝽、大眼长蝽和小型捕食性甲虫（*Stethorus picipes* 和 *Oligota oviformis*）。姬蝽、草蛉、粉蛉和捕食性瘿蚊也以叶螨为食。这里的及本章开头的照片，还有关于常见捕食性天敌的讨论会帮助你在田间监测时认出这些天敌。

捕食性螨的释放。自然的捕食性螨增长得足够快，可以控制二斑叶螨，但是很多种植者通过释放捕食性天敌来补充它们的数量。尽管大量的捕食螨在加利福尼亚州实现商品化，但是只有三种主要以叶螨为食。

引进的智利小植绥螨（*Phytoseiulus persimilis*）是草莓种植者常释放的捕食性螨，它们已经在大量的种植区定居。智利小植绥螨生活在草莓地外的寄主植物上，包括锦葵、田旋花、苦苣菜、车前草，在生产季早期进入草莓地。那些定居的野生种群好像比饲养的更能适应草莓种植地的条件。它们繁殖和传播很迅速，是有侵略性的捕食者。

隐翅虫长长的幼虫靠近腹部的末端有一个黑斑。

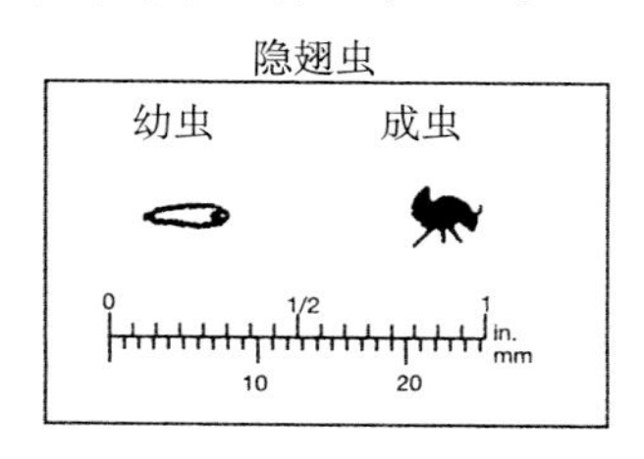

隐翅虫的成虫是黑色小甲虫，腹部末端抬起。在草莓上它的若虫和成虫是重要的二斑叶螨天敌，在果树上是叶螨和欧洲红螨的天敌。

自然产生的智利小植绥螨种群能找到害虫危害种植园。监测叶螨和捕食性螨的数量很重要，从测得的叶螨密度和捕食性螨的数量是否能够抑制叶螨至危害水平的可能性得到一个预估损失，由此决定防治措施。

智利小植绥螨能很快减少叶螨的数量，每只每天可以消灭掉数只叶螨或者螨的卵。因为它们只以叶螨为食，所以可能会迁移到邻近的作物，它们的数量随着叶螨数量减少而很快减少。研究表明，它们会在螨类全部被消灭前迁移，所以会有残余的叶螨留下。由于这个原因，监测依然重要。智利小植绥螨在60～80 ℉（15～27℃）最活跃，当温度超过100 ℉（38℃）就会死亡。

西部捕食性螨 [*Galendromus*（*Metaseiulus*）*occidentalis*] 在加利福尼亚州所有地区都被发现，但是没有大量出现在草莓上。与另外两种捕食性螨相比，它们增长较慢，但是能承受更热的天气，当叶螨缺少时可以取食其他螨类。它们在一块庄稼地待的时间较长，而智利小植绥螨则会迁移到受害更严重的地区。在春末和夏季，西部捕食性螨控制叶螨尤其有效。在80～100 ℉（27～38℃）最活跃，能忍受干旱的条件；在冷凉的海岸气候下，它没有其他捕食性螨有效。这种螨对有机磷和氨基甲酸酯类杀虫剂的耐药性比其他捕食性螨强。

加利福尼亚州钝绥螨 *Amblyseius*（*Neoseiulus*）*californicus* 自然存在于南加利福尼亚州和中心海岸的田地中，如果在生产季早期达到足够的数量，能

六点蓟马正在吃叶螨的卵，在每只前翅上都有三个褐色斑点，以螨类和螨类的卵为食。

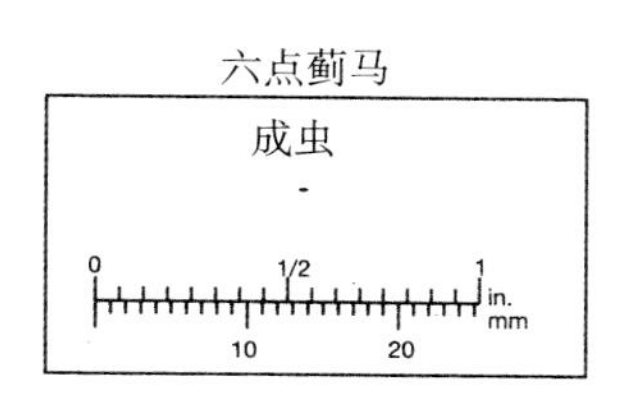

帮助控制叶螨数量的增长。它们在叶螨密度较低时以较快的速度繁殖。它们也以花粉为食，在没有螨的情况下也可以存活（但是不繁殖），所以当叶螨数量减少时，它们的数量也不会减得很快。如果它们出现在一块地里，会一直待在那里，非常容易受到杀虫剂的影响。

如果释放捕食性螨起作用，它们必须在生产季早期就被使用，在早期叶螨的数量很低，远低于每片复叶 5 只。当一发现二斑叶螨就立即释放；不过如果每片复叶上的野生捕食性螨的数量是叶螨的 1/2～2/3，就没有必要释放了。避免在使用洒水器之前、可能会下雨时、使用杀虫剂之前、多风时或者天气寒冷时释放捕食性螨。在使用杀螨剂后最少等 4 天再释放捕食性螨，在广谱农药还残留在叶片组织中时不要释放。在某些条件下释放天敌之前使用短残留杀螨剂降低叶螨密度有助于平衡天敌和叶螨。列在推荐读物中的《UC IPM 有害生物综合防治指南：草莓》给出了草莓常用杀虫剂对自然天敌的相对毒力。避免在使用对捕食螨有害的杀菌剂时释放。如果正轮换使用不同的杀真菌喷剂，在使用了对捕食螨影响最小的杀菌剂后释放它们。天气热时，在一天中凉快的时候释放。

在释放饲养的捕食螨之前，仔细检查，确保它们是健康的。取一些样本放到被叶螨危害的草莓复叶上，用解剖显微镜或者放大镜观察它们的活力。健康的捕食性螨会很快地移动并寻找叶螨。在释放捕食性螨后仔细地监测以确保有害螨类低于治理阈值。可用的天敌释放策略有局部释放和全面释放。

（1）局部释放。在草莓地中一经发现轻微的叶螨危害，就马上释放捕食性螨。这种方法需要在生产季早期加强监测，虫害一有发展就立刻将它们圈定。在使用杀虫剂后，残留的杀虫剂消散后也可以立即使用这种方法。监测全部的行，每 20 英尺（约 6.1 m）检测植株，根据你的时间，决定每 10 行、20 行或 30 行取 1 行做样本。田地的边缘和中心要单独取样，根据以往的经验，取那些会首先发生虫害的区域做样本。无论在什么地方看到叶螨，插一个旗子在地里，这样你就能回到这些地方释放天敌。整个生产季连续进行“监测—释放”这个过程。你只需要在每片叶子上释放少量的螨，不要采用自动化手段来释放螨，因为它们一被释放就需要一个食物源。

（2）全面释放。全田地释放大约每英亩需要 30 000 只捕食性螨，如果在叶螨数量很低的情况下，可能会有效果。如果你没有办法采用局部释放所需的强化监测，或田间叶螨的危害分布范围很广，或你使用了非选择性杀虫剂来控制绿盲蝽或者蚜虫这类害虫之后需要恢复生物控制，这种方法更合适。在南加利福尼亚州使用这种技术要比在中心海岸使用更容易抑制生产季早期的叶螨，可能是因为南部的气候条件更适合捕食性螨。要得到最大的成效，必须在叶螨刚出现时就释放捕食性螨。可以使用人工或者自动化的机械来释放捕食性螨。

监测和防治阈值 如果能有规律地记录二斑叶螨和捕食性螨及其他天敌如六点蓟马的数量，就可以利用这些数据来安排防治，确定天敌是否将叶螨数量控制在危害水平以下。秋天，夏植植株有 2～3 片叶子时立即开始监测。每隔一周取一次样直到 2 月，然后开始每周都抽样。对于秋植植株当第一片叶子完全展开时开始每隔一周取一次样，当白天温度达到 68～70 ℉（20～21℃）时或者当螨类数量开始增长时开始每周取一次样。对于大多数栽培品种来说，保持每周取样直到收获季节末的 3～4 周或者直到采收加工开始。

二斑叶螨的治理阈值以随机抽样为基础。列在推荐读物中的《UC IPM 有害生物综合防治指南：草莓》中有通用的阈值资料。注意田地边缘（尤其是逆风的那一侧）和田地里最温暖的部分等螨类容易聚集的地方；这些区域需要区别对待。目前有两种技术用于计算叶片上螨的数量。二项式抽样或者存在 / 不存在取样需要在田中检查叶片，看上面是否有螨。这比使用刷螨法更快更简单，但是每片中层复叶上的螨超过 10 只时就很难精确地估计它们的数量。超过这个水平，每片复叶上螨的数量和受害叶片比例的相关程度增加很快，需要大量的样本来达到足够的精确度。不用担心当每片复叶螨超过 10 只时不能估算，只有在收获开始之后，治理阈值才会高于这个水平。使用刷螨法需要在显微镜下检查叶片上收集到的螨，但是在计算时，样本可能会混合。这会降低样本间的差异，因此需要记录和计算样本的数量。

（1）存在 / 不存在取样。进行存在 / 不存在取样需要在生产季早期取最老的、完全展开的叶子做样本。当植株有 10～15 片叶子之后，从植株的中层选取成熟的叶片——叶子呈暗绿色，没有光泽，不老不脏。从每个 5～10 英亩小区的每片叶上取一片复叶，至少取 50 片复叶，最好 100 片；

当取样监测二斑叶螨时，在植株中部取一片完全展开的叶子。

刷螨器将螨从草莓复叶表面刷到旋转的玻璃盘上，盘上有洗涤剂、蔬菜油或者凡士林油将螨粘住，这样就可以记数了。

在螨类聚集的地方需要取更多的样本。如果一片大且整齐的土地分成10或者更多小区，当螨密度较低时，每个小区取25片复叶就足够了。用放大镜检查叶子背面，记录上面是否有螨；同时记录上面是否有捕食性螨。这种技术最适合估计范围为每个复叶1～5只。

（2）刷螨法。为了计算螨的数量要用一个刷螨器，选成熟的中层叶。从每片叶上取一片复叶，每5英亩至少取25片复叶做样本；如果田地很小或者田地条件变化很大，每5英亩至少取50片复叶。在地里收集复叶时检查复叶上是否有捕食性螨，因为在叶子被刷之前它们可能会离开。将样本分别放在不同的纸袋里，标上采集地点和日期，尽快把袋

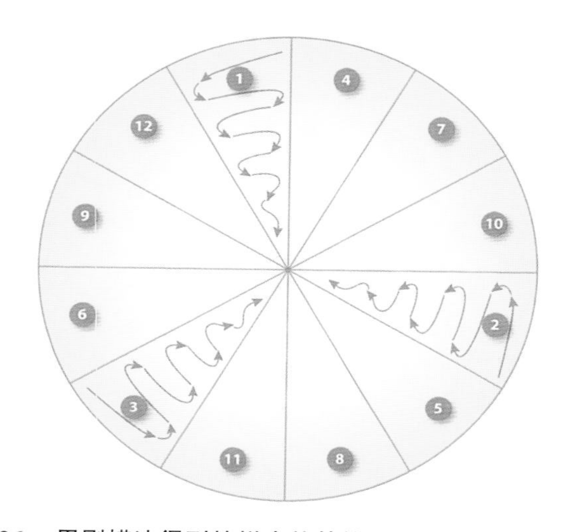

图26 用刷螨法得到的样本估算螨的数量。用解剖显微镜数刷螨盘格子上螨的数量，把倍数调到最低，以分辨出二斑叶螨和捕食性螨。从格子的尖端或者宽端开始，沿之字形路线数到格子的另一端。像上面那样给格子编号，按下面表格中的顺序和规定来数。分开记录二斑叶螨和捕食性螨的数量。计算出盘上螨的总数，除以被刷的复叶数量，得到平均每片复叶上螨的数量。

格子的编号	停止计数当螨的数量等于或者超过	为得到螨的总数，乘以
2	9	6
3	12	4
6	25	2
9	38	1.33
12	—	1

子放进冷藏箱使捕食性螨留在叶子上。在干热的天气，使用更容易密封的塑料袋来保持叶片水分，因为螨类会从干燥的叶子上脱落。如果可能的话，马上就刷。如果你不能立刻刷，把叶子放进冰箱里，但是不要放上一整夜。

在直径 5 英寸（13 cm）刷螨盘上仔细地铺一层薄薄的凡士林油、菜油或者液体洗涤剂。刷 10～20 片复叶，具体由盘上螨的数量决定。当有较少螨时，必须要计算更多的复叶来得到一个精确估算。如果复叶很脏，沿中脉折叠，以便把复叶背面露出，然后再刷。

用解剖显微镜数螨的数量，把倍数调到最低，这样会数得更快更轻松。将捕食性螨分开来数。将玻璃制的刷螨盘放在一个分成 12 等分的模板上（图 26），置于显微镜下。如果螨的数量很多，数两个相对的小格。如果螨的数量很少，数 3～4 个等间隔的小格。用图 26 中的公式计算每片复叶上螨的数量。如果捕食螨的数量与叶螨相等，最少是叶螨的一半，可能就没有治理的必要了；继续监测，观察叶螨是否被捕食螨控制。

杀虫剂 如果监测显示需要使用喷雾剂，使用那些对天敌毒性最小的杀螨剂。确保使用杀螨剂的时候周围温度最合适，弄清叶螨种群的虫口结构（如大部分是卵还是活动的螨）。在很多地区，如果已进行自己的监测并释放捕食性螨，那么每个生产季只需要使用 2～3 次杀螨剂。《UC IPM 有害生物综合防治指南：草莓》中的图表列出了现有的杀虫剂对捕食性螨和其他天敌的相对影响。

如果重复使用一种类型的杀螨剂，叶螨种群可能很快就会产生抗药性。栽培和生物防治能减少杀螨剂的使用，轮换使用不同类型的杀螨剂可以减缓叶螨产生抗药性。

在某个地区使用哪种杀螨剂最有效，由当地使用杀虫剂的历史、种植周期和叶螨种群的虫口结构决定。如果一种杀螨剂刚用过不久，叶螨可能会产生抗药性。如果一种杀螨剂在最近几年没有用过，在叶螨产生抗药性之前，使用 1～2 次可能会很有效。在有闲置期的草莓种植地，抗药性增长更慢，在使用完一种化学药剂后，抗药性会降得更快。咨询当地的农事指导员找出对你的田地最有效的、对生物控制破坏最小的杀螨剂。

用杀螨剂成功地控制叶螨，良好的覆盖度是必不可少的。用喷嘴喷射出充足的量到草莓叶片背面。这种技术正确的使用方法在草莓害虫防治一章中详细介绍。

草盲蝽
Lygus hesperus

无论在哪里草盲蝽都是值得担忧的问题。在中心海岸和圣玛丽娅山谷地区它们是最主要的草莓害虫，在文图拉郡（Ventura）它们成为严重问题。草盲蝽会减小浆果的大小和重量，引起果实严重变形，使草莓滞销或者使价格降低。防治需要控制草盲蝽的杂草寄主，通过积累日度和监测决定喷药时间，以最敏感的若虫时期的盲蝽为目标。

形态和生物学特征

草盲蝽成虫大约 1/4 英寸（6 mm）长，颜色多样。可以通过它们背部中央明显的黄色或者淡绿色三角形来认出它们。很难观察草盲蝽成虫，因为当它们受到惊扰时会飞走或者隐藏起来。卵被产入寄主植物的叶片组织中，3～5 周孵化。大眼长蝽有时也会将卵产入叶片组织中，很容易和草盲蝽的卵混淆。第一和第二龄若虫极小呈亮绿色，可能会和蚜虫混淆。不过幼龄的草盲蝽比蚜虫移动得更快，触角末端是淡红色的。第三龄以后的若虫呈绿色，背部五个黑点是它的特征——两个在头后部的节上，两个在相邻的节上，一个在腹部中央。一个类似的无害种类 *Calocoris* 可能会和草盲蝽混淆，在监测草盲蝽的杂草和豆科作物寄主时经常会发现它们。*Calocoris* 背部有两个突起的黑点，翅末端呈黑色。草盲蝽成虫背部没有黑点。*Calocoris* 成虫和若虫都比草盲蝽长且窄。

在中心海岸地区，从 9 月到第二年 2 月草盲蝽成虫在草莓地外越冬。它们的寄主包括大量的杂草、豆科作物和其他豆科植物。图 27 是草盲蝽的杂草和作物寄主。有一些会在一年生植株上或种植两年的草莓上越冬。只有成虫能从一个寄主飞到另一个寄主。在中心海岸地区的草莓上能孵化出三代：第一代在 5 月或更早，第二代在 6 月末或 7 月初，第三代在 7 月末或 8 月。第三代的成虫会在合适的寄主植株上越冬。如果不控制，通常第二代造成的危害最大。不过防治每一代草盲蝽都很重要。

在中心谷地，草盲蝽整年生活在苜蓿、其他豆科植物、杂草寄主上，在这些寄主上一年会发生几代草盲蝽。在春天花芽刚刚产生的时候，草盲蝽成

草盲蝽成虫背部的中央有一个黄色或者淡绿色的三角形，它们的背上没有黑点。

最小的草盲蝽若虫（左下）类似于蚜虫，但移动得更快，有红色的眼睛和末端为淡红色的触角。大一点的若虫（右）背上有五个黑点。

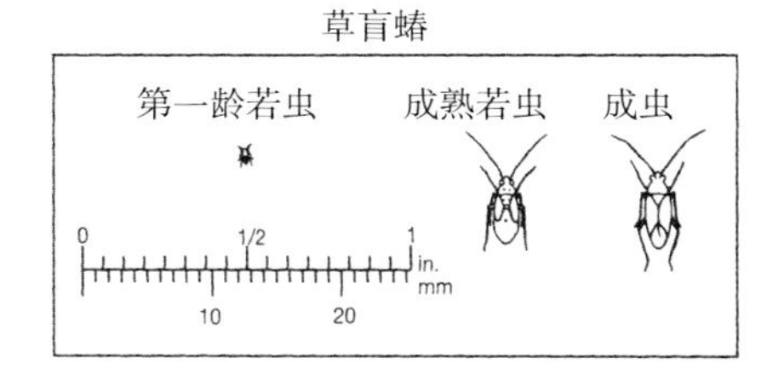

虫会进入草莓地。通常在下一代幼虫发展之前，草莓地就会被毁掉。

危害

草盲蝽最严重的危害就是使浆果变形形成畸形果，即通常所说的猫脸。当草盲蝽若虫或者成虫在果实发育早期破坏瘦果中的胚（种子）阻碍了果实组织和瘦果的生长，果实就会变形。从开花期直到花瓣脱落后10天，瘦果很容易受到草盲蝽的危害，之后瘦果就会变得足够硬来抵御草盲蝽。通常在初夏花果比最高时，草盲蝽若虫危害最大。

不要一出现畸形果就决定使用杀虫剂，授粉时天气较冷或者发育早期有霜冻也能引起畸形，两种类型的危害几乎一样。但是，草盲蝽危害的瘦果更接近正常的大小。通常草盲蝽危害发生在低温危害很少发生的夏天。在中心谷地地区，迁移来的成虫会在可能发生低温危害的春天造成一些危害。

防治

在冬天控制杂草寄主，在春天监测杂草寄主上的草盲蝽若虫和成虫，在草盲蝽造成严重危害之前选择时机用杀虫剂控制若虫，这样才能成功防治草盲蝽。必须选择喷雾的时机以杀死早龄的若虫，因为已有的杀虫剂对成虫不是很有效。限制对草盲蝽使用杀虫剂的次数是很重要的，因为大多数对草盲蝽有效的杀虫剂会破坏对叶螨的自然控制。一般只有在中心海岸的种植区需要对草盲蝽进行控制，用于这些地区的防治方法在下面描述。在中心谷地当花一开始发育，常规的监测活动中留意是否有盲蝽成虫出现。

***Calocoris* 可能会和草盲蝽混淆，成虫和草盲蝽的区别在于背部靠近头部分有两个黑点，翅末端是黑色的，身体更长。**

覆盖作物和杂草寄主 冬天除去杂草寄主，在周边豆科覆盖作物开花之前用圆耙拔出杂草有助于减少春天迁移到草莓地中的草盲蝽数量。监测潜在的草盲蝽的杂草寄主，在冬天除掉草莓地周边的杂草。在中心海岸常见的寄主包括野生萝卜、巢菜和蚕豆。图27以月为基础表现了草盲蝽

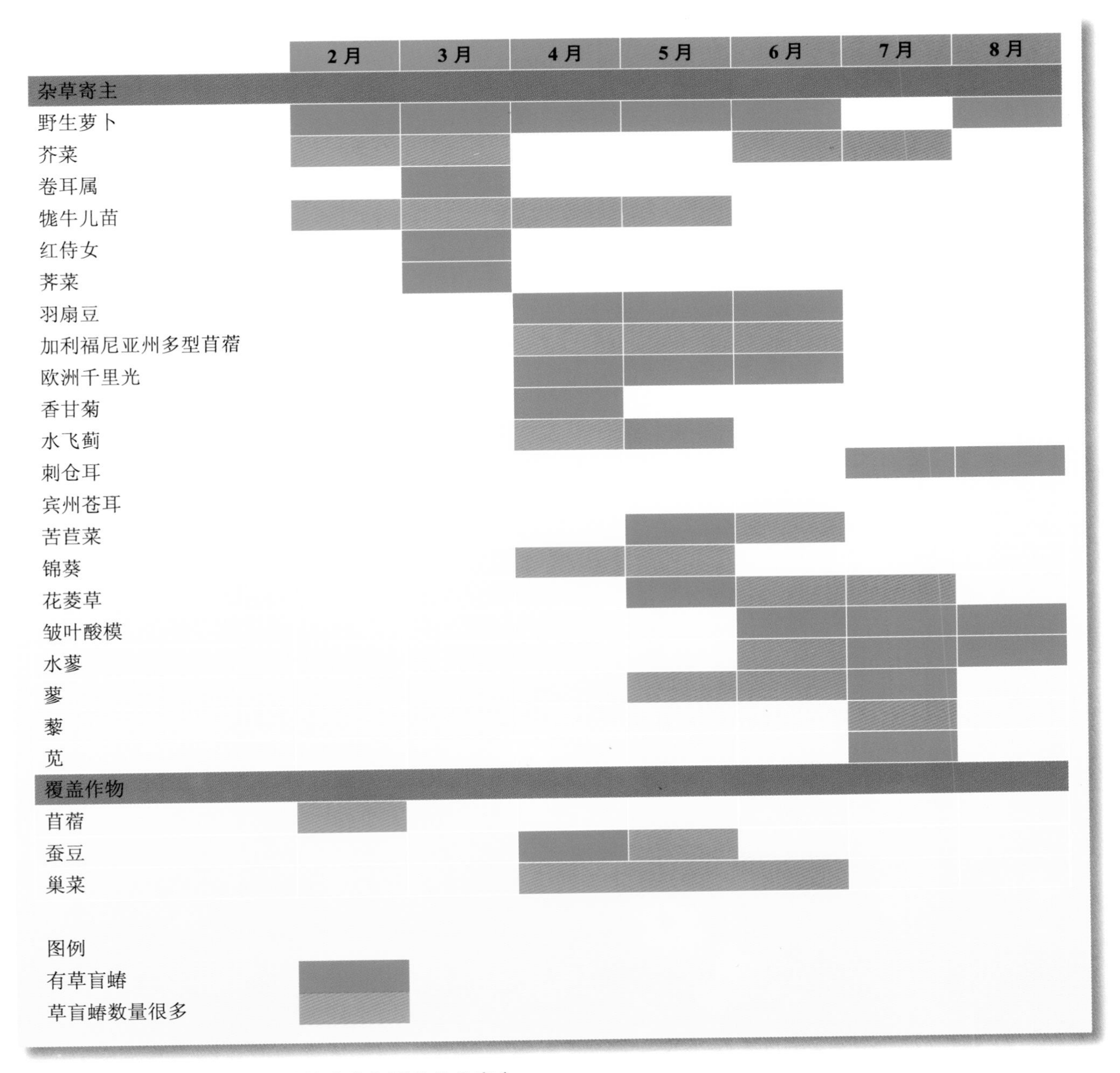

图 27　在中心海岸地区草盲蝽的杂草和覆盖作物寄主。

对杂草和覆盖作物的喜好性。在书后面的“杂草”一章中对许多杂草寄主进行了图解描述。确保在3月份除去周边的杂草，这时草盲蝽仍然在若虫阶段，不能飞。如果在这以后除去杂草，草盲蝽成虫将会进入草莓地。如果一点杂草也不除去，在杂草枯萎时草盲蝽就会迁移到草莓地中。在开花之前，割掉或者拔除巢菜或者其他豆科植物等覆盖作物；在开花之前只有少量盲蝽会侵害这些作物。如果豆科覆盖作物种在草莓旁边，当大多数草盲蝽还在若虫阶段时割掉它们，避免成虫迁移到草莓上。

生物防治　大眼长蝽是最重要的草盲蝽天敌。它们以卵和小的若虫为食。姬蝽也以卵和若虫为食，小花蝽以草盲蝽的卵为食。可是当有大量迁移的成虫进入草莓地时，没有一种天敌可以抑制它们达到危害水平。卵寄生蜂（*Anaphes iole*）是仅有的可用于释放的寄生天敌，尽管释放有降低草盲蝽数量的可能性，当草盲蝽数量高于防治阈值（每20株1～2只）时，卵寄生蜂并不能阻止草盲蝽造成经济损失。

草盲蝽在草莓果实发育阶段取食造成果实严重变形，即形成通常所说的猫脸。

寄生蜂（*Anaphes iole*）将卵产入草盲蝽的卵中。

监测和防治阈值 以监测数据为基础用防治阈值来决定是否治理。根据累积日度（°D）来安排监测草盲蝽若虫。日度是昆虫完成某一发育阶段所需要的发育起点以上温度的 24 h 累加值，草盲蝽所需要的发育起点温度是 54 ℉（12℃）。草盲蝽的发育速度直接和它们接受到的热量相关，因此测量一定时间的积累热量能准确地知道草盲蝽在什么时候处于哪个阶段。在加利福尼亚州大学草莓有害生物综合治理的网站（www.ipm.ucdavis.edu）上有计算累积日度的程序。

有两种不同的累积日度用于预测草盲蝽何时会出现在草莓上。第一种在草盲蝽幼虫第一次出现在杂草寄主时开始，用来预测第二代若虫何时在草莓上孵化。第二种在草盲蝽成虫第一次出现在草莓上开始，在幼虫出现时重新开始，用于预测第一代和第三代若虫何时出现。这些累积日度和盲蝽发展的关系在图 28 介绍。

在 2 月开始监测杂草寄主上的草盲蝽若虫，当发现第一只若虫时开始计算累积日度。在捕虫板（见下一段的描述）或者捕虫盘上方拍打寄主杂草的花柄，然后寻找落在板子或盘子上的若虫。在 4 月开始监测草莓上的草盲蝽成虫，当找到第一只成

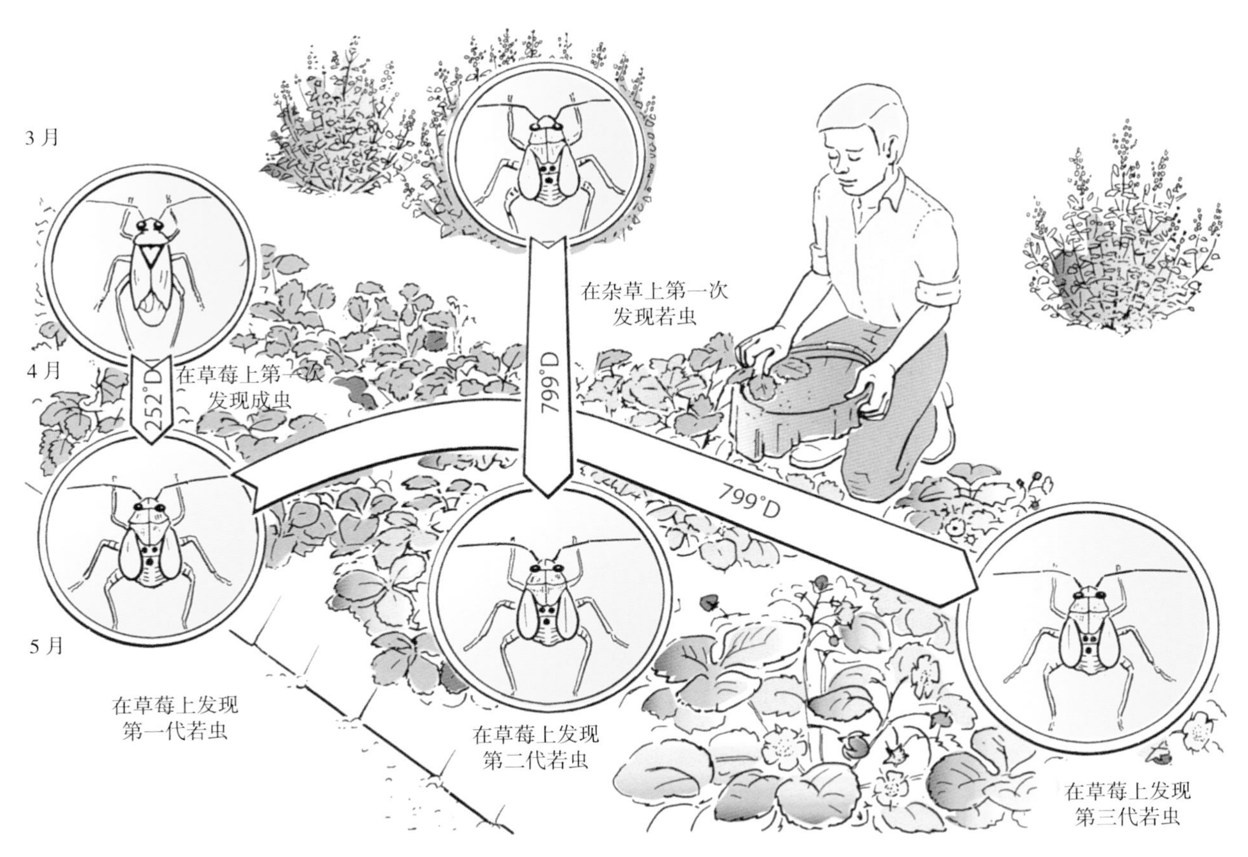

图 28 草盲蝽移动到草莓的图解和预测在连续高于 54° F 的情况下草盲蝽在草莓上的发生世代。当杂草中第一次出现草盲蝽若虫时（3 月的某一时间）开始第一次计算。当草莓上第一次出现草盲蝽成虫时（4 月的某一时间）开始第二次计算。在中心海岸的草莓上，第一次在草莓上发现成虫后累积日度 252° D 时，第一代草盲蝽若虫孵化。第一次在杂草上发现若虫后累积日度为 799°D 时，第二代草盲蝽若虫孵化。第一次在草莓上发现若虫后累积日度为 799°D 时，第三代草盲蝽若虫孵化。

虫时开始计算累积日度。图 29 有计算累积日度的例子。

当累积日度达到卵孵化的数值时，开始监测草莓上的草盲蝽若虫。至少每周监测一次，在机械经过田地后至少 4 h 后再监测。捕虫板或捕虫盘是监测草莓上草盲蝽最快最简单的方法。可以将细薄棉布装在一个 12 英寸的铁环上做成一个捕虫板。像图 25 那样将地分成小区，每个小区取 4 行，每行取 200 英尺（约 61 m）。每隔 20 英寸（约 50 cm）取一植株做样本，将捕虫板（盘）放在植物下面，用手摇动植株三次。数落下的草盲蝽若虫和成虫及天敌的数量。达到每 20 株一只草盲蝽时开始治理。持续每周监测直到果实收获。

草盲蝽也可以用真空机来监测。可以买做好的真空机或者用园艺吹吸机制作。用纱布缝一个袋子放在吹吸机外接管内，用 O 型的橡胶带将袋口固定在外接管末端，然后将延长管接在吹吸机的吸气一端。用真空机监测草盲蝽比捕虫盘更有效。如果使用真空机，监测一样数量的植株，但是防治阈值是每 10 株一只，因为使用真空机捕捉草盲蝽更有效。

现有的杀虫剂对早龄草盲蝽最有效，所以一有若虫出现在草莓上就使用是很重要的。当使用杀虫剂治理时，成虫会从田里迁移走。多数对草盲蝽有效的杀虫剂会对天敌造成危害；在治理草盲蝽后，恢复捕食性螨的数量是很有必要的。杀虫皂能减少大约 50% 的草盲蝽幼虫而且对捕食性螨危害较小，但是如果在一个季节使用两次以上会对植物造成危害。杀虫皂对草盲蝽成虫不是很有效。

真空法除虫 用拖拉机牵引真空机除去的草盲蝽成虫多于若虫。20 世纪 90 年代的研究表明，大型真空机可以除去大约一半的大龄若虫，小型真空机可以除去大约 1/10。

真空机可以用来控制生产季早期的第一代草盲蝽，当在草莓上发现草盲蝽成虫时开始使用。早晨是一天中最适合使用真空机的时候，那时草盲蝽还没有被机械或者风惊扰，更有可能在花或者叶上面。如果想一直用这种方法降低草盲蝽密度，有规律的、持续真空除虫是必要的。结合杀虫剂使用真空机能得到更好的控制效果。

真空机能大量减少一些重要天敌的数量如大眼长蝽和蜘蛛。草蛉和小花蝽受到的影响较小。使用真空机会提高果实病原物发生率，据报道使用真空机的地方出现过葡萄孢属（*Botrytis*）病害。

其他蝽

日期（月/日）	气温（°F）		日度	累积日度	注释
	最低	最高			
3/19	38.0	75.0	7.19	7.19	杂草上第一次出现若虫
3/20	43.0	80.0	10.13	17.32	
3/21	35.0	75.0	6.87	24.20	
3/22	47.0	65.0	3.94	28.13	
7/9	54.0	71.0	8.50	774.02	
7/10	54.0	70.0	8.00	782.02	
7/11	54.0	81.0	13.50	795.52	
7/12	59.0	83.0	17.00	812.52	第二次孵化
4/20	53.0	67.0	6.11	6.11	草莓上第一次出现成虫
4/21	48.0	63.0	3.19	9.30	
4/22	52.0	65.0	4.84	14.14	
4/23	46.0	67.0	4.69	18.83	
5/31	50.0	64.0	3.94	223.70	
6/1	43.0	69.0	5.19	237.89	
6/2	47.0	76.0	9.00	246.88	
6/3	47.0	78.0	9.95	256.83	第一次孵化
6/4	54.0	75.0	10.50	10.50	
8/25	53.0	71.0	8.10	775.59	
8/26	52.0	74.0	9.26	784.85	
8/27	52.0	78.0	11.24	796.08	第三次孵化
8/28	56.0	81.0	14.50	810.58	

图 29　从三个累积日度推测草莓上若虫孵化时间的例子。在杂草第一次出现若虫时开始第一次日度计算；**799°D** 后第二代草盲蝽卵在草莓上孵化。在草莓上第一次发现成虫时开始第二次计算；第二次计算到达 **252°D** 时第一代草盲蝽卵在草莓上孵化。在第一次孵化后经过 **799°D**，第三代孵化。

使用捕虫盘监测盲蝽，将捕虫盘放在植物下面，用手摇动植株三次。

可以用农用吹吸机做一个真空机来监测草盲蝽，用纱布缝一个袋子放在吹吸机外接管内，用 **O** 型的橡胶带将袋口固定在外接管末端，然后将外接管接在吹吸机的吸气一端。

红蝽（*Euryopgthalmus convivus*）和多彩长蝽（*Nysius raphanus*）可能会在春天从其他作物或杂草寄主上进入草莓地。它们能使草莓果实干枯、皱缩，但通常危害不严重。红蝽成虫大约 1/2 英寸（12 mm）长，身体大部分是黑色的，在背上和腿上有红橙色花纹。若虫近球形，亮蓝色，背上有明显的红斑。多彩长蝽成虫大约 1/8 英寸（3 mm）长，呈灰色。它们在野生植物上生活，当野生寄主在春末夏初干枯时，它们就会进入草莓或者其他栽培作物中。

草莓上的草盲蝽预测模型

- 下限温度：54 ℉
- 计算 / 截止法：正弦 / 水平法

白粉虱

在加利福尼亚州的海岸浆果、蔬菜、花卉种植区，温室白粉虱（*Trialeurodes vaporariorum*）已经成为一种严重的害虫。在文图拉郡它是主要的草莓害虫，在南海岸和中心海岸也能引发危害。通过控制它们侵入周边的寄主，调节种植时间避开白粉虱寄主，使用杀虫剂来控制温室白粉虱。许多地区的草莓上都有发生鸢尾粉虱（*Aleyrodes spiroeoides*），但通常能被天敌控制，不需要治理。在圣华金谷（San Joaquin Valley）和南海岸内部的一些地区银叶粉虱（*Bemisia argentifolii*）危害大量作物，但是在草莓上并不严重。

形态和生物学特征

白粉虱成虫大约 1/10 英寸（2.5 mm）长，有两对膜质翅，上有蜡质白粉，由此得名。卵暗黄绿色到棕色，长形，产在叶背面，以短丝固定在表面。粉虱幼虫呈扁椭圆形。刚从卵孵化出的第一龄若虫叫做“爬虫”，是除成虫外唯一能动的阶段。“爬虫”

多彩长蝽成虫大约 1/8 英寸（3 mm）长，呈灰色。可能会和大眼长蝽混淆，但它的眼睛没有那么大，触角末端也没有膨大。

温室白粉虱的成虫翅平坦合拢在后背，第四龄若虫（蛹）的识别特征是有长长的蜡丝。当成虫出来时，在蛹壳上会留下一个 T 字形的开口。

粉虱卵颜色多样，从黄绿色到棕色，产在叶片背面。图中是温室白粉虱的卵。

鸢尾粉虱翅上各有一个黑斑，平坦合拢在后背，它们将卵产在圆形的粉蜡中。

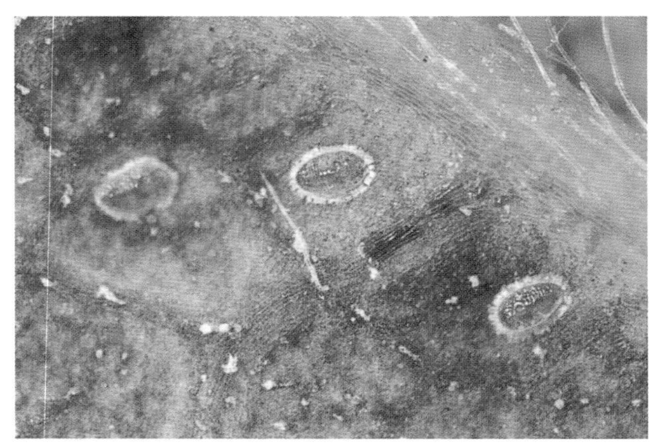

鸢尾粉虱的若虫在身体周围有像刷子一样的短蜡丝，不像温室白粉虱的若虫那样长。

在寄主叶子表面移动直至找到合适的取食地点，然后定居下来。它们在成为成虫之前还要经历三龄。四龄通常叫做蛹，长出红色眼点，一般在体侧有蜡丝，蜡丝是种的识别特征。温室白粉虱“蛹”的蜡丝很长。鸢尾粉虱蛹的蜡丝像刷子，但很短。银叶粉虱的蛹没有蜡丝。当成虫出来时，在透明的蛹壳上会留下一个 T 字形的开口。

只要温度暖和，温室白粉虱的生命周期会持续一整年。当温度在 80～90 ℉（27～32℃）时，温室白粉虱发展最快。粉虱喜欢取食幼叶，当旧的寄主植株开始衰老时，它们会迁移到有活力的新寄主上。通常成虫在植株和植株间或者在邻近的田地间做短距离迁移。温室白粉虱寄主范围很广，包括蔬菜、藤茎类浆果、葡萄、柑橘、油梨、豆科植物、花、草莓和多种杂草。中心海岸的草莓地中的温室白粉虱数量通常在秋天和冬天达到峰值。

严重的粉虱侵染会产生分泌物导致草莓叶片和果实上长烟霉。

危害

粉虱通过取食植株汁液阻碍植株生长，降低植株活力，从而直接减少产量。粉虱在取食时会分泌蜜露将果实弄脏，降低商品率。这些分泌物会为黑烟霉生长提供条件，黑烟霉会覆盖在叶片和果实表面。温室白粉虱传播病毒诱发草莓白化病，草莓白化病会在下一章进行讨论和介绍。

防治

成功防治草莓上的粉虱必须结合栽培控制来阻止侵染，逐步实施生物控制。很少使用杀虫剂来控制粉虱，除非草莓种植了两年，生物防治被杀虫剂破坏，或者白粉虱从邻近的作物迁移到草莓上。如果温室白粉虱在苗圃中出现，必须控制它们防止病毒传播。

栽培控制　在可能的情况下，营造一个无寄主期是有效控制粉虱的方法。在中心海岸地区种植两年的草莓是新栽植草莓的主要侵染源。在新栽植草莓发生严重危害的地区，最好避免栽植两年的草莓。夏植植株的晚冬修剪能减少越冬的粉虱数量。

监测邻近的粉虱可能的寄主，在可能的情况下防止它们被侵染，尤其是在收获之前的寄主作物，这能阻止粉虱成虫进入草莓地。仔细监测种植两年的草莓上的粉虱，控制粉虱的发生。种植两年的草莓的早期修剪能消灭粉虱，但一定要把剪下的枝条移出田地。

生物防治　在大多数作物上，温室白粉虱和鸢尾粉虱可以被野生的寄生和捕食天敌控制在危害水平之下。天敌包括几种寄生蜂（*Encarsia*, *Eretmocerus* 和 *Prosoaltella*）和常见捕食性天敌如大眼长蝽、花蝽、草蛉幼虫。仔细选用合适的杀虫剂能帮助保持天敌的数量，预防粉虱暴发。不过当大量粉虱成虫从邻近寄主迁到新栽草莓上时，仅靠天敌是无法控制的。

释放商品化丽蚜小蜂（*Encarsia formosa*）能成功地控制温室白粉虱。实验表明，这种寄生蜂可以在中心海岸地区繁殖，不过释放后对控制粉虱侵染不是很成功。可能只能控制局部小到中量的温室白粉虱。如果想尝试一下释放天敌，每周监测粉虱数量，当粉虱若虫差不多在四龄时释放。

监测和防治指南　使用黄色粘板来判断粉虱何时进入草莓地，掌握大致的侵染程度，不过要每周检查一次草莓叶片以便更准确地估计粉虱数量，判断粉虱处于哪个阶段，确定受害水平。

每 10 英亩（约 4.0 hm^2）使用一张黄色粘板，把板垂直地放在田地边缘的桩子上，让板刚好高于作物。每周数一数上面粉虱成虫的数量并记录下来，这样以后就可以对不同时间的数量作比较了。仔细将捉到的粉虱和其他小昆虫区分开。

每一个小区取 20 片中层复叶，数成虫的数量，检查叶背面的粉虱若虫。记录成虫、若虫和黑色若虫（被寄生的）的数量。滴灌或者直接倒入内吸剂是对温室白粉虱最有效的化学控制手段。当监测显示粉虱成虫数量增长很快，叶片显示没有被寄生的卵存在时，就需要叶面喷施昆虫生长调节剂。当监

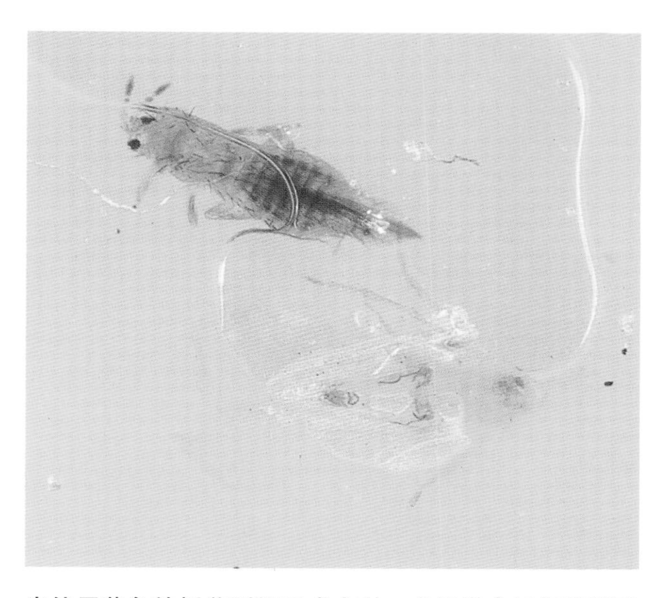

当使用黄色粘板监测粉虱成虫时，必须学会如何将粉虱和其他小昆虫区分开，如图中粉虱上方的蓟马。

被寄生的粉虱卵会变黑，当监测叶片时寻找这些变黑的卵。

测表明粉虱大部分处于成虫、第一至三龄阶段时，安排用药。喷施到叶背面对有效的控制是必要的。用药时喷药量要比治理其他害虫如叶螨的低，如果可能经过田地时喷药车开得慢一些。

用药后继续监测。危害严重或者粉虱数量持续增长时可能需要使用一种以上的药剂。为了降低产生抗药性的可能，要使用多种药剂时，轮换使用。

如果粉虱出现在苗圃，应该立即治理，因为它们可能会传播病毒。

樱草狭肤线螨
Phytonemus (steneotarsonemus) pallidus

樱草狭肤线螨对种植一年的和种植两年的草莓是一种很严重的害虫。过去大多数草莓都连续种植几年的时候，这种螨是主要的害虫，但草莓变成一年种植后，问题就不那么严重了。不过在中心海岸一些种植一年的植株上，春末和夏天时仍会达到危害水平，最好的办法就是密切留意草莓上病症。重度侵染能严重阻碍植物生长，使果实和植株畸变。当监测到螨的存在时，可以考虑使用合适的杀螨剂。如果在苗圃发现樱草狭肤线螨，一定要控制它们，因为移栽时螨会被携带。

樱草狭肤线螨是水滴状的，腿较短，卵相对较大。要想看见它们，只需要一个 20 倍放大镜或者解剖显微镜。

形态和生物学特征

樱草狭肤线螨通常在未展开叶子的中脉和花苞的萼片下面。樱草狭肤线螨非常小，大约 1/100 英寸（1/4 mm）长，用放大镜才能看见。成熟的螨呈粉橙色。卵半透明，相对较大，大约是成虫大小的一半。

樱草狭肤线螨以雌性成虫在草莓根茎上越冬，在 3 月开始繁殖。樱草狭肤线螨数量增长非常快，因为每一代从孵化开始到成虫只需要两周。樱草狭肤线螨很容易通过感染的移栽苗、采摘者、鸟、昆虫和田间设备在田地之间传播。樱草狭肤线螨寄主范围很窄，只能从一块草莓地进入另一块草莓地。当樱草狭肤线螨在春天出现在种植一年的植株上时，它们可能在移栽之前已经在移栽苗上了。

危害

樱草狭肤线螨可以阻碍新叶生长并使叶片卷曲、花枯萎死亡。严重受害的植物，植株矮化，大量叶片卷曲。受害植株的果实变小，瘦果突出。如果螨没有得到控制，植株可能会不结果。

防治

樱草狭肤线螨的天敌包括捕食性螨 *Typhlod-romus bellinus* 和 *T. reticulatus*，但自然种群数量增长慢，不能控制住种植一年和两年的植株上的樱草狭肤线螨。当樱草狭肤线螨数量变得非常大时，六点蓟马、花蝽和西部捕食性螨（*Galendromus occidentalis*）也以它们为食。

成功治理樱草狭肤线螨需要喷洒对天敌无害的药剂。不是所有合适的杀螨剂都对樱草狭肤线螨有效，可在《UC IPM 有害生物综合防治指南：草莓》一书中查找可用的药剂。使用杀螨剂需用大量液体以便杀螨剂能进入未展开的叶片上。有效控制需要高致死率，因为螨的数量增长十分快。繁殖无樱草狭肤线螨的幼苗是预防樱草狭肤线螨进入生产地所

受到樱草狭肤线螨严重危害的植株大量叶片卷曲。

蚜虫开始增长时，需要立刻治理。在高海拔的苗圃蚜虫很少成为难题。

形态和生物学特征

草莓钉毛蚜（*Chaetosiphon fragaefolii*）是加利福尼亚州草莓上最常见的种类。这种蚜虫呈淡绿色到黄色，覆有圆头的毛。在南加利福尼亚州棉蚜（*Aphis gossypii*）是最早出现在草莓上的蚜虫，可能会在生产季早期大量出现。棉蚜呈球形，无毛，黄绿色到黑色。在草莓上的所有蚜虫中，通常棉蚜是最难用杀虫剂控制的。桃蚜（*Myzus peisicae*）和马铃薯长管蚜（*Macrosiphum euphorbiae*）数量很少，通常在叶片上。在加利

必须的。

在中心海岸地区 3 月开始监测二年生的植株和种植一年的植株。每周叶螨取样时，从每个 5 英亩（约 2.0 hm^2）或更小的样本小区随机抽取至少 10 片未展开的叶子，检查上面是否有螨。最好将样本分开装进袋子，然后在解剖显微镜下检查，因为用放大镜不容易看到樱草狭肤线螨。当达到平均每 10 片叶子有 1 片出现樱草狭肤线螨就要进行治理。

去除感染的植株，用手持喷雾器对受害点进行治理可以抑制感染，而不用对整片地喷施。在生产季早期植株树冠不茂盛之前对幼苗进行监测和治理。

释放商业化的加利福尼亚州钝绥螨 [*Amblyseius*（*Neoseiulus*）*californicus*] 能帮助控制樱草狭肤线螨，但需要释放充足的量。释放商业化的捕食性黄瓜钝绥螨 [*A.*（*N.*）*cucumeris*] 对控制樱草狭肤线螨没有效果。

蚜虫

当草莓果实被蚜虫分泌物污染长出烟霉时，会导致草莓滞销。要特别注意在苗圃和多年生植株上的蚜虫，因为它们能把病毒传播到草莓上。需要有规律地监测苗圃和所有果实生产区。蚜虫侵染时通常聚集在一株或者一部分植株上的数量远高于周围植株。当春天温度合适、湿度较高时，种群数量可能会达到危害水平。当叶片样本显示蚜虫达到危害水平时，需要喷施杀虫剂来控制它们。在苗圃，当

草莓蚜呈淡绿色，身上覆盖有末端是球状的毛。

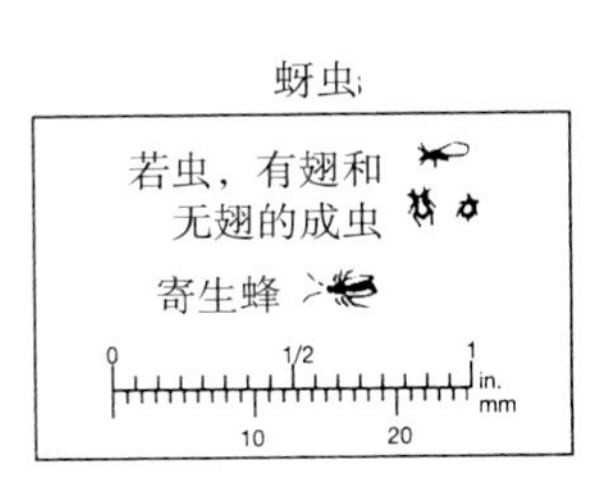

福尼亚州中部和南部，蚜虫种群数量通常在3月达到峰值，在高海拔苗圃，通常在夏末。在加利福尼亚州南部和中部，由于高温和草莓的生理变化，在4月之后蚜虫种群数量会减少。常见捕食性天敌和几种寄生蜂会攻击草莓上的蚜虫。天敌尤其是寄生天敌通常控制棉蚜在危害水平之下，但它们对草莓钉蚜的控制效果较差。

危害

在果实生产地区，危害来自蚜虫在果实上分泌的蜜露。果实上有这种黏性的分泌物和上面长的烟霉，会使果实滞销。在加利福尼亚州南部地区，蚜虫种群数量在收获时会很高，最有可能造成危害。沿中心海岸和在圣华金谷地区，在收获开始之前蚜虫数量会减少。

蚜虫能传播草莓病毒病，但在每1～2年鉴定一次的移栽植株的果实生产区，病毒传染不会造成重大的危害。除去苗圃栽培材料中的蚜虫是关键，不能让蚜虫在苗圃里聚集。

防治

在加利福尼亚州南部，当蚜虫数量达到平均每株30只的时候，就会引起严重的果实污染，可以通过测量具有3片复叶的老叶的受害率来估算蚜虫的数量水平。当第一片叶子完全展开时，开始每周取样。取下还是绿色的最老的具3片复叶的叶子，记录上面是否有蚜虫。在其他地区检查你监测螨时所取的叶片。每英亩取40片或者用监测螨时所取的样本，但要检查全部叶片，不仅仅是一片复叶。算出有蚜虫叶片的百分比。如果达到30%就用对叶螨天敌危害最小的杀虫剂（见《UC IPM有害生物综合防治指南：草莓》）。

在中心海岸的草莓上，蚜虫很少达到危害水平，不推荐使用药物治理。如果蚜虫在春天发生，它们会吸引来控制螨和草盲蝽的捕食性天敌。不过如果蚜虫大量增加，天敌就控制不住它们了，就必须用药物治理。在监测螨所选取的每个样本植株上取一片未展开的新叶，数上面的蚜虫。如果平均每叶10只时，用杀虫皂治理，可以把对天敌的影响降到最低。一个生产季不要使用两次以上杀虫皂，两次最少隔30天以降低杀虫皂对植株的毒性。中心谷地的果实生产区防治方法和中心海岸地区一样。

地老虎

地老虎偶尔会在草莓地引起局部危害。在加利福尼亚州草莓上最常发生的两种是小地老虎（*Agrotis ipsilon*）和小委夜蛾（*Athetis mindara*）。当它们取食果实时危害最大。在加利福尼亚州南部，地老虎可能会咬新移栽植株的根茎或者咬断花茎。有时候它们严重危害根茎导致幼株死亡。

棉蚜可能呈亮或暗绿色。图左边是一个僵蚜——被寄生蜂杀掉的蚜虫的壳。左边那个开口是寄生蜂成虫出来造成的。

黑烟霉在蚜虫的分泌物上生长，当草莓果实上长霉时会引起重大损失。

形态和生物学特征

地老虎成虫很大，是在夜间活动的棕色或灰色的蛾子。幼虫是灰色或杂棕色的大型幼虫，成熟时长达 1.5 英寸（4 cm）。它们在夜间取食，白天躲在植株下面，通常在土壤表面以下。地老虎以在土壤中的幼虫越冬。每年发生几代。它们以多种栽培作物和牧草为食，通常不会危害草莓直到夏末和秋天。成虫在夏末或者秋天飞入新的田地产卵，幼虫会危害根茎和叶片。在特殊情况下，大量幼虫越过冬天，会对春季果实生产造成重大危害。

危害

地老虎通常发生在邻近后院或者靠近寄主作物如苦苣菜或蚕豆的田地边缘。地老虎在草莓叶上咬洞，咬断花茎，以茎叶组织为食。当地老虎破坏幼株的根茎时会引起严重的危害。取食叶片不会引起严重的危害，但如果地老虎咬断花茎就会引起严重的产量损失。如果地老虎在春天进入草莓地，它们会取食成熟的果实。它们会在果实上留下大洞。果实危害集中在小范围，因为每一个幼虫只会取食一株上的或邻近几株植株上的果实。在中心海岸种植区，春季地老虎从其他寄主侵染草莓地是很严重的问题。

防治指南

土壤熏蒸和草莓一年一栽能很好地控制地老虎从地下侵染，所以大多数地老虎侵染都是由成虫产卵引起的。地老虎会发生在种植了两年的草莓地。彻底修剪种植两年的草莓可以降低越冬幼虫的存活率。控制杂草尤其能降低地老虎数量，因为有杂草的地会吸引成虫产卵。如果地老虎开始造成严重危害（100 株中有 1～2 株明显受害），用果渣或糠和杀虫剂做成毒饵放到受害的地区。受害是局部的，所以推荐使用局部治理。

黏虫
Spodoptera spp.

甜菜夜蛾的幼虫（*Spodoptera wxigua*）和西部黄条黏虫（*S. praefica*）引起的危害和地老虎相似。

在冷凉的种植区，黏虫以在土壤中的蛹越冬，但在南加利福尼亚州的海岸种植区黏虫整个冬天都在活动。成虫很大，是和地老虎成虫相似的浅棕色的蛾，在早春发生。它们的卵产在寄主植株叶表面，卵聚集在一起，覆有白色毛状鳞片。由所在地点决定，每年发生 3～4 代。后面几代最有可能侵染草莓。当黏虫将卵产在夏植植株，幼虫取食幼株根茎使幼株死掉时危害最大。如果在收获时发生，幼虫会严重危害果实，尽管在每一个特定年份都很少有田地被侵染。像地老虎一样，杂草地和邻近的寄主作物如莴苣和蚕豆也会被侵染。

春季的黏虫种群通常被几种蜂严重寄生，尤其是甜菜夜蛾镶颚姬蜂（*Hyposoter exiguae*）。如果你监测到了黏虫，在决定治理之前，取一部分黏虫将它们扯开检查里面是否有寄生蜂幼虫。核型多角体病毒是对黏虫的另一种主要的自然控制方法，当被病毒杀死时，幼虫会变黑。当黏虫引起危害时，如果幼虫很小，数量不是很大，可以用苏云金芽孢杆菌（*Bacillus thuringiensis aizawai*）来控制它们。另一种生物杀虫剂多杀菌素也能有效地控制幼虫。

地老虎呈灰色或杂棕色，长达 1.5 英寸（4 cm）。图片中有一只小地老虎。

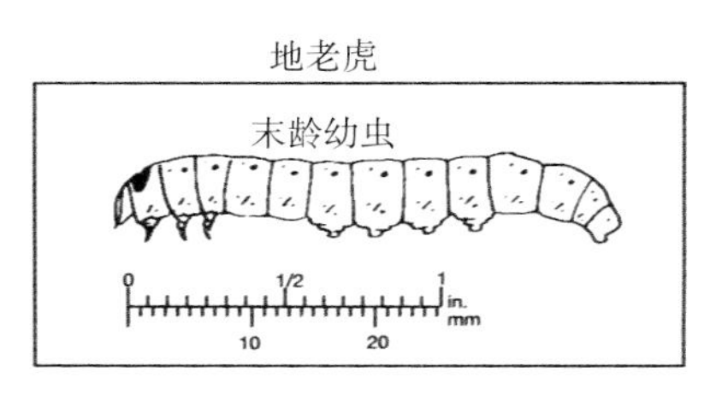

黏虫，如图中的甜菜黏虫，能以果实和叶片为食。

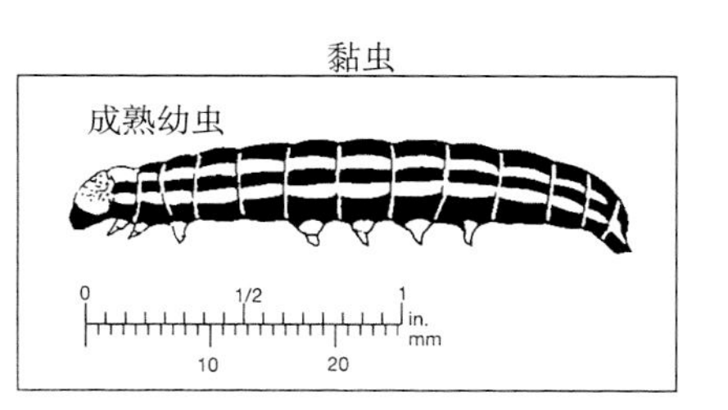

寄生蜂，如图中的甜菜夜蛾镶颚姬蜂正在攻击一个甜菜黏虫，能帮助控制幼虫类害虫。

如果草莓上出现了黏虫，取一部分黏虫将它们扯开检查里面是否有寄生蜂幼虫，图中绿色的是甜菜夜蛾镶颚姬蜂幼虫。

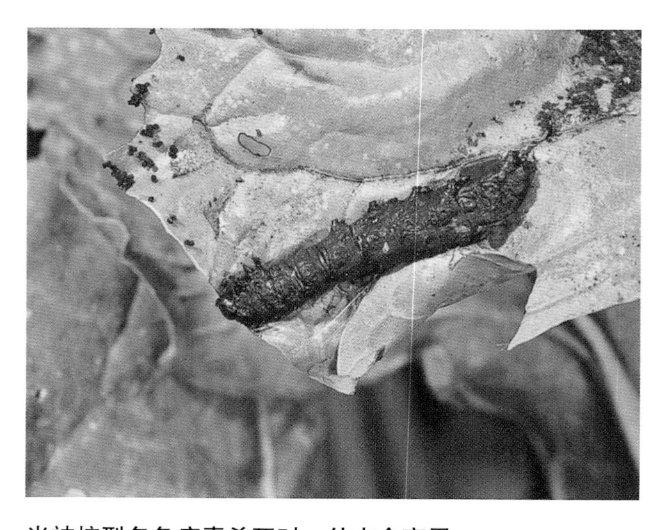

当被核型多角病毒杀死时，幼虫会变黑。

谷实夜蛾幼虫可能会像图中这样在果实外取食，但当它很小的时候进入果实会造成更大的危害。

谷实夜蛾成虫（右上）和其他相似的蛾类作比较——豆杂色夜蛾（左上），甜菜夜蛾（左中），粉纹夜蛾（左下），西部黄条夜蛾（右下），烟草夜蛾（右中）。

谷实夜蛾
Helicoverpa*（*Heliothis*）*zea

在南海岸，谷实夜蛾的暴发偶尔会危害草莓。在其他种植区，谷实夜蛾并不是一个很严重的问题。这种害虫也叫做番茄蛀果虫和美洲棉铃虫，侵染范围很广。草莓不是谷实夜蛾的首选寄主，但如果蛾的数量很大，就会大量地在草莓上产卵。虽然谷实夜蛾一年会发生几代，但仅有第一代幼虫会危害草莓。

谷实夜蛾以在土壤中的蛹越冬，成虫在春天羽化，雌虫将卵产在寄主植株的叶片上。成虫是浅灰棕色的蛾，在夜间活动。卵乳白色，分散产在叶片背面，有时产在果实上。新孵化的幼虫头呈黑色，沿着身体有黑色的毛瘤和硬毛。幼虫在孵化后不久就钻进果实，直到成熟之前一直待在里面。受害的果实通常表面凹陷，有褐色的斑。将果实切开会看见幼虫在里面。低水平的危害（每44磅（约20 kg）果实里有1只幼虫）会使草莓果被加工商退回，所以在南加利福尼亚州春季危害是特别严重的问题。

在其他作物中有大量捕食性和寄生天敌有助于控制谷实夜蛾，但当谷实夜蛾在草莓上发生时，它们并不能阻止危害。谷实夜蛾很少在草莓上发生，当有温和的冬天适合蛹存活时；当有温暖的春天使成虫在寄主植株可被寄生之前羽化时；当有其他地方的蛾大量涌入时才会发生在草莓上。性诱剂诱捕器可以用来监测是否有大量的成虫飞入草莓地。

监测和推荐防治方法：在南海岸的草莓地，推荐每年都要监测谷实夜蛾的成虫。2月末或者3月初在每一块地中放置两个“Texas”牌的谷实夜蛾性诱剂诱捕器（图30）。在监测叶螨和蚜虫时，每周检查诱捕器。取下诱捕器上的蛾并记录捕到的谷实夜蛾的数量。如果诱捕器被灰尘和污垢塞住就更换一个。如果诱捕器一周捕到10或10只以上的蛾，就开始在地中寻找卵。卵通常产在植株中层叶的背面。像在生产季早期监测螨那样彻底地监测。一旦发现草莓叶上有卵就立即治理。卵会在2～3周内孵化，幼虫会立刻进入果实；一旦进入果实，就很难控制了。

在草莓地周边种植早熟甜玉米可以明显地降低谷实夜蛾的侵染。雌蛾更喜欢将卵产在玉米上，当没有玉米、番茄或者其他寄主时，它们才会将卵产在草莓上。

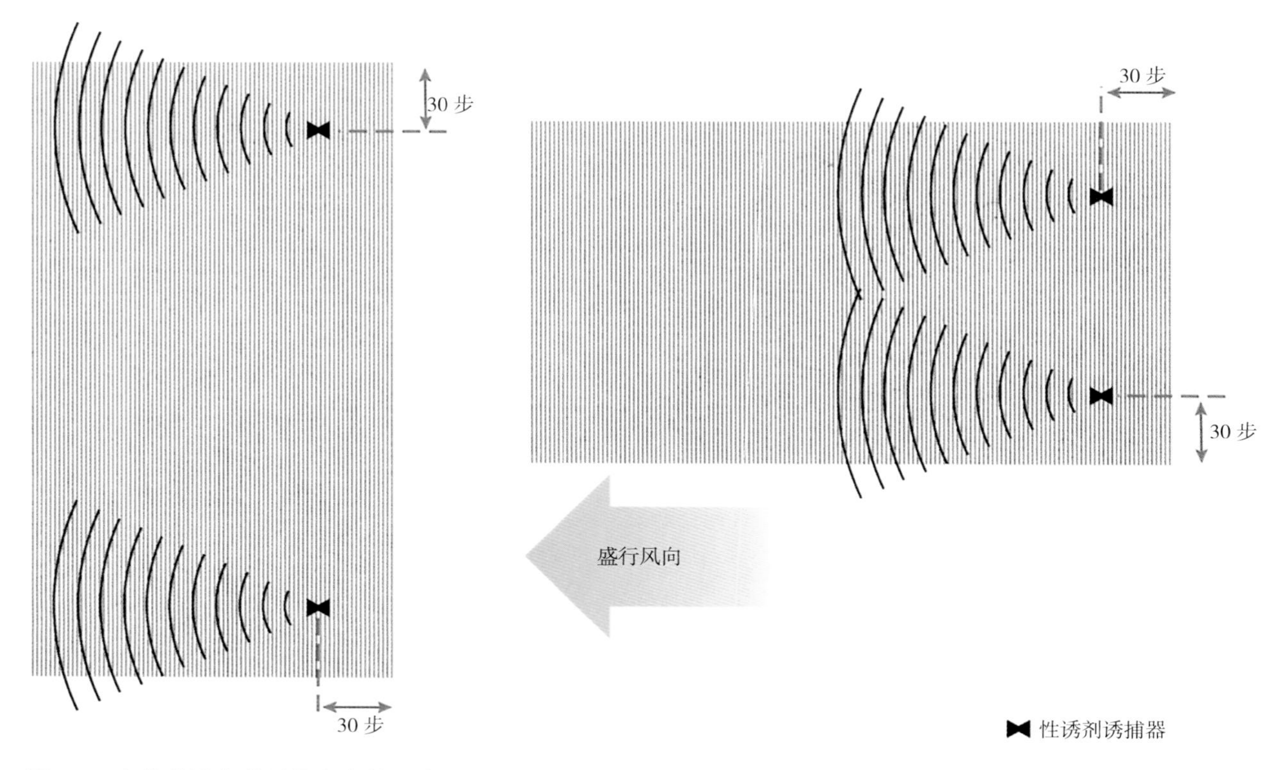

图 30　在草莓地中监测谷实夜蛾，在逆风的那一面离地边缘至少 30 步放置性诱剂诱捕器。

谷实夜蛾卵通常分散产在叶片背面，产后不久生出红色环纹。

其他卷叶害虫

有几种幼虫有时会在草莓上引起较小的危害。有时候一定量的卷叶蛾幼虫需要控制。粉纹夜蛾在某些地区频繁发生，但一般是无害的。它们在使用真空机控制草盲蝽的地中或者靠近莴苣的地中最常见。当刷螨的时候，能看见粉纹夜蛾卵；可以根据监测结果来决定是否治理。大量的捕食性和寄生性天敌以及疾病可以帮助控制幼虫类害虫在危害水平之下。当发生严重危害时，可以局部施用合适的杀虫剂，避免对天敌造成危害。年幼的幼虫施用微生物杀虫剂苏云金芽孢杆菌（*Bacillus thuringiensis*），这对大多数幼虫都有效。

卷叶螟

一些种的叶螟和卷叶螟偶尔会发生在加利福尼亚州草莓上。这些种的幼虫使叶片卷曲，在取食时产生大量的网，当受到惊扰会快速逃跑。有几种最有可能取食草莓果实引起危害：当园铅卷叶蛾和草莓卷叶蛾数量很多时才会取食果实，但杂食云卷蛾在数量很少时也会危害果实。几种寄生蜂通常能把幼虫数量控制在一个较低的水平。

园铅卷蛾
Ptycholoma peritana.

园铅卷蛾是在加利福尼亚州草莓上最常见的卷叶蛾。它们生活在本地的植物上并以之为食，偶尔会进入草莓地。春末园铅卷蛾会在文图拉郡的一些地区和圣塔玛丽亚谷地区有规律地发生。蛾在春末发生，在夜间或者当受到惊扰时，就会看见它们。

它们呈浅灰棕色，大约1/4英寸（6 mm）长，每只翅上有一个深褐色斑和一条深褐色斜纹，在蛾静息时，两道斜纹构成一个V字形。卵产在老叶上，大约18个一起排成鳞状。幼虫细长，浅灰绿色，成熟时大约1/2英寸（12 mm）长，头亮棕色，在每一侧有一个明显的小褐斑。幼虫很少见，因为它们主要以植株下面的死叶片为食。一年发生三或四代。只有当幼虫数量很多时，叶片和果实才会受害。受害果实上面有许多覆网小洞。洞上有网由此可以与黏虫和地老虎的危害区分开。当果实收获时，有时会有幼虫在网中。如果幼虫达到危害水平，可以用合适的杀虫剂（如苏云金芽孢杆菌）直接施在植株下面的枯叶中。只有在以前发生过严重危害的地区，才推荐治理。在长期受害的地区，可以在春天使用吹吸机除去植株下的枯叶来限制园铅卷蛾的增长。

草莓小卷蛾
Ancylus comptana fragariae

草莓小卷蛾偶尔会在中心海岸种植区引起危害。它只危害草莓、黑莓和树莓。成虫在冬末和初春出现，在白天活动，但不显眼，因为它们藏在叶片下面。翅是淡红棕色的，有明显的白色波状条纹。大小和园铅卷蛾成虫相似，但翅收得很紧，更细长。卵透明，扁形，产在老叶的背面。幼虫细长，呈绿色，头棕色，成熟时大约1/2英寸（12 mm）长。草莓卷叶螟和其他卷叶幼虫明显不同，它们在腹部末端有深灰色的斑点，对叶片危害特征也是特有的。幼虫在卷曲的叶片中取食，破坏叶子的一边。受害的叶子通常是草莓小卷蛾侵染的最明显信号。只有当草莓卷叶蛾数量很多时，才会危害果实，它们引起的果实危害和园铅卷蛾相似。幼虫和蛹在折

园铅卷蛾成虫每只翅上有一个深褐色斑和一条深褐色斜纹，在蛾静息时，两道斜纹构成一个V字形。深褐色V字形前缘有灰白色的边。

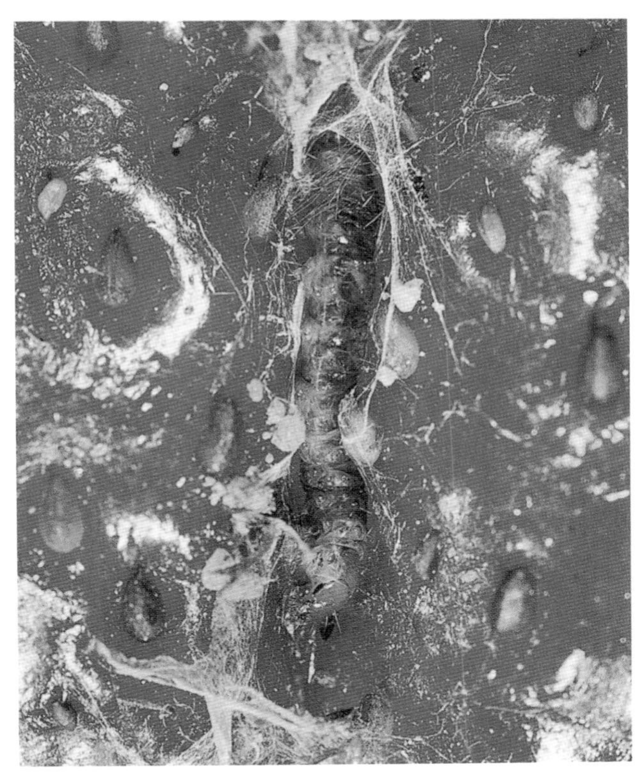

园铅卷蛾幼虫是浅灰色的，头亮棕色，在每一侧有一个明显的小褐斑，它们在取食时会结网。

园铅卷蛾

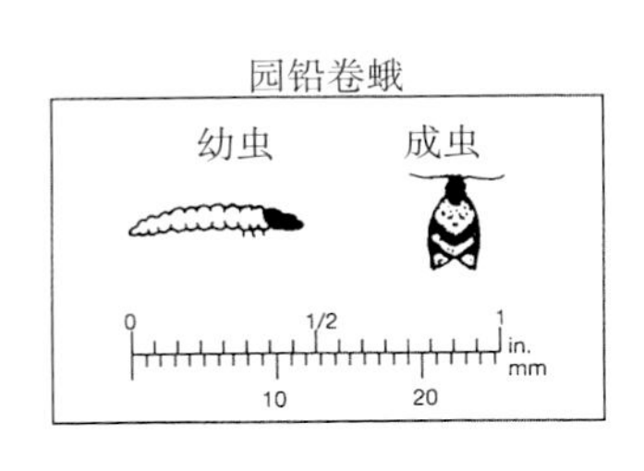

叠的叶片中越冬，所以一年一栽和在冬末修剪老叶都能帮助控制它们的数量。

杂食云卷蛾
Cnephasia longana

杂食云卷蛾只在中心海岸地区发生。出现时，比其他卷叶幼虫更有可能造成危害，因为即使数量很少时，它的幼虫也以果实为食。成虫发生在3月和6月，但很少被看见，因为它们只在夜间活动。蛾是灰色或者灰褐色的，大约1/2英寸（10～12 mm）长。它们将卵产在粗糙的表面如栅栏桩上、电线杆上、树皮上。卵在产后不久便孵化，然后幼虫会作茧，在茧中一直到次年的2月或者3月。冬天从茧中出来之后，会被风带进田地，在那里它们会取食叶片几周，然后开始用网将叶片卷起，取食花和果实。当它们以花为食时，由于幼虫的网，通常花瓣会向内卷曲。当果实成熟时，幼虫会钻进果实中，留在里面直到收获。完全发育的幼虫大约1/2英寸（12 mm）长，比其他卷叶蛾幼虫更肥大，背上有亮灰色条纹。一年只发生一代。杂食云卷蛾在同一地方每年都会发生，通常是在附近有树的地区。如果预计到会有危害发生，在早春监测螨时，留意是否有潜叶现象。为了防止果实受害，幼虫从叶子中出来取食叶片和果实时，需要使用杀虫剂。这通常发生在4月初。

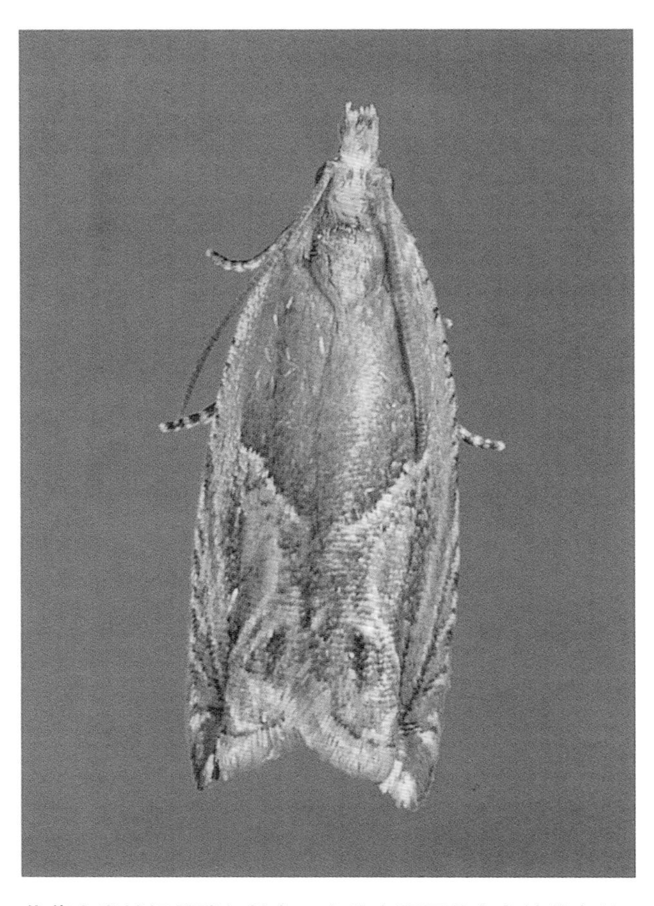

草莓小卷蛾翅是淡红棕色，上边有明显的白色波状条纹。

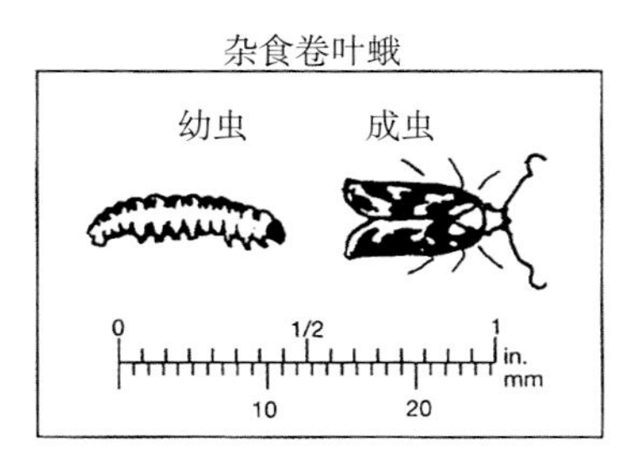

苹浅褐卷蛾
Epiphyas postvittana

2007年春天，苹浅褐卷蛾在加利福尼亚州的旧金山和蒙特利湾地区的观赏植物上被发现，这是第一次在美国南部发现这种卷叶蛾。目前正在努力地消除这种外来害虫，现在从加利福尼亚州出来的草莓或者作物都需要植物检疫证明。在外形和行为上，苹浅褐卷蛾和其他草莓上的卷叶蛾相似。幼虫浅灰色到中绿色，头亮棕色，以叶片和果实为食，把叶片黏在一起或者把叶片黏到果实上将幼虫包在之中。发育完全的幼虫1/2～3/4英寸（10～18 mm）长。成虫是亮棕色蛾，1/4～1/2英寸（6～13 mm）长，翅上的图案是多种多样的，呈暗灰色。辨认苹浅褐卷蛾幼虫是很费时的，为了避免延误运输和可能的销售损失，在隔离区，推荐的预防方法就是以所有的卷叶蛾幼虫为目标以保证收获的果实中不会带有苹浅褐卷蛾。苏云金芽孢杆菌和其他用来控制鳞翅目害虫的产品也可以用来控制这种昆虫。在加利福尼亚州大学有害生物综合治理的网站（www.ipm.ucdavis.edu）和当地的农业委员会处可以得到关于在加利福尼亚州的苹浅褐卷蛾的最新信息。

苹浅褐卷蛾幼虫呈浅灰色到中绿色，有一个亮棕色的头。

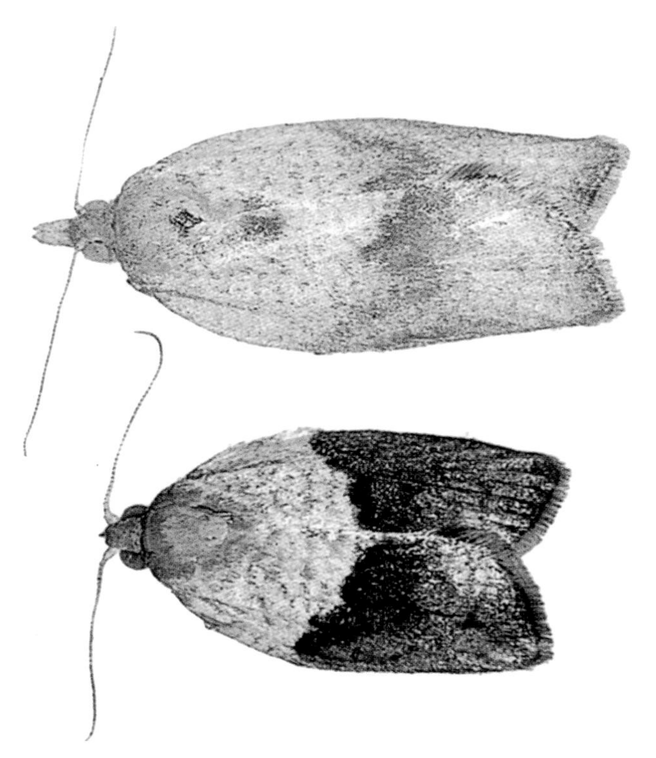

成年苹浅褐卷蛾是亮棕色的，翅上有暗灰色图案。上面的是雌虫，下面是雄虫（©澳大利亚维多利亚州，第一产业部）。

粉纹夜蛾
Trichoplusia ni

粉纹夜蛾幼虫亮绿色，沿背部两侧有两条淡黄色或白色条纹，它们以特有的弓形或环形方式移动。粉纹夜蛾卵分散产在叶片背面，卵和谷实夜蛾的卵在外形上很相似，但更扁。中心海岸草莓地工人治理二斑叶螨去虫叶时经常会发现粉纹夜蛾。粉纹夜蛾在叶子上咬出不规则的洞，但很少取食果实。粉纹夜蛾在草莓上很少需要治理，因为它们通常会被寄生蜂（*Hyposoter exiguae*, *Copidosoma truncatellum* 和 *Trichogramma* spp.）和核型多角体病毒控制。如果在监测叶螨时发现大量的粉纹夜蛾卵，将叶片放到管子或者其他容易观察的容器里面保存。当卵孵化时，在地里使用被许可剂型的苏云金芽孢杆菌，这种药物对控制粉纹夜蛾特别有效。

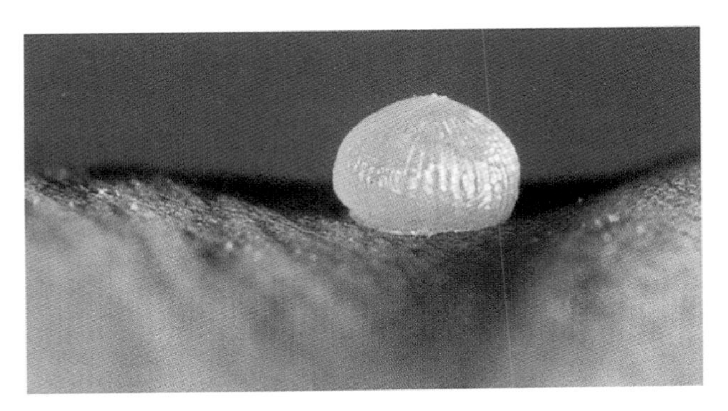

粉纹夜蛾的卵在外形上和谷实夜蛾的卵相似，但形状更扁。

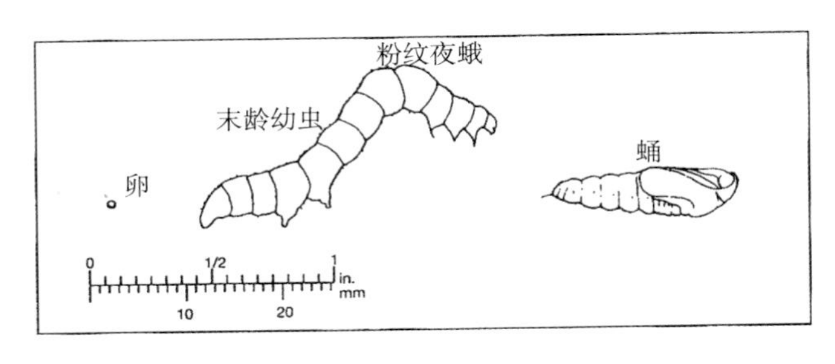

盐泽顶灯蛾
Estigmene acrea

盐泽顶灯蛾会危害很多种作物，其种群数量呈周期性变化，通常会被天敌控制。草莓偶尔会在夏末被侵染，当大量幼虫在果实上吃出小洞时会在局部地区引起危害。成虫将发光的黑色卵集中产在叶子背面，孵化的幼虫在危害果实之前会将叶片吃掉。如果产生大量幼虫，你可以在幼虫取食叶片时局部施用苏云金芽孢杆菌来保护果实。建议使用局部治理，因为种群多是集中分布的。

新孵化出的盐泽顶灯蛾在危害果实之前成群地取食叶片。

西花蓟马以叶螨卵为食，不会危害草莓，除非数量非常多。

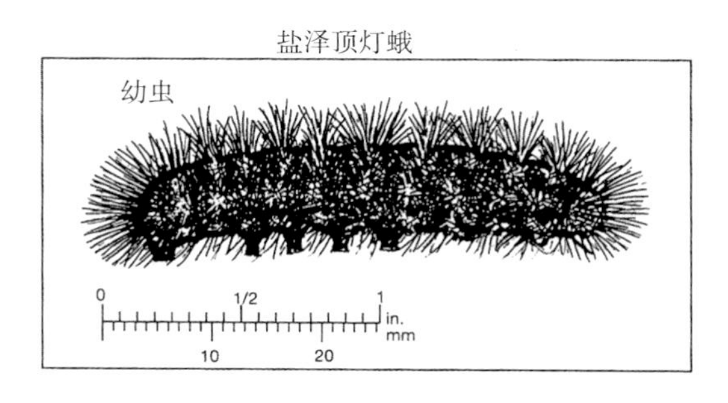

蓟马能在果实表面造成浅棕色斑或青铜色斑，通常靠近或在萼片下。

其他无脊椎害虫

西花蓟马
Frankliniella occidentalis

西花蓟马种群能在大量作物和杂草上生长。当寄主作物收获时，当种植了两年的草莓或者其他长期寄主停止开花时，或者当寄主杂草在春天干枯时，它们会迁移到草莓地中。这种极小的细长的昆虫经常以草莓的花为食，但一般不会引起严重危害，除非数量巨大。大量蓟马会使草莓花朵脱落或者使果实变小变硬。蓟马也能在果实表面造成铜锈斑。果实表面只有少部分会有这种叫做Ⅰ型铜化（Type Ⅰ bronzing）的浅棕色或青铜色斑，很少引起经济损失。不推荐用药物治理蓟马，除非每朵花超过10只，在黑色的平板上摇晃花朵，可以数出每朵花上蓟马的数量。

果蝇
***Drosophila* spp.**

如果在成熟的果实中发现果蝇的卵或幼虫就可能引起严重的危害。果实在收获速冻包装之前完全或者过分成熟时最容易发生。

果蝇是微黄色或者棕色的小苍蝇，眼睛是红色的。成虫大约1/8英寸（3 mm）长，会被所有过度成熟、发酵的果实吸引。它们将大量的卵产在果实上，幼虫是小蛆，大约1/4英寸（6 mm）长，以果实为食。果蝇在气候温暖的时期活动。当温度达到80 ℉（27～32℃）时不到一周就能发生一代。在加利福尼亚州南部生产速冻草莓的田地中，为了使果实充分成熟而延长收获期时，如果天气条件适合果蝇，果蝇最可能造成危害。

当条件适合果蝇发展时，尽可能地搞好田间卫生。在气候温暖的时候，将留在草莓沟垄里过度成熟的果实移走或者掩埋。在可能的情况下，除去附近所有成熟的果实，如柑橘园中留在地上的老果或者在草莓附近被剔除的果堆。缩短草莓的收获期对控制果蝇也有帮助。

收获期在果实采集地监测果实，装卸和运输时确保尽早地发现被侵染的果实。培训工人识别果蝇侵染，留意田间管理。可以在果蝇可能出现的地方放置黄色粘板或者发酵果实捕虫器（成熟的果实放在带有反漏斗状口的容器中）来了解果蝇的数量。在加利福尼亚州南部4月末开始监测。

需要使用农药时，效果最好的是那些对成虫有效的药物。《UC IPM有害生物综合防治指南：草莓》的最后部分有推荐使用的药物。

根象甲

Otiorhynchus* spp.，*Nemocestes incomptus, Asynonychus godmani

几种象甲的幼虫以根为食，当成虫从附近的寄主植物迁移进草莓地时，它们的幼虫会危害草莓。在加利福尼亚州最常见的是粗野木象甲（*Nemocestes incomptus*）和筛形象甲（*Otiorthnchus cribricollis*）。葡萄黑象甲（*O. sulcatus*）和蔷薇象甲（*Asynonychus godmani*）很少侵入草莓地。在加利福尼亚州土壤熏蒸和快速地更换植株使得根象甲的发生和危害都大大降低。如今，只有中心海岸的一些地区和未熏蒸地才需要治理根象甲。土壤熏蒸会杀死在草莓地中的根象甲幼虫和蛹，当附近寄主植株被侵染时，可以用黏虫网来阻止根象甲成虫迁移到新的植株上。

象甲成虫只在夜间出现，会在叶片上咬出锯齿形的洞。图中是一个蔷薇象甲。

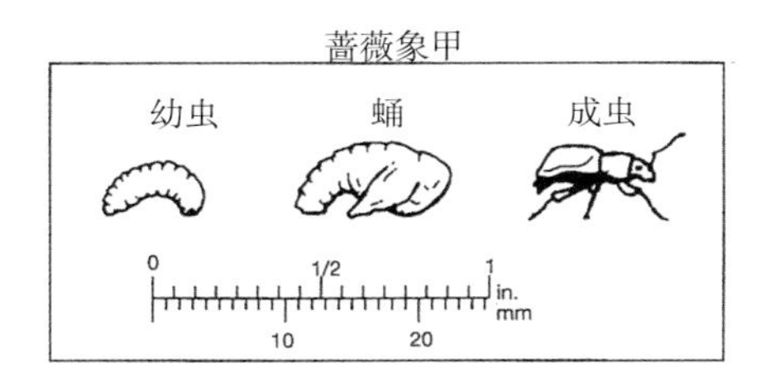

形态和生物学特征

象甲成虫是很小的甲虫，呈灰色到白色，1/8～3/8英寸（3～9 mm）长，有弯曲的象鼻和肘形的触角。每种颜色和大小都不一样。成虫在春末或夏天出现，在夜间取食寄主植株的叶片。成虫不会飞，但会从附近的本土植物、观赏植物、黑莓或者种植两年的草莓上爬到新的草莓植株上。在夏天和初秋种群数量达到峰值，一些象甲会越冬。成虫出现后一个月会将卵产在根茎周围的土壤中。

孵化后幼虫进入土壤中，取食草莓根和根茎。成熟的幼虫长达1/8英寸（3 mm），白色或者粉红色的，呈C字形，没有足。大多数种类的头是棕色的；蔷薇象甲只有下颚是棕色的，它们头的颜色

象甲幼虫呈C字形，没有足。图中的蔷薇象甲幼虫下颚呈棕色；其余种类的头都是暗棕色。图中上部的是它的蛹。

根象甲幼虫会使植株枯萎死亡，在死亡植株附近的植株根部和根茎处能发现象甲幼虫。

比身体其他部分的颜色要略深。根象甲没有足，这可以使它和根茎附近的其他幼虫区分开。幼虫在土壤中越冬，在春天化蛹。一年只发生一代。

危害

象甲成虫会咀嚼叶片，把边缘咬成锯齿状，但并不会严重危害草莓，不会引人注意。可以用捕虫网在夜间扫过植株来测定是否有象甲成虫。幼虫会造成严重危害，破坏根毛，咬掉根的表皮。一些幼虫会钻到根茎中，破坏根茎组织。

危害首先表现为局部地块植株萎蔫、死亡，通常发生在夏末或初秋靠近侵染源的那一端。随着幼虫从死去的植株迁到健康的植株，病症也在行之间传播。在成虫产卵的地方会经常发生侵染。如果将受侵染地区边缘的植株挖掉，可以在根的附近或在根茎处的洞中发现幼虫。

防治

土壤熏蒸可以消灭草莓地中的象甲，一年一栽也能降低侵染的可能性。可以用粘虫网来阻止根象甲成虫迁移到新的植株上。将黏虫网放到象甲可能进入的地方，如放在靠近荒地或者房屋的那一边，或者以前曾发生过象甲的地方。一旦象甲进入草莓地，将很难控制。

有效的防虫板可以用大约 18 英寸（45 cm）宽的 90 磅沥青纸或者相似的材料放到 3～4 英寸（8～10 cm）深的窄沟中。把沟填上，每 3 英尺（1 m）立一个桩来固定沥青纸。在草莓地外侧的纸的顶端涂 3～4 英寸的黏性商品材料，如 Stickem，Tanglefoot，Tangle-Trap 或 Tack Trap。在木桩上也要放粘性商品材料。定期检查防虫板，在黏性商品材料失效时更换它。

长足金龟
Hoplia spp.

长足金龟通常以多年生牧草为食，在某些地区会危害草莓、黑莓、葡萄。长足金龟在所有种植区都会发生，但在中心谷地发生最频繁。长足金龟危害在加利福尼亚州熏蒸过的草莓地上很少见。当发生危害时，通常是在附近有多年生牧草的沙质土壤中的草莓上。

成虫是灰色甲虫，1/4～3/8 英寸（6～9 mm）长，翅反光，腹部是银色的。在中心谷地，它们在 4 月中旬出现，在这之后活动大约一个月，但并不起眼，因为它们不擅长飞行。甲虫成虫会被草莓的花吸引，它们取食花瓣和花蜜，目前还不知道它们是否会对幼果造成危害。卵产在土壤中，幼虫以植物根为食，两年后化蛹。成熟的幼虫呈 C 字形，白色，大约 1/2 英寸（12 mm）长，腹部膨大，在棕色的头部附近有明显的足。

长足金龟的主要危害来自幼虫，它们破坏根毛，咬掉根的皮。由于根部系统被毁，受伤的植株会慢慢衰弱。危害通常在 11 月出现在夏植草莓上。病症包括叶子变红，生长缓慢，受害部位通常为小的圆形。通常熏蒸和一年一栽可以控制长足金龟。土壤暴晒消毒在中心谷地可以控制长足金龟侵染，但成虫仍然会进入没有处理到的区域。没有有效的手段来控制幼虫侵染植株根部。

长足金龟翅反光，腹部呈银色。

蟋蟀
Gryllus spp.

在圣华金谷南部部分地区的草莓地中蟋蟀是一个常见的问题。它们更多在种植两年的草莓地中造成严重危害，在老叶中它们可以得到掩护和食物，它们的卵可以不受干扰地越冬。而且，蟋蟀也可以从邻近地区侵染新的植株。

蟋蟀以在土壤中的卵越冬。卵在春天孵化，成虫前有 8～12 个虫龄。若虫和成虫都是暗棕色到黑色，外型上相似，但若虫没有翅。发育完全的成虫 1/4～1/2 英寸（12～30 mm）长。尽管它们有翅，但不能飞。秋天雌虫用它的长产卵器将卵产入土壤中，每年发生一代。蟋蟀在夜间活动，主要在夜间取食草本植物，白天躲在塑料地膜或者地中的垃圾中。草莓种植床上的不透明地膜给蟋蟀提供了保护，促进它们增长，使它们更难被控制。食虫鸟会在地膜上啄出洞捕捉下面的蟋蟀。

蟋蟀以绿色的未成熟草莓为食，危害从果实上被咬出浅洼开始直到果实完全被毁，绿果比成熟的果实更容易受害。如果发现危害，就在地膜下寻找蟋蟀，听它们的叫声。当出现蟋蟀并造成严重危害时，可以用毒饵来控制它们。在夏季种植前翻地并暴晒消毒或者在种植下一茬时使用土壤熏蒸可以大大减少蟋蟀的数量。秋天深耕能消灭大部分越冬的蟋蟀卵。在曾经发生过蟋蟀危害的地方，在果实发育期开始寻找蟋蟀危害。

成熟的幼虫呈 C 字形，白色，腹部膨大呈棕色，在棕色的头部附近有明显的足。图中是幼虫和受到危害的草莓根。

植株生长缓慢，被长足金龟幼虫危害死亡，长足金龟幼虫常出现在草莓田间的一小块地中。

蟋蟀的危害从果实上被咬出浅洼开始直到果实完全被毁。

草莓根叶甲
Paria fragariae

草莓根叶甲以草莓、黑莓、树莓、蔷薇和其他植物为食。当成虫进入草莓地时，它们的幼虫偶尔会造成危害。成虫是圆形、暗棕色的小甲虫，大约 1/8 英寸（3 mm）长，在背部有黑色斑点。成虫在土壤枯叶中或在土缝里越冬。它们在春天出现，取食草莓叶片，在叶片上留下圆形的小洞。它们在根茎处产卵，幼虫以植株的根为食。幼虫和根象甲的幼虫在外型上相似但有三对明显的小足。夏天它们取食植株的根，可能会杀死植株。不像根象甲危害范围相对集中，草莓根叶甲危害的植株是分散的。成虫在夏末或秋天出现，在冬眠之前以草莓叶片为食。春天或秋天由草莓根叶甲造成的叶片危害并不能严重危害草莓，但叶子穿孔表明地中有草莓根叶甲。通常用土壤熏蒸和一年一栽来控制草莓根叶甲。

草莓根叶甲成虫是暗棕色的小甲虫，在背部有黑色斑点。

欧洲蠼螋
Forficula auricularia

欧洲蠼螋偶尔发生在靠近垃圾沟或者其他有蠼螋聚集的废弃地区。欧洲蠼螋身体细长，在腹部末端有明显的尾铗，以植株死去的部分为食，寄主范围宽。蠼螋以果实为食，会留下小深坑；不过在商业种植的草莓上很少发生严重危害。当蠼螋躲在某些因天气原因而裂开的成熟果实中时才会成为问题。如果在收获季出现大量蠼螋，果实会被降级或者被拒。在南海岸地区当有大量果实裂开时，推荐监测蠼螋。

可以用一个背面有洞的倒置容器，里面装入碎纸来做一个蠼螋监测捕虫器。将捕虫器放在地中，洞贴近地面。之后，将碎纸拿出来，检查捕虫器中的蠼螋。也可以用猫食或者金枪鱼罐头瓶，在里面放大约 1/3 的含有少量猪油或鱼油的菜油。蠼螋会被猪油或者鱼油吸引，掉进菜油中，然后死掉。如果你发现有大量的蠼螋，在种植床的顶部，植株之间放置诱饵。用苹果渣为原料掺入胺甲萘诱饵做的毒饵非常有效而且不会破坏叶螨和其他害虫的自然控制。

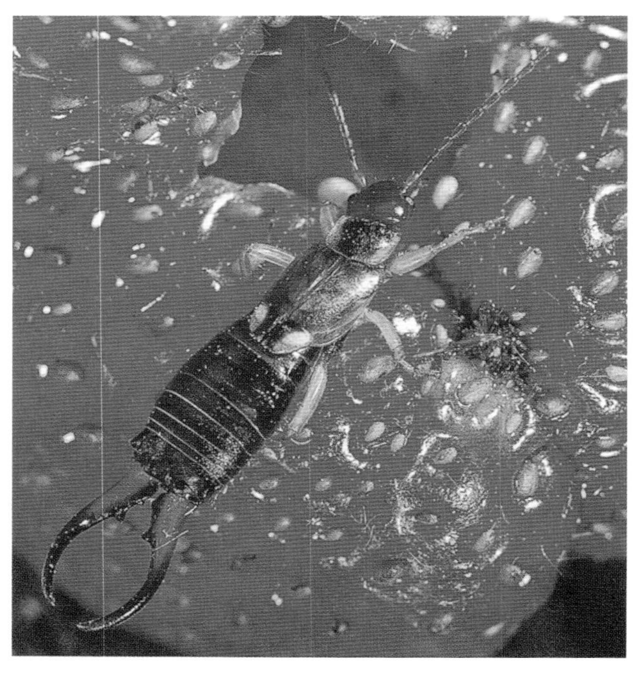

当蠼螋躲在变形的果实中时，会成为问题。

蠼螋

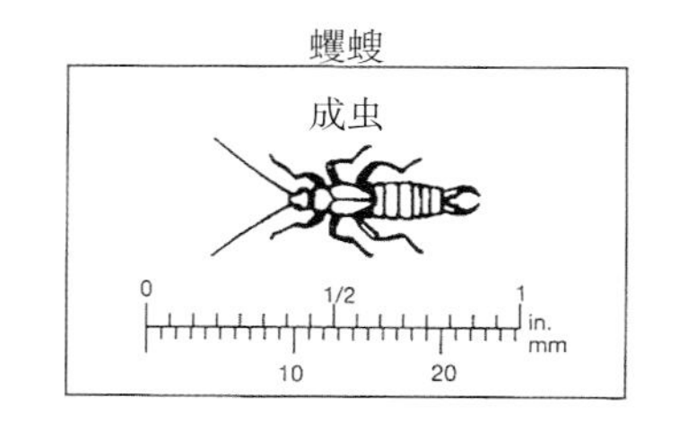

装有大约1/3菜油（含有少量猪油或者鱼油）的低边罐头瓶可以用来监测蠼螋。

庭园么蚰
Scutigerella immaculata

庭园么蚰是一种白色、移动很快的类似蜈蚣的小型节肢动物，以多种作物的根为食。么蚰主要发生在细碎结构的土壤中，这种土壤有机物含量高，尤其是在以前作物的枯叶没有分解时。么蚰在施用有机肥的植株上会成为一个严重问题。如果在么蚰曾经发生的地中种植草莓，草莓就会受害。如果大量么蚰深藏在土壤中，可能会躲过土壤熏蒸，造成植株生长迟缓或者死亡。在有机物含量高的细碎土壤中，土壤熏蒸很难起效果。

受到庭园么蚰危害的草莓植株生长迟缓或者死亡。

庭园么蚰是一种白色、移动很快的类似蜈蚣的小型节肢动物。

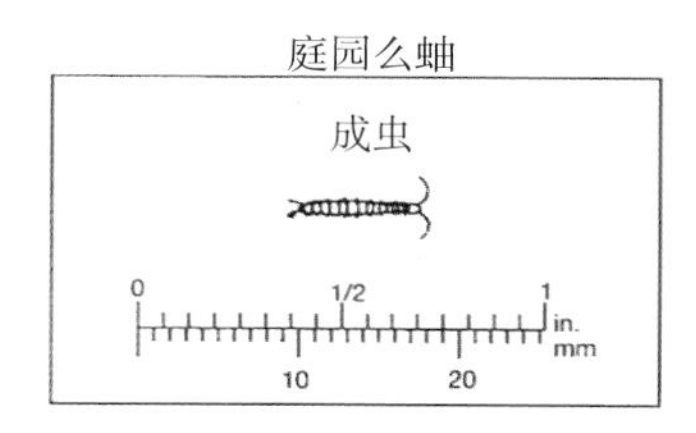

蛞蝓

Slugs

蛞蝓是没有壳的软体动物。它们靠肌肉足滑行，并分泌黏液，黏液干后形成银色痕迹。蛞蝓以成熟的果实为食，留下锯齿形的洞，使果实滞销，而且容易受到其他非靶标害虫如潮虫、蠼螋和小型甲虫侵染和扩大。蛞蝓易受干燥影响。它们夜间和清晨在草莓上活动，白天躲在潮湿的地膜和枯叶下面。

加利福尼亚州草莓上最常发生的两种蛞蝓是庭园蛞蝓（*Arion hortensis*）和网纹蛞蝓（*Deroceras reticulatum*）。庭园蛞蝓成熟时1～1/2英寸（25～38 mm）长，灰色到深棕色。网纹蛞蝓1/2～3/4英寸（13～19 mm）长，杂灰色。庭园蛞蝓比网纹蛞蝓更容易受到低温危害，在寒冬庭园蛞蝓数量减少得较快。两种蛞蝓大多数都在9月末到11月初产卵。10月产的卵在秋天孵化，之后产的卵在冬末或者初春孵化。

清理草莓地周边杂物如枯叶、碎石、木板和杂草对控制蛞蝓的增长有帮助，如果可能，避免在靠近很多杂物或覆盖杂草的地方种植草莓。如果在草莓地中的蛞蝓达到危害水平，可以在受害地区使用毒饵。毒饵在秋天和春天最有效，那时蛞蝓在地面上最活跃。不适合的天气条件会降低毒饵的效果，因为蛞蝓活动和取食减少。凉爽、潮湿的天气会降低聚乙醛诱饵的效果，因为在那种天气下蛞蝓分泌黏液较少。

地粉蚧
Rhizoecus falcifer

地粉蚧以观赏植物、杂草、落叶果树、浆果果树的根为食。在刚移除核果类果树的土地上种植草莓会受到地粉蚧的严重危害。地粉蚧大约1/16英寸（1.5 mm）长，卵形，身上有白色蜡粉，它们在寄主植株根部上的棉絮状蜡层下面。地粉蚧吸食植物汁液，但不会毁灭掉根。危害首先表现在天气热时植株枯萎，通常受害植株在田间形成圆形区域。种植前熏蒸土壤可能会预防地粉蚧危害。

蛞蝓在成熟的果实表面留下锯齿形洞，这些洞容易受到其他非靶标害虫，如蠼螋或潮虫的侵染和扩大。有黏液的痕迹可以帮助确认是蛞蝓首先造成的危害。

地粉蚧取食植物根时产生棉絮状蜡层。

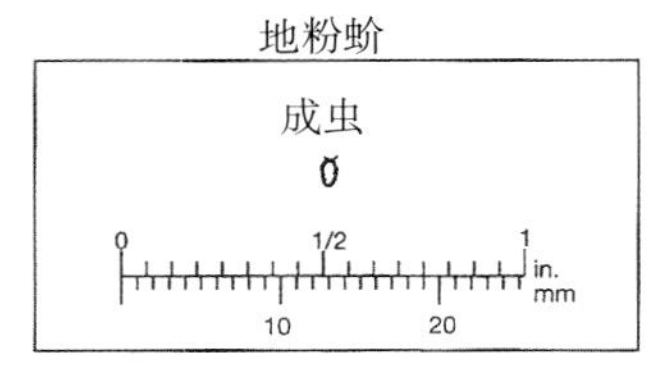

病害

在所有的草莓种植地区，病害有可能成为严重的问题，其重要性取决于当地的气候条件、土壤状况、种苗的质量、品种的感病性和栽培措施。沿海地区和地势较高的苗圃所具有的冷凉、潮湿条件有利于某些病害的发生。采取优良的栽培措施、使用认证的种苗以及土壤熏蒸能够防止大部分土传病害造成的严重危害。然而，如果没有有效的熏蒸剂和其他处理土壤的化学药剂，控制这些病害就面临着挑战。灰霉病在草莓种植地区和苗圃是主要的问题，在花期和结果期都需要采取防治措施，以防止严重的损失。如果白粉病、叶斑病和叶角斑病、疫病和炭疽病开始威胁到草莓的生产，同样也需要采取防治措施。

植物病害的发生是病原、寄主植物和环境三者之间相互作用的结果。生物性病害是生物因素如真菌、细菌、病毒和线虫引起的（侵染草莓的线虫将在下一章介绍）。由物理因素如营养缺乏、有毒物质或环境胁迫引起的病害称为非生物性病害。一种病害的发展及其症状的产生受寄主植物的活力和遗传特性、病原物菌株毒性的影响，同时也受寄主被侵染或胁迫时的生长阶段以及环境条件的影响。温度、土壤水分、湿度和叶面湿度是影响草莓病害最重要的环境因素。

如果想成功地防治生物性病害，关键是要了解如何识别病害症状、病原物来源（初侵染来源）、病原物如何传播、如何影响草莓以及什么环境条件有利于病害的发展。防治非生物性病害，需要知道什么环境条件会导致病害，以及如何改变或避免不良条件以降低对草莓的危害。例如，通过合理的土壤施肥可以防止营养缺乏。

根据植物受害的器官及病原物的传播方式将生物性病害进行分类，有助于病害的识别和防治。大部分果实病害是由存活在土中或土表以及被侵染植株体表的病原物引起的，这些病原物通过风、水的飞溅传播。叶部病原物绝大多数在叶片和茎上引起症状，但也会在果实上产生症状，它们通过风和水传播，有时也可通过病株传播。病毒和植原体可通过昆虫和种苗的无性繁殖传播。根病和根茎病是由土壤习居菌或土壤寄居菌引起的，更多的是通过带菌土壤、病株或水的飞溅传播。它们侵染根部或根茎组织，也能侵染叶片和果实。

田间监测和诊断

在生长季节来临之前，通过本书熟悉草莓病害的症状。当监测螨类或进行其他的田间常规调查时，要注意观察生长季期间的病害症状和胁迫迹象。记录下所观察到的病害种类、发病部位以及受害面积。同时记录天气状况、土壤条件、栽培措施和其他有害生物的防治措施，这将有助于病害诊断并制定病害防治策略。

当把田间的病害症状与本书中的插图和描述进行比较时，要考虑环境和其他因素的影响。病害症状可随病害发展而变化，并受天气状况、植株生长阶段和寄主植物长势的影响。检查株数并观察植株各部位以便确认所有的症状范围。要准确鉴定某种病害，需要观察几种不同的症状。

在某些情况下，仅根据田间症状的观察进行病害的诊断是不够的。如果你不确信自己的诊断结果，与资深专家进行核对。为了鉴定一些叶部、根部和根茎部的病原物，实验室分析经常是必要的。对营养缺乏、盐害、药害，需要做组织分析和土壤或水分分析。完整的田间记录有助于确认鉴定结果。

表 16 列出了加利福尼亚州草莓上重要的生物性病害和限制它们严重发生的管理措施。

预防与防治

成功的病害防治计划开始于整地。熟悉当地被推崇的种植草莓的栽培措施，并作好计划遵照执行。苗壮的、管理好的农作物很少有病害问题。通过土壤和水分检测确定养分需求量并查明潜在的有害盐分。整地时注意使用统一的灌溉方式并有良好的土壤排水系统。选择优质、认证的种苗。土壤熏蒸能够防止一些病害问题的出现，对许多其他病害的治理也很重要。同时，土壤熏蒸能促进植株生长，增加产量，甚至在不存在任何可识别的土传病原物时也是如此。如果想种植草莓而不熏蒸，就需要采取特殊的预防措施并且做好植株生长不好、产量下

表 16　加利福尼亚州影响草莓的病害及防治措施。

病害	影响的重要程度[1]		CT	SF	WM[2]	PM	HH	PA	参阅页码
	苗圃地生产	果品生产							
叶角斑病	A	B	X	X	X		[3]	[4]	96
炭疽病	A	A	X	X	X		[3]	X	98
黑根腐病	C	C		X	X				103
叶斑病	A	B	X	X	X			X	90
灰霉病	D	A			X	X	X	X	86
拟茎点霉叶枯病	B	B	X	X	X	X			97
疫霉病	A	A	X	X	X	X[5]		X	100～101
白粉病	A	A	X					X	91
根霉、毛霉果腐病	D	B			X	X	X		88
黄萎病	C	C		X					102
病毒病	A	A	X						92～94

1. A= 主要病害，B= 次要病害，C= 在未熏蒸过的田间可能成为问题，D= 不是问题。
2. 包括在植株定植后提供良好的土壤排水系统和滴灌。
3. 采果和接触叶片能够传播这些病害，尤其是植株潮湿的时候。
4. 注册的药剂（铜为基础的）不十分有效，并且能引起植物毒害。
5. 病害使果实腐烂的状况。

CT= 认证的移栽苗

SF= 土壤熏蒸

WM= 水分管理

PM= 聚乙烯薄膜覆盖

HH= 采收和处理

PA= 使用农药

降并有更多土传病害问题的准备。在一些温暖、阳光充足的地区，对种植床进行日晒有助于降低某些病害的严重度，通常这些病害可通过熏蒸处理控制。

认证的移栽苗 使用认证的移栽苗是防治几种草莓重要病害的首选措施（表16）。加利福尼亚州大学（UC）草莓项目拥有不带主要病毒病的种植材料的苗圃。种植前用热水处理可以减少或根除苗圃种苗所携带的几种真菌和线虫，第四章草莓苗圃的有害生物管理中的图23有详细说明。热水处理最好不要用在以果实生产为目的的种苗上，因为它会降低植株的活力。移植前使用杀菌剂处理和苗圃的精细管理能大大降低侵染种苗病害的程度。UC草莓项目和这些步骤先前在第四章已经讨论过。熟悉这些步骤，并掌握有害生物管理以及通过苗圃获得无病种苗的管理方法，有助于保证种植材料尽可能不带病原物。

栽培措施和田间卫生 栽培措施是病害防治的一个重要部分。选择品种时考虑其对特定病害的抗病性或耐病性。然而，必须认识到的是，当病害压力很大时，即使是抗病品种也会被侵染。

整地时良好的灌溉能够降低盐分的聚集和根部病害的发生。合适的坡度和灌溉措施能使疫霉和其他病原菌造成的损失降到最低。尽量提高种植床的高度可改善排水状况从而减少根部腐烂问题。

覆盖聚乙烯薄膜能减少果实与土壤的接触，从而防止一些严重的果实病害，有助于降低灰霉病的发病率。避免种植密度过大，适当的株距能减少与高湿和叶片湿度大有关的问题。

不需要喷灌装置时，使用滴灌也有助于控制果实病害并减少许多叶部病害的传播。用喷灌时，适当的株距和交错喷水设置（staggered risers）能保证喷水均匀。

田间拔除病株是防治苗圃中病毒病和植原体病害的一个重要部分。当只有少数病株时，拔除病株能减少炭疽病、叶斑病、角斑病的传播。按照标准措施摘除移栽苗的病叶能减少叶部病原物接种体的传入。在产果季节，定期摘除植株基部老叶或死叶也是减少叶部病原物侵染源的一种有效、节省的方式。避免从发病的区域移土，如炭疽病、黄萎病和疫霉茎腐病，这些病害是通过带菌土壤中病原菌的传播引起的。避免炭疽病或叶角斑病病田的劳动人员、果实、器械或包装箱进入无病田。首先使田地达到最洁净的状态，以减少这种通过劳动者或器械的传播。在收获过程中，摘除所有的成熟、过熟和正在腐烂的果实，减少果实病原菌如葡萄孢和根霉的传播。

采后处理措施在减少果实腐烂方面起主要作用。避免果实的损伤，如果可能的话，不要将采摘的果实置于直射的阳光下，收获后尽快将果实冷藏。

土壤日晒 土壤日晒代替土壤熏蒸来控制杂草和土传有害生物的方法已被广泛研究。虽然土壤日晒能减少在热带内部峡谷和沙漠地区杂草、线虫、一些土居昆虫和一些植物病原菌的发生率，但这项技术在加利福尼亚州气候适宜的沿海地区并非十分有效，那里的绝大部分地区都种植草莓。在气温和太阳能足以杀死有害生物的地区，日晒能降低土传有害生物的水平。通常在一年中最热的时间需要处理至少6周，使根生长的区域获取足够的热量，以便获得可观的益处。为使对土传病原菌的处理得到最大效果，要照射平坦的地块（做种植床之前），就像做熏蒸那样，且确保在开始种植时土壤水分接近田间持水量。湿土比干土升温幅度大，因此有必要在日晒过程中用滴灌额外给水。如果照射的是平地，做种植床时土壤翻动不要深于15～20 cm。由于在整地时有可能将有活力的杂草种子带到土壤表面，所以如果做种植床前进行日晒，杂草就可能得不到很好的控制。关于土壤日晒，在第三章草莓的有害生物控制中有较详细的介绍。

农药 土壤熏蒸能够有效减少可能严重发生的多种草莓病害的土传病原菌菌源。黄萎病和黑腐病在适当熏蒸过的地块通常不是问题。为了控制黄萎病，需要足够量的氯化苦。熏蒸能减少疫霉引起的病害发生，并且在防治线虫、叶斑病和其他一些病害中起重要的作用。由于病原菌能通过移栽植株或带菌器械，借助水或风重新带回到熏蒸过的田间，所以使用优质的移栽苗，遵守田间卫生措施是重要的。熏蒸不能杀死所有的病原菌。因此，如果采用不良的农业措施或者对再植土不进行定期重复的土壤熏蒸处理，病原菌数量就会持续增长到危害水平。

为了发挥农药的有效性，侵染发生前或病害刚开始发生时必须使用杀菌剂。必须要有足够的喷洒范围。注意开花期和果实发育期间的天气预报，一些防控措施要赶在雨前。要定期监测田间病害症状的出现。

使用杀菌剂要密切关注病原菌群体抗药性的出现。为了减少抗药性问题的出现，只有当监测和天气状况表明必须采取防治措施的时候才使用杀菌剂。可能的话，确保苗圃地所用杀菌剂与果实产区所用杀菌剂不同。如果抗药性可能成为问题，重复使用药剂时需选择不同的类型。任何时候都要尽可能使用对有益昆虫和螨类危害最小的药剂。要注意药剂的有效性和抗药性的产生会发生变化。把本使用手册中对特定病害的描述作为指南，并向当地专家咨询关于可利用药剂的最新信息。有的药剂如果在生长旺盛的叶子或在高温天气使用，会对草莓植株产生药害。不同农药混用或农药与叶面肥、助剂、展着剂/黏着剂等混用时，一定要格外注意。只有预试验表明混合对草莓植株和果实都没有药害时才能使用。准备喷洒的药液前要确保水质，必要时调节水的pH和硬度，以避免农药降解。使用农药时要仔细遵照标签说明。

果实病害

果实病害是由生活在土中、土表或植株表面的病原物引起的，这些病原菌物侵染与带菌表面接触的果实或与带菌表面飞溅的水接触的果实。除此之外，引起叶部病害或根茎病的病原物也能侵染果实。覆盖聚乙烯薄膜和滴灌能减少果实与土和水的接触，所以能降低果实病害的严重度。从植株上部喷灌对将要成熟的果实会造成物理损害，从而为果实的侵染创造了有利条件。为了使损失减到最小，采收和采后处理都要谨慎。当天气状况利于灰霉病和白粉病发生时，田间使用杀菌剂是必要的，以防损失严重。

灰霉病（灰葡萄孢腐烂病）

灰葡萄孢（*Botrytis cinerea*）

灰霉病，也称"葡萄孢腐烂病"，是加利福尼亚州草莓上最常见和最严重的病害。它发生在所有的栽培地区，在田间和采后都造成了严重损失。若条件合适，病原菌也会侵染花和植株的其他器官。通过覆膜、合理的种植密度、合理的灌溉技术、良好的田间卫生及适时喷洒杀菌剂都能够控制灰霉病的发生。采前适时施用杀菌剂，采收时避免果实创伤并剔除病果，采后快速冷藏限制病害的发展，短途运输中低温贮藏，可能时贮藏箱充CO_2，这些措施都能降低采后的损失。

症状和危害

灰霉病可发生在果实发育的任何时期，从开花到上市期间都可发生。先是在靠近茎基部或在果实接触其他烂果、土壤或死水的一面出现病斑。受感染的部位起初变为白色或淡褐色，接着症状可扩展到部分或整个果实表面。当真菌开始产生孢子时，病组织被灰色霉层所覆盖。若湿度很高，果实长满菌丝体呈白色棉绒状。烂果里面的汁液不会渗出来。灰霉病与根霉和其他果实腐烂病的不同在于其腐烂组织有绒状霉层而且没有液体从果实中渗出。

在开花期间，若天气长期潮湿多雨，灰霉病菌能侵染花，引起花腐。被侵染的花器变褐，整个花可能会死亡，褐变可能延伸到花茎。有时在褐色区域出现典型的灰霉。

田间发生的灰霉病引起减产。采后腐烂不仅降低了上市果品的产量和品质，迅速将病害传给周围健康的果实，甚至会导致所有运输果品在到达市场终端时被拒。

季节发展

引起灰霉病和花腐病的灰葡萄孢分布广泛，在许多作物已死亡的或即将死亡的器官上定殖，引起腐烂。没有寄主植物时，这种真菌能够以小的黑色休眠结构——菌核存活或在植物的病残体中存活。

天气潮湿冷凉时，发霉的果实、其他的寄主植物、植物残体或者菌核上均可产生孢子。孢子靠风和飞溅的水传播。花期，萌发的孢子侵染花引起花腐，也可以侵染发育中的果实、叶柄和茎叶组织。孢子萌发和侵染时，植物表面必须具备一定湿度。幼果在受侵染后不久可腐烂，或保持休眠，之后在采前或采后的任何时间再致腐。发霉的花、果实或植株其他器官上产生的孢子在整个季节继续侵染其他果实。如果果实至少有2 h处于湿润状态，那么萌发的孢子可直接侵染果实。果实侵染率随着其所处湿润时间变长而增加。因此，在果品生产期间若有降雨，灰霉病最具有危害性。不考虑天气状况，那些与湿土接触的果实在整个季节的任何时间都可能被侵染。

灰霉病病斑在果实上先是表现为白色或淡褐色变色

当葡萄孢菌开始产生孢子时，被灰霉病菌侵染的果实被有灰色霉层。

被葡萄孢菌杀死的花朵变褐色，在死亡的花器官上会形成灰色孢子。

冷凉、湿润的天气有利于灰霉病的发生，尤其是雨天、雾和厚重的露水。葡萄孢菌生长的最适温度是18～23℃，但是只要温度在0℃以上，它就能生长。如果采收后把果实温度降到1℃，可以大大降低腐烂的发生，但不能完全防止腐烂的发生。

防治

若天气潮湿，则在花期使用保护性的杀菌剂。为了使药剂发挥作用，必须在雨前使用。由于葡萄孢菌对现有的多数药剂已有一定抗性，最好是轮换使用不同类型的药剂以减少其抗性的发生。可能的话，不要使用对捕食螨有害的杀菌剂，尤其是要利用它们控制红蜘蛛时。需注意的是，当地病原菌群体的抗性取决于使用的农药种类，新的抗性类型任何时候都可能发生。

地膜覆盖和滴灌能够阻止果实与土壤接触和降低植物叶冠的湿度，从而减少灰霉病的发生。把种植床建成利于排水而不是聚集在种植床上的形状，能减小植株和果实周围环境的湿度，从而可以减少灰霉病和其他病害的发生。改善空气循环和降低种植密度的种植床设计，会降低发育中的花和果实周围的湿度，从而可降低灰霉病的严重度。

采收期间，移走所有的成熟果实并扔掉所有腐烂、下雨损伤的果实。采收后尽快让果实冷却到1℃。

提高二氧化碳浓度能抑制采后果实上灰霉病的发生。当果实不能保持在1～2℃的时候，用二氧化碳处理能减少正常运输中额外的果实腐烂，也能防止短途运输果实腐烂的发生。将包装好并完全冷却的密封袋中的果实托盘密封，且往袋子里注入二氧化碳使其浓度到达12%～15%。二氧化碳本身绝不能替代适当的冷却。

根霉病（软腐流汤）

根霉（*Rhizopus* spp.）

根霉病主要发生在采收后，但也可发生在田间成熟的果实上。在没有寄主植物的时候，根霉在土壤中的植物残体上存活。其孢子可被风和昆虫传播，在成熟果实上只通过伤口侵染。被侵染的果实很快变软、烂掉，内含物外流，这可以区分根腐病和灰霉病。湿度大时，烂果表面形成白色绒毛状菌丝体，用手持放大镜很容易把它的生长和灰霉病区分开来。根霉能形成小而明显的球状产孢结构，称为孢子囊，每个孢子囊生于约2 mm长的小梗上。孢子囊形成时初为白色，成熟时变为黑色。葡萄孢不形成孢子囊，但有时会看到大量孢子聚在一起像一串串葡萄。一个果实上可同时看到葡萄孢和根霉。

为了使根霉病的发生减到最少，可覆膜和滴灌以减少果实与土壤和水分的接触。采收期间摘去植株上所有成熟的果实，小心采摘以免损伤。采后尽快将果实冷却，低于5℃根霉不活跃。一般不提倡用杀菌剂处理。

根霉病引起草莓果实塌陷、内含物外流。孢子囊梗上形成的小的、球形孢子结构开始为白色然后变为黑色。

毛霉果腐病

梨形毛霉（*Mucor piriformis*）

毛霉与根霉果实腐烂病的症状相似。可以用手持放大镜检查烂果上的产孢结构进行区分。毛霉的孢子囊表面有一层看起来发黏的黏性液体，而根霉的孢子囊是干的。毛霉孢囊梗一律是向上的，而根霉则是不定向的。毛霉属的种通常发生在土壤中和植物残体上，和根霉一样，它也只侵染有损伤的成熟果实。快速冷却果实不能阻止毛霉病的发生，因为梨形毛霉在0℃时依然很活跃。使用塑料覆盖和轻拿轻放果实可以使问题最小化。毛霉病通常只发生在与土壤接触过的果实上。

毛霉的产孢小梗比根霉的长得多，而且表面发黏。随着根霉的生长，成熟的孢子结构呈现黑色，发病果实有内含物流出。

其他果实病害

引起叶部和根茎部病害的一些病原菌也能侵染草莓果实，其症状将在下面描述。除了白粉病和疫霉果腐病（leather rot）外，大部分在加利福尼亚州很少见。无论如何，被感染的果实都不能上市。结果期对这些病害的防治措施与叶部及根茎部的病害防治是一样的。

白粉病（病原菌为 *Sphaerotheca macularis* f.sp. *fragariae*） 由白粉病造成的产量损失大部分是由于侵染果实造成的。如果果实还是绿色的时候被侵染，它们还是硬的、不能成熟并且可能在表面形成粉红、红色或紫色的斑点。成熟果实上被感染的区域有似乎从表面长出的小种子，受侵染的果实经常被认为是“结籽”的。当植株严重感染白粉病时，白粉菌在成熟果实上的发育就像叶子上所看到的那样。白粉病的防治措施在后面的叶部病害部分讨论。

疫霉果腐病（病原菌为 *Phytophthora* spp.） 引起茎叶腐烂的疫霉属的一些种也能引起果实疫霉

种子从感染白粉病的果实表面长出来，果实表面产生白粉状霉层。

被疫霉侵染的草莓果实（右边）产生硬而革质的病斑，褐色、淡紫色或淡粉色。左边为两个健康的果实。

果腐病，虽然果实病害和茎叶病害不一定同时发生。湿度大的天气有利于疫霉果腐病的发生，该病在果实发育的任何时期都可发生。在绿果上的病斑呈褐色，成熟果上颜色变淡或成为淡粉色至淡紫色。变色部分可延伸到果实内部。病斑组织硬、不柔软且常有苦味。用薄膜覆盖减少果实与土壤的接触，可大大降低疫霉果腐病发生的概率。

炭疽病（病原菌为 *Colletotrichum acutatum*） 在果实生产期间，如果天气温暖、多雨，不仅在果实上，在植株的其他器官都有可能看到炭疽病的症状，成熟过程中任何阶段果实均可被感染。在果实上产生小的、凹陷的、褐色斑点，并且面积会变大，多个病斑连在一起，扩大覆盖大部分或整个果实表面。腐烂的组织硬而干。如果天气持续温暖湿润，在果实的病斑上能看到深色的产孢结构和橙色或肉色的孢子。苗圃地的果实也会感染炭疽病，因为喷水过多有利于病害在根茎部、根部、叶片和匍匐茎上发展。再植时灌杀菌剂和叶面喷施杀菌剂，有利于控制苗圃地的果实病害，减少植株感染以及随后病原菌向果实生产田的传播。同样的做法可应用在果实生产田炭疽病的发生。如果能有良好的覆盖面，目前使用的药剂会发挥有效的作用。

蛇眼病（病原菌为 *Ramularia tulasnei*） 引起叶斑病的真菌有时也会侵染果实。“蛇眼病”因其症状而得名：小的硬的呈浅褐色或黑色斑点。在青果或成熟果实上产生病斑，在颜色浅的果实上最明显。

褐色轮斑病（病原菌为 *Phomopsis obscurans*） 在加利福尼亚州成熟果实上很少发生褐色轮斑病，

感染炭疽病的果实有凹陷、褐色的斑点。整个果实都可受影响。

其病原菌与引起拟茎点霉叶枯病的真菌是同一个种。病斑初为圆形，淡粉色，后变为深褐色，边缘浅褐色。在深褐色中心形成的小黑点为产孢结构，称为分生孢子器。

褐腐病（Tan-brown rot）（病原菌为胶盘孢 *lythri*） 褐腐病在加利福尼亚州很少见，它发生在温暖湿润的天气，可侵染未成熟的或成熟的果实。病斑黄褐色或褐色，干燥海绵状，易于从果实上弄下来，因为病斑周围有变软的果实组织。病斑能进入到果实的深处，在褐色腐烂的组织里能看到病原菌的菌丝体。

叶部病害

引起叶部病害的大部分病原物靠风和飞溅的雨水传播，也有一些在感病的植株上传播，病毒病和植原体还可以靠昆虫介体传播。使用认证的种苗是控制病毒病的主要措施，而且也是防治叶斑病和白粉病的一个重要组成部分。植株定植后用滴灌替代喷灌能减少一些叶部病原菌的传播。若采用喷灌，使用那些喷水量小的喷水装置能减少对叶部的损伤。喷灌装置以每行及行间（10 m×10 m）的方式排列，不同行间错开喷头的位置，否则田块中有的地方可能浇水过度而有的是干的。土壤熏蒸对于防治那些在土壤中的植株残体上存活的叶部病原菌引起的病害是重要的。当有的叶部病害开始发生并且条件有利于它们发展时，要使用农药防治。

叶斑病

杜拉柱隔孢（*Ramularia tulasnei*）

叶斑病在所有的苗圃地和果实产区都可能成为问题，但是通常在比较干燥的内谷中不常见。该病害侵染叶片、茎和果实，并且使植物生长衰弱、产量和果实品质下降。防治叶斑病最好的方式是减少土表和病株上病原菌的菌源，必要时叶面喷施杀菌剂防止病害的暴发流行。

症状和危害

叶斑病在叶片、茎和果实上引起的症状是相似的，但在加利福尼亚州叶部症状最常见。在果品产区，它们主要发生在冬季的那几个月份。发病初期，叶片上可见模糊的淡紫色斑点。随着斑点变大，其中心变为灰色或浅褐色，边缘变为紫红色或红褐色。发病严重的植株生长衰弱，产量下降，发病轻的不会引起严重损失。果实上的病斑为深色的凹陷小斑点，这在加利福尼亚州很少见。该病害使果品质量下降，甚至无法上市。

在冷藏或田间天气较凉时，病组织上会形成黑色的小硬核，直径约 0.1 mm，如果不放大用肉眼是看不到的。

叶斑病在叶片上的症状表现为中心浅褐色，边缘深褐色。

随着叶斑病的发展，病斑一起发展，占据了大部分的叶表面。

季节发展

引起叶斑病的病原菌为杜拉柱隔孢（*Ramularia tulasnei*），只能侵染野生和栽培的草莓。没有寄主植物时，病原菌以菌核的形式存活，菌核产生在病片和茎组织上。菌核能够在冷藏的带菌的植株上存活，然后传染给其他新的栽培植株。它们也能在土壤中的植株残体上存活 7 个月以上。

当温度在 7～25℃，有雨时，叶斑病会就发生和传播。这种条件下，菌核萌发产生孢子并传播。孢子通过飞溅的雨水或喷灌进行短距离移动，侵染那些持续 12 h 以上有水的叶片和茎。新植株第一批叶片一展开，就会看到叶斑病的发生。如果不进行防治，持续有雨会导致病害大面积发生。

防治

可以采取几种措施减少来自土壤和定植苗的菌源，这能很大程度地降低病害发生的可能性。土壤熏蒸能消灭草莓种植床上的大部分叶斑病菌。如果草莓田所在区域足够热，对建立的种植床进行日晒也是有效的。热水处理可用于种植在苗圃地的移栽苗（用热水处理消灭病原菌在第三章草莓有害生物防治中讨论）。热水处理比杀菌剂有效，但用于果品生产田的移栽苗不推荐使用，因为它能够使植物生长衰弱。杀菌剂处理能够减少植株上的菌源，但是不能够消灭菌源，并且病原菌已经对有些用来处理种苗的杀菌剂产生了抗药性。叶面喷施杀菌剂能够限制叶斑病在田间的传播。为了避免病原菌抗药性产生，只在监测结果表明需要喷药时才使用杀菌剂。

果实生产田地 当第一片叶子完全展开时，对叶斑病进行定期监测。在每周对螨类和其他有害生物调查期间，观察叶斑病的症状。下雨期间，要增加叶斑病和其他病害的监测次数。如果叶斑病仅出现在少数植株上，拔除病株并销毁。如果症状比较广泛，在长出前3～4片（不包括子叶）时，叶部喷施杀菌剂。如果条件仍然有利于病害传播，在两周后再用一次药。如果可能存在抗药性问题，第二次用药时使用另外一种不同类型的杀菌剂。

苗圃地 如果叶斑病出现在海拔低的苗圃，到早秋温度开始下降时再开始使用杀菌剂。若问题没有解决，每隔3周重复使用一次药剂。若仅仅少数植株得病，就不使用杀菌剂，拔除病株并销毁即可，然后留意这些区域以防发生更多的病害。叶斑病在高海拔苗圃地基本不是问题，所以一般不需要防治。

白粉病

羽衣草单囊壳草莓转化型（*Sphaerotheca macularis* f. sp. *fragariae*）

白粉病在所有的苗圃和果品生产区都是重要的病害。尽管雨水、潮湿的条件能抑制其发展，但是在空气湿度高的沿海地区更为严重。该病害能侵染叶片、花和果实，降低产量和果实品质。白粉病症状一出现，就要用杀菌剂来控制。

白粉病发生的最早症状经常是叶缘向上卷曲，低处的叶子表面有淡紫色或浅褐色斑。

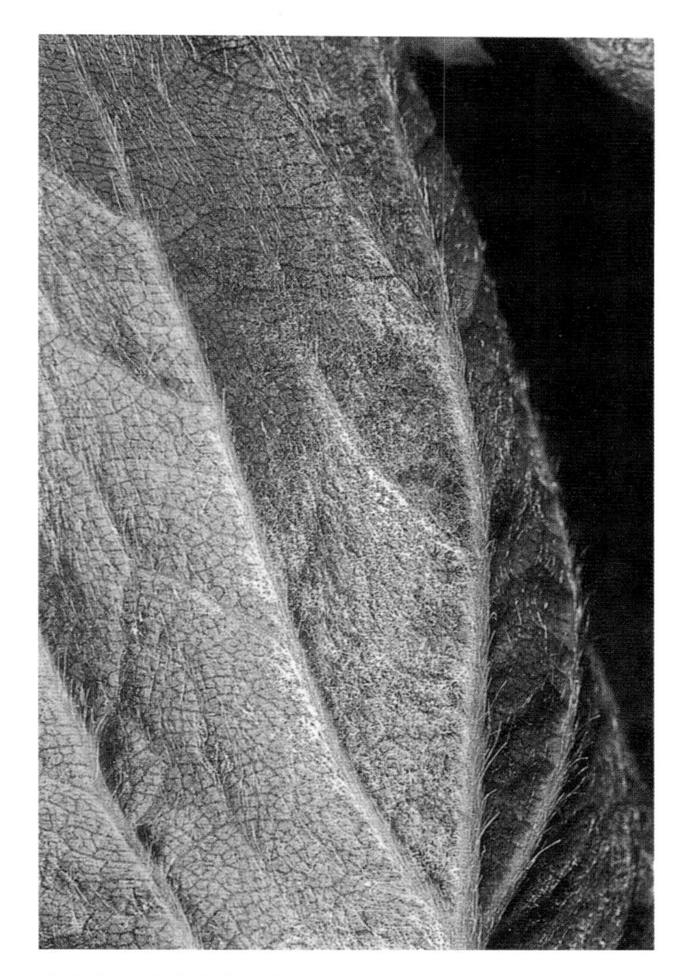

感染白粉病的叶背面出现的白粉状斑块。

症状和危害

白粉病最明显的症状通常表现在叶部。最初的症状是叶缘向上卷曲，受害叶片朝下的一面有干燥的淡紫色或褐色斑，朝上的一面略变红色。随着病害发生，叶子背面出现白粉菌菌丝体，尤其是在新叶上。白粉虱产卵的蜡质物质可能与白粉菌的菌丝体混淆，但是白粉虱不会使叶片变形或变色，通常会看到白粉虱的卵或若虫（关于白粉虱请看昆虫和其他无脊椎动物章节中的讨论）。

由白粉病引起的产量损失主要是由于伴随严重的叶部感染而发的花和果实的侵染。被侵染的花被白粉状菌丝体覆盖，使花变形或枯死，坐果率下降。果实受害症状在本章的果实病害部分已经讨论过。

季节发展

引起草莓白粉病的真菌只侵染野生和栽培草莓，离开活的寄主组织，病原菌无法存活。很显然，它在受侵染的叶片上越冬。在果品生产区，受侵染的植株被认为是主要的侵染来源。在上面产生的孢子通过风传播而影响植株春天的生长发育。中等湿度至高湿度、15～27℃的温度利于白粉病的发生与传播。

防治

为了控制好白粉病，在病害有迹象要发生时就使用杀菌剂，这对于使用保护剂如硫磺是非常重要的。在常规的田间调查中，注意叶片卷曲和变色这些白粉病发生的早期症状，尤其是在春秋两季。在秋天实行有效的白粉病防治措施利于减少来年春天发生病害的数量，叶部病害的防治有助于防止果实的感染。同样，苗圃地良好的防治措施有助于减轻果品生产区的白粉病。

采收期间从移栽植株上按规范方法摘除叶片以及进行包装有助于减少对新定植植株带来病害的可能性，但在根茎部仍然有一些菌源。

病毒和植原体病害

许多病毒病害和植原体病害对草莓植株有影响，其中大部分靠昆虫传播，所有的都能通过种植材料在无性繁殖过程中进行传播。这些病原物是很微小的生物，它们在活的寄主细胞里增殖，并通过受侵染的草莓植株及其后代传播。种植者通常靠每年栽种认证的无毒移栽苗防止病毒病害和植原体病害的发生。通过病毒的标定指数、用来自母株分生组织的无毒种苗、繁殖期间防治昆虫介体和拔除显症的病株等，可以使苗圃地的病毒感染概率降到最小。在加利福尼亚州的草莓上，有多种病毒被关注（见第四章的表 15），包括引起斑驳、皱缩、轻型黄边、镶脉、急性坏死（necrotic shock）和白化衰退（pallidosis-related decline）等症状的病毒。偶尔会有致死衰退（lethal decline）和绿萼病（green petal）这两种植原体病害发生。苗圃地的种植者尤其要熟悉这些病害的症状以便能够及时拔除田间病株。

症状和季节发展

通常情况下，如果只有一种病毒侵染植株不会有症状表现，或仅仅是植株生活力和果实产量下降。两种或两种以上的不同病毒侵染会导致苗圃地里匍匐茎和后代植株减少，导致生产田里果实产量和品质下降，产量下降的程度因不同品种而异。通常植株表现可见症状时一定是被不止一种类型的病毒所侵染。症状表现也取决于病毒株系和受感染植株的品种。病毒病在加利福尼亚州并不会成为问题，除非是使用了感染病毒的苗木。通常要一年以上的时间田间病毒的数量才能增加到能够造成多种明显的侵染。由于在加利福尼亚州商品化的草莓苗都是通过认证的定植苗，并且每年都会重新种植，所以病毒病的症状很少看到。当有可见症状时，一般需要进行实验室检测确认病原。植原体病害的症状明显，种植者能够识别，在繁殖过程中很容易除掉病株。

斑驳 草莓斑驳病毒（*Strawberry mottle virus*）是由草莓钉毛蚜（*Chaetosiphon fragaefolii*），或一些毛管蚜属中的其他种蚜虫传播的。它也可通过甜瓜蚜虫（*Aphis gossypii*）传播。蚜虫很快获毒和传毒，但只在几个小时内有侵染性。除了野生草莓和栽培草莓，斑驳病毒还能侵染藜属中的一些种的植物，包括普通的灰藜（*Chenopodium album*）。当只有草莓斑驳病毒时，商品化的草莓栽培品种上不会有可见症状。然而，它能够严重降低受感染植株的产量。当还有轻型黄边病毒或者皱缩病毒时，就会出现一种综合症状称为“黄变症（xanthosis）”。叶片小而扭曲，边缘变黄，卷曲成杯状。老叶过早地变为红色，产量、果实大小和质量都下降。

被草莓斑驳病毒侵染的指示植株野生草莓（*Fragaria vesca*）叶片小而扭曲，有灰白色斑驳。

皱缩 草莓皱缩病毒（*Strawberry crinkle virus*）能侵染草莓的野生和栽培种，由草莓蚜虫传播，也有可能由草莓根蚜（*Aphis forbesi*）传播。潜伏期（从蚜虫获毒到它能够侵染寄主的时间）为 14～59 天。草莓皱缩病毒为持久性病毒，也就是说在潜伏期之后，蚜虫仍然具有侵染性。该病毒的一些株系能导致植株生活力和产量的严重下降。当还存在斑驳病毒或脉带病毒时症状会加重。

草莓皱缩病毒引起植株灰白色斑驳、皱缩以及叶片扭曲。指示植物为野生草莓（*Fragaria vesca*）。

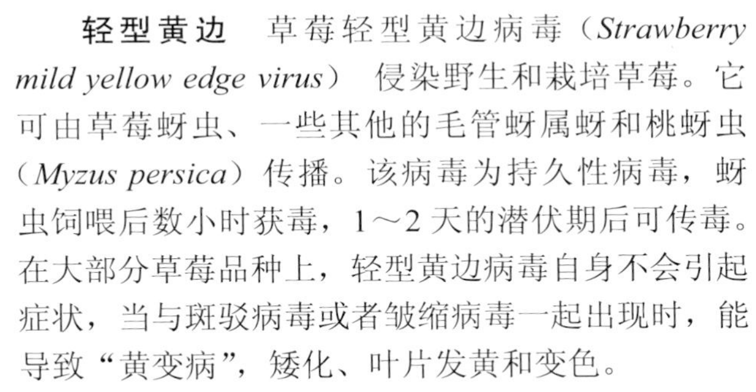

轻型黄边　草莓轻型黄边病毒（*Strawberry mild yellow edge virus*）侵染野生和栽培草莓。它可由草莓蚜虫、一些其他的毛管蚜属蚜和桃蚜虫（*Myzus persica*）传播。该病毒为持久性病毒，蚜虫饲喂后数小时获毒，1～2天的潜伏期后可传毒。在大部分草莓品种上，轻型黄边病毒自身不会引起症状，当与斑驳病毒或者皱缩病毒一起出现时，能导致“黄变病”，矮化、叶片发黄和变色。

镶脉　草莓镶脉病毒（*Strawberry vein banding virus*）由毛管蚜属的蚜虫传播。它们能迅速地获毒并传毒，但是它的侵染性不超过一天的时间。尽管植株的生活力、产量和果实品质会下降，该病毒单独侵染时没有可见症状。有其他病毒的存在，尤其是有皱缩病毒时，镶脉病毒能够导致主叶脉发黄。有些株系还能导致老叶变褐。有斑驳病毒时镶脉症状将被掩盖。

急性坏死　急性坏死是由草莓急性坏死病毒（*Strawberry necrotic shock virus*）引起的，此病毒先前被认为是烟草条点病毒的一个株系。它不仅能侵染草莓，也能侵染树莓和黑莓。该病毒可能以花粉传播，显然也是由洋葱蓟马（*Thrips tabaci*）和西花蓟马（*Frankliniella occidentalis*）从被感染的寄主传给草莓。草莓急性坏死病毒能导致产量严重下降，但是在商业化的品种上不会导致可见症状。

白化伴随衰退（Pallidosis related decline）　白化伴随衰退病是由草莓白化伴随病毒（*Strawberry pallidosis associated virus*，SPaV）或甜菜伪黄化病毒（BPYV）与其他的一种或几种侵染草莓的病毒复合侵染引起的。SPaV和BPYV由温室白粉虱（*Trialeurodes vaporatiorum*）传播，当温室白粉虱和蚜

草莓轻型黄边病毒能导致幼叶出现黄色斑驳，老叶过早死亡。指示植物为野生草莓 *Fragaria vesca*。

草莓镶脉病毒引起沿叶脉区域呈灰白色。指示植物为野生草莓（*Fragaria vesca*）。

草莓急性坏死病毒在指示植物野生草莓（*Fragaria vesca*）上引起新生小叶出现黄色斑驳和不对称畸变。

虫也将其他病毒带给草莓时，病害通常会大发生。然而，如果植株已经感染了白粉虱携带的病毒，白粉虱不在时白化伴随衰退病也会发生。然而，如果移栽苗已经被白粉虱传播的病毒侵染，即使没有白粉虱也会发生这种病毒病。SPaV侵染草莓及其近缘种以及一些常见杂草。BPYV的寄主广泛，包括葫芦和一些在草莓生产区常见的杂草种。感染白化伴随衰退病的草莓，其叶片变为紫色至红色，植株中心部可以长出新叶，而外围老叶变色。果实产量大幅度下降，其根部能提供营养的根变少而且易断。幼苗受侵染时，植株严重矮化。白化伴随衰退病的症状与那些营养缺乏、其他生理性病害和黄萎病导致的症状相似。

致死衰退 致死衰退是由植原体引起的，由吸食韧皮部的叶蝉传播，不被蚜虫传播。该植原体在叶蝉体内存活。致死衰退植原体也能引起加利福尼亚州的樱桃和桃的X病。该病原物寄主广泛，尤其在阔叶杂草上。该病通常发生在春末或早夏。幼叶生长迟缓，黄色，边缘向上卷曲。老叶正面逐渐变为不鲜明的褐绿色，背面略带紫色或红色。受侵染植株生活力逐渐下降直到死亡。在苗圃地，表现致死衰退病症状的植株及其子株都应该立即拔除和销毁。

绿萼病 绿萼病是由植原体引起的病害，这种植原体也能侵染白三叶草、杂三叶草、红三叶草或其他的植物。病原体在传播介体叶蝉体内存活。被侵染的草莓花瓣为绿色，这是此病的典型症状。这样的花不能发育成果实，或发育成大的绿色瘦果

白化伴随衰退病使草莓植株的根部变脆，并且供给营养的根系减少。

如果草莓植株发育早期被白化伴随衰退病侵染，柏株生长会受到严重阻碍。

白化伴随衰退病使草莓植株上的老叶变为红色至紫色，而植株中心长出新的健康叶片。

致死衰退病的症状表现为叶片发育迟缓且叶缘向上卷曲，老叶变淡红，最后受侵染的植株死亡。

绿色花瓣和大的绿色瘦果是草莓绿萼病的典型症状。

簇。病株的幼叶发育非常迟缓，并且叶缘发黄。受侵染的三叶草植株也会出现绿色花瓣症状，花瓣呈绿色或表现为小叶。在苗圃地偶尔也会看到这种症状，这时要拔除并销毁显症的植株和子株。

防治

控制草莓病毒病和植原体病害最重要的是无毒种苗的繁殖。UC 草莓项目和一些专门的实验室会提供用于苗圃地的草莓脱毒材料，没有上面提到的病毒种类，也没有其他的病毒（见第四章表 15）。热处理和分生组织培养技术能够脱掉来自繁殖材料的病毒和植原体。无毒苗在隔离昆虫介体的网室内进行繁育，从而减少了病毒的传播机会。在繁育期间，用对病毒敏感的草莓种检测病毒的存在，以确保种植在田间的第一代商品苗不带有重要的病毒。草莓项目在第四章草莓苗圃的有害生物防治中讨论。

苗圃地　一旦在苗圃地进行繁殖，植株就暴露在昆虫介体下。对苗圃地进行定期调查，观察病害症状和昆虫介体的出现。使用黏性黄板监测蚜虫、白粉虱和叶蝉，它们一有出现的迹象就对叶面喷洒杀虫剂，滴施内吸性药剂也行。防治蚜虫是减少皱缩病毒和轻型黄边病毒传播的一项有效措施，但是对斑驳病毒和脉带病毒的传播基本无效。任何有病毒病或植原体病害症状的植株都要从田间拔除，它们的所有子株也要销毁。若有传播介体，在拔除病株前要使用杀虫剂，否则它们会将病毒或植原体传给田里的其他植株。

果实生产田　病毒和植原体的侵染随着时间而增多，即使在栽培无毒苗的田里也是如此。预防该类病害最好的办法就是种植一年后将所有植株拔除并销毁。应用推荐的防治蚜虫和白粉虱的措施有助于减少病毒的传播。控制杂草有助于减少寄生在常见杂草种类上病毒的传播，如那些引起白化伴随衰退的病毒。

角斑病

草莓黄单胞菌（*Xanthomonas fragariae*）

叶角斑病是加利福尼亚州草莓上发生的常见病害，该苗圃地经常发生，该草莓生产区，冷凉湿润天气多发。它对果实生产影响不大，但是在雨天或喷灌的田里会成为严重的问题。叶角斑病是苗圃地重要的病害，往往因为它使得一些苗木商的苗子不能通过认证。

引起叶角斑病的病原细菌能侵染野生和栽培种草莓的茎、叶片和根茎。它在干枯的病叶、土壤中的叶部组织上或者受侵染植株的根茎部存活。在冷藏条件下，病株上的细菌能存活至少一年。新定植植株发病的主要来源是受侵染的定植母株。

在雨季或喷灌期间，在干枯叶组织中的细菌变得活跃起来，通过飞溅的水滴传给健康的植株。人和农具的移动也能够传播这种病害。持久的潮湿和冷凉天气有利于叶角斑病的发生和传播。若每日最高温在 15～20℃，最低温接近或在 0℃以下，病害发生最严重。

发病初期，叶子背面出现浅绿色的水渍状小斑点。由于受叶脉限制，斑点扩大时变为角状。此时，把它们对着光观察，是半透明的，这区别于其他叶斑病的不透明斑。随后，正面会出现不规则的淡红褐色斑点，有黄色边缘，此症状会与其他叶斑病混淆。最后，病组织死亡、干枯，使得叶片凹凸不平。叶片潮湿的时候，叶背面的角斑表面会有细菌和细菌渗出液形成的黏稠物。黏稠物干燥后，呈浅褐色漆状。黏稠物或褐色干燥物能帮助我们将叶角斑病和真菌引起的叶斑病区别开来。

引起叶角斑病的细菌常常侵染植株的维管束组织，这使得病害很难控制。被侵染的植物萎蔫和死亡。此症状与炭疽枯萎病或疫霉茎腐病相似，但是细菌性病害不会引起根茎组织褐变。

在果实生产区使用认证的种植材料能使角斑病的发生降低到最小。若确定角斑病会出现，不要使用热水处理植株。这种做法不仅不会控制叶角斑病菌，还会使病原菌传给未感染的移栽植株。铜处理制剂能用来控制苗圃地发生的角斑病，但不是非常有效，而且反复使用会导致植株生长矮小和产量下降。采用滴灌代替喷灌能减少角斑病的发生。

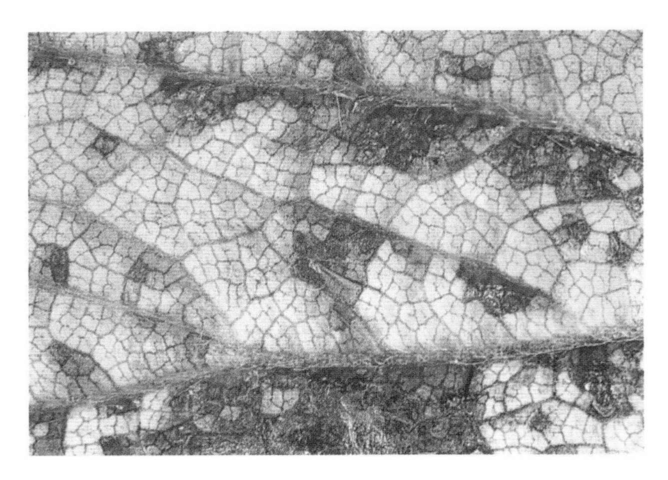

叶角斑病的特征是在叶子背面出现水渍状病斑，病斑受叶脉限制，呈角状。干燥时病斑为褐色漆状。

叶角斑病在上部叶片正面的症状为不规则的、红褐色病斑，边缘黄色或淡红色。

拟茎点霉叶枯病

昏暗拟茎点霉（*Phomopsis obscurans*）

在加利福尼亚州草莓上拟茎点霉叶枯病偶有发生，其病原菌（*Phomopsis obscurans*）在老叶的病斑中存活，病斑上产生的孢子通过水的飞溅传播。常在夏末或秋季发生，天气潮润有利于发病。

发病初期，叶片上有红紫色斑点，然后斑点中心变灰，此症状与叶斑病难以区分。老病斑的典型特征是中心暗褐色，内环浅褐色，外环紫色或红色。在暗色的中心形成黑色小点，为产孢的结构。叶部病斑长在一起，成为大的V字形，外缘呈紫色、红色或黄色。与炭疽病相似的症状在匍匐茎和茎上也会出现。对该病害不用特别防治。

叶疱病

草莓鲜壳孢（*Zythia fragariae*）

叶疱病（Leaf Blotch）在加利福尼亚州的草莓上偶有发生，其病原菌（*Zythia fragariae*）在植株残体上存活，侵染蔷薇科的植物。幼叶出现紫色或褐色疱，茎和叶柄出现黑色病斑。老叶的浅褐色病斑与拟茎点霉叶枯病相似。病斑上有小黑点，为产孢结构。潮湿天气利于草莓叶枯病的发生。几乎不需要防治。用于叶部病害和果实病害的杀菌剂对该病都有效。

拟茎点霉属叶枯病病斑为深紫褐色，中心为浅色。在病斑中心长出小黑点，为产孢结构，据此可以将拟茎点霉叶枯病与叶斑病区别开来。

草莓鲜壳孢在草莓叶片上引起浅棕色疱或斑点，病斑上由产孢结构形成的黑色疱点能够区分叶疱病和草莓上的其他叶斑病。

胶盘孢叶斑病和果腐病

鲜色胶盘孢（*Hainesia lythri*）

胶盘孢叶斑病在加利福尼亚州很少发生。病原菌寄主范围广泛，能在植株残体上存活。它靠昆虫和雨水飞溅传播，只侵染有伤口的组织。胶盘孢引起的叶斑小、圆形、铁锈色，中心浅色。对该病不需要特别防治。

根和根茎部病害

根部和根茎病害是由土传病原菌引起的，或者是由被侵染的移栽苗上的病原菌、受污染的土壤和流水传播的病原菌引起的。大部分病害的常见症状是根部和根茎组织变色及叶片萎蔫。有时，叶片和果实也会受侵染。土壤熏蒸和使用认证的种苗是防治该病害的主要手段。保持土壤排水良好，精细灌溉，避免土壤长时间和反复地处于饱和状态，避免从带菌区移土等有利于减少病害的发生并降低其严重度。在有些情况下可使用杀菌剂。疫霉冠病和炭疽病最可能成为问题。然而，如果土壤熏蒸剂效果不佳，其他的土传病害会变得比较重要。在果品生产区，若进行适当的土壤熏蒸并利用良好的水分管理措施，根部和根茎病害并不常见。

炭疽病

尖孢炭疽菌（*Colletotrichum acutatum*）

炭疽病不仅影响草莓的叶部和匍匐茎，还可以影响根和根茎部。如果雨天之后又遇利于病害发生的温暖天气，就会导致果实腐烂。炭疽病在苗圃地更为常见。但是，如果移栽苗带有病原菌，环境又有利于病害发生，在果品产区就会成为严重的问题。对苗圃定植苗热水处理和土壤熏蒸能降低被炭疽菌侵染的程度。若苗圃中的植株感染不严重，在果品生产区，对种苗进行播前浸泡和叶部喷洒杀菌剂在某种程度上是有效的。通过栽培措施进行防治是非常重要的。

症状和危害

在苗圃地，受侵染的子株一般不显示症状，肉眼难以诊断出病害。在生产田，炭疽病在发病初期，先是叶柄和匍匐茎上有茶褐色或黑色的透镜状（lens-shaped）斑点。受侵染的茎有时被病斑环绕，叶片或整个子株便萎蔫。在新栽植的植株上，受侵染后植株首先表现为根部和根茎腐烂、畸形、叶片发黄和植株萎蔫。温暖潮湿的气候下，在炭疽病病斑上形成大量的肉色孢子团。

根茎或根组织受侵染后腐烂，整株萎蔫死亡。在果品生产区，受侵染的植株在重新生长前就有可能死亡。切开被侵染植株的根茎部，内部组织硬，呈红褐色，而健康组织是浅黄褐色。根茎组织可均匀变色或呈棕色条纹状。类似的变色也可由疫霉引起，不过其颜色更深。结合茎、叶部和果实上的症状有助于区分炭疽病，因为疫霉不会引起这类症状。如果对萎蔫和根茎及根部病害的病因不确定，可以把草莓的病组织拿到实验室让专家分析找出特定的病原菌。

植株的萎蔫、衰弱是田间炭疽病发生最明显的迹象，但是茎斑或者典型的根茎症状通常发生在受侵染植株的衰弱之前。偶尔在根茎腐烂的植株叶片上出现小的黑色或浅灰色斑点，通常是植株根茎的腐烂。炭疽病菌有时候侵染花蕾，杀死花器官和正在发育的幼果。秋植草莓上，被中度或轻度侵染的植株生活力下降，产量降低，肉眼几乎看不到症状。夏植草莓更可能在坐果前衰弱，因为较高的温度利于病害的发展。

在苗圃地日中性的品种上，能发生果实的侵染，为根茎部的侵染提供了接种体来源。在果实表面可见凹陷的褐色斑点，被感染的组织干硬。在生产区，果实腐烂很少见，但是如果存在病株，再加上一段时间的温暖多雨天气，就会发生炭疽病。

炭疽病在匍匐茎上的症状为凹陷、深色的透镜状病斑。叶斑病也能引起相似的症状，但是其表面不凹陷。

炭疽病发生在根茎处可能导致草莓植株萎蔫死亡。

如果切开受炭疽病侵染植株的根茎，可见根茎组织变为红褐色。上面是未受侵染植株的根茎组织。

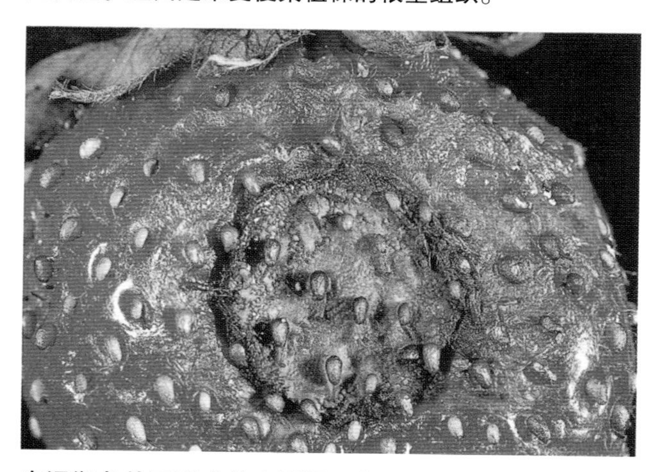

在湿润条件下形成的大量橘红色或肉色孢子团，是炭疽病的典型症状。

炭疽病发生在花上能导致花器官和正发育中的幼果死亡。

季节发展

在加利福尼亚州，草莓炭疽病是由尖孢炭疽菌（*Colletotrichum acutatum*）引起的。在没有寄主植物的情况下，该病原菌能在土壤中至少存活9个月。如果将草莓种植在带菌的土壤中，当土壤被雨水或灌溉水溅到草莓的根茎或茎上时，草莓就会被侵染。在熏蒸过的田间，病害通常源于受侵染的苗圃母株。但是，病原菌也可能通过田地里器械上的带菌土壤或农场工作人员带入，也可能由附近杂草寄主带到飞溅的水中。繁缕、琴颈草和巢菜是它的常见寄主，许多其他的杂草也是它的寄主。

潮湿的天气和15～30℃的温度利于炭疽病的发生和传播，尽管在比较冷凉的条件下其发展缓慢。此时孢子可产生并通过风或飞溅的水传播去侵染健康植株的茎和根茎，有时也侵染正在发育的果实。果实发育的任何时期都可能被侵染。一般认为，在加利福尼亚州的气候条件下，只有使用移栽病株栽培时，熏蒸过的果实生产区才会出现根茎腐烂。

防治

土壤熏蒸能杀死土壤中大部分的炭疽病菌。在苗圃地，使用滴灌代替喷灌能使之后在果实生产区的炭疽病引起的草莓子株的死亡率降到最低，同时也能减少与之相关的产量损失。热水处理受侵染的植株可以减少尖孢炭疽菌的数量，但不能完全将其除掉。种植前用一些杀菌剂浸根能减少植株的死亡率并提高受害植株的生活力。热水处理在即将种植在苗圃地的植株上使用，但不推荐将种植在果品生产区的植株上使用。使用热水处理控制炭疽病菌和其他有害生物将在第四章草莓苗圃中有害生物的控制中讨论。苗圃地不够冷的话会增加植株对炭疽病的感病性。

在果品生产区，对红蜘蛛和其他害虫的常规监测期间要注意查看炭疽病的症状。在苗圃地，整个季节都要定期监测炭疽病和其他能在植株间传播的病害。密切关注正在发育中的日中性品种草莓的果实。为了避免果实受侵染和孢子的形成，最大限度地去掉苗圃地植株上结出的果实。若果实病害发生在田间小部分区域内或在植株根系未发育好之前，使用杀菌剂能阻止病害进一步传播，并降低根茎受侵染的程度。若果品生产区在生长季后期发生炭疽病，叶部喷洒内吸性杀菌剂能减少果实感染的发生率。查询在建议阅读中列出的书籍《UC IPM 有害生物综合防治指南：草莓》找出最新的防治建议。在苗圃地，将日中性品种和短日照品种间隔种植能减少病害传播的可能性。拔除和销毁严重感染的植株，并注意不要传播受污染的土壤。注意人和设备不要带土在田间移动。收获种苗时去掉有病害症状的植株，若炭疽病发生在果品生产区，不要将受侵染地区的土壤和植株器官传到田地的其他地方。

疫霉冠腐病

疫霉（*Phytophthora* spp.）

疫霉冠腐病在加利福尼亚州草莓上通常是次要问题。然而，能够引起草莓根茎和根部病害，造成腐烂的疫霉属的一些种分布广泛，在有的年份，在一些地区的某些品种上它们能造成严重的损失。种植在质地细、排水不良、灌溉过度的土壤中草莓极有可能发生茎叶腐烂，持久的潮湿天气也易发生此情况。在经过适当熏蒸的果品生产区，出现疫霉属问题的重要原因被怀疑是苗圃的侵染。引起冠腐病的疫霉属中的一些种也能导致疫霉果腐病。

土壤潮湿有利于根茎腐病的侵染，其症状因水分胁迫而加重。发病初期，会看到植株生长矮小或幼叶萎蔫，此症状可出现在生长季里的任何时期。随后萎蔫会蔓延到整个植株，一些叶片变红，萎蔫的植株最后枯死。矮化的植株通常在随后的生长季中依然矮小。

疫霉冠腐病的根茎组织变色、腐烂，有别于其他的根部和根茎病害。腐烂通常起始于根茎的一个点，然后围绕根茎扩展直到包围整个植株。此时根部可能依然是健康的。切开受害的根茎，被侵染的区域呈现水渍状且呈均一的褐色。维管组织不变色。被炭疽病菌侵染的根茎组织变得比较硬，肉桂褐色颜色加深。区分疫霉冠腐病与炭疽病最可靠的方式是将植物组织拿到实验室分析以确认病原菌。

在生产田，土壤熏蒸加上良好的栽培措施通常对防治疫霉足够了。土壤熏蒸能消灭土传病原菌。使用经认证的种苗、避免土壤排水不良、精心备地以便在雨天提供良好的排水。这在土壤质地细的田间很关键。在准备田地和建造高的种植床期间，采取一些措施改善排水状况，如翻地和适当加高土地。仔细监测灌溉状况以便防止灌溉过度和不均。在对疫霉问题易感的田里，栽培那些不易感病的品种。在中心的海岸种植区，例如，品种 Albion 和 Aromas 比 Diamante 更耐疫霉冠腐病。即使栽培的是耐病品种，良好的栽培措施也是必需的。疫霉的接种体能随被感染田地的水传播，因此，不要使用灌溉水或湿润田间道路的水来控制灰尘。疫霉也能随灌溉水传播到行间或种植床。如果栽培的是感病品种，而且田间历史资料或环境状况显示有病害发生的风险，建议栽种前用杀菌剂浸泡和叶部喷施或者滴灌药剂进行防治。

受疫霉冠腐病影响的草莓植株萎蔫死亡，在萎蔫植株上的一些叶子变为红褐色。

疫霉冠腐病的根茎组织变褐（左边）。

受红中柱根腐病菌侵染的草莓根从根尖向上腐烂。

红中柱根腐病

草莓疫霉（*Phytophthora fragariae*）

红中柱根腐病在加利福尼亚州很少见，土壤熏蒸和一年一次种植是控制此病最重要的措施。该病害的特征是幼根从根尖向上腐烂，腐烂区域往上的根中柱输导组织中柱变红。在高度感病的植株上，变色能扩展到根茎部位。被有黑色木栓层的老根不会出现红柱症状。被严重侵染的植株生长矮小，老叶变黄或红，幼叶变蓝绿色。侵染不严重的植株生活力下降，但是地上部分没有其他肉眼可见的症状。

在没有寄主的情况下，引起红中柱根腐病的草莓疫霉能产生具有抗性的孢子在土壤中存活几年。冷凉、潮湿的土壤状况利于它的发生和传播。该病害的防治可采用控制疫霉冠腐病的措施：土壤熏蒸、每年定植通过认证的种苗子；通过土壤翻整、适当提高土地地势、建立高种植床以改善土壤排水状况；避免使用排水性差的土壤；避免灌溉过度。

受红中柱根腐病病原菌侵染的幼根中柱（输导组织的中柱）在根部腐烂的部分之上变为红褐色。

黄萎病

大丽轮枝菌（*Verticillium dahliae*）

黄萎病对于种植在用足够量的氯化苦熏蒸过的土壤中的草莓来说不算什么问题。其病原菌是一种土传真菌，能够侵染植株的根和水分输导组织。

在果品产区，黄萎病的发生主要是由于土传病原菌侵染或者是使用了已被侵染的种苗。在地势高的苗圃地，因为进行常规的播前土壤熏蒸，很少见到受侵染的苗子。当种苗在定植时受侵染时，它们在定植后的一段时间才会表现出症状。通常它们到冬季末才开始生长，但和健康苗子比起来相对矮小，许多会过早地死亡，但无论如何也不会产出可以上市的果品。

当黄萎病的发生是由于在果品生产区被侵染所致时，植株只在晚春果实生产开始才表现出典型症状。老叶边缘和叶脉间变褐，可失绿或萎蔫。随着病害发展，叶片干枯。最终，整个植株萎蔫死亡，但是经常会有一些小的幼叶依然活着，植株生长严重矮化。黄萎病的特征是最老的叶变褐而幼叶依然是绿的。如果切开受侵染植株的根茎，有时会看到维管组织变褐。病害发展的速度和扩展程度受栽培品种的感病性影响。

黄萎病菌能侵染大部分阔叶植物，没有寄主时能在土壤中存活多年。在番茄、马铃薯、棉花或莴苣种植田，轮枝菌的数量可能最高。

可能的话，避免在质地细的土壤中栽植草莓，因为它们很难进行适当的熏蒸处理。避免在检测到病原菌或者以前种植过感病作物的地块种植草莓。如果在黄萎病有可能成为问题的地区种植草莓，要选择那些比较耐病的品种（参照已在建议阅读中列出的《UC IPM 有害生物防治指南：草莓》，关于草莓栽培品种的特点）。夏季有足够的日照和温暖天气，可以对建好的种植床进行太阳能日晒，以降低病原菌的水平，但尚不知道用这项技术能否减轻草莓黄萎病的发生。种植覆盖作物黑麦或黑麦草有助于减少土壤中轮枝菌的数量。种植花椰菜作为轮作作物并收获时作为绿肥能明显降低土壤中病原菌的数量，如果轮枝菌数量中等，此方法是经济可行的。

感染黄萎病的草莓植株外部老叶变褐死亡，而幼叶仍为绿色。

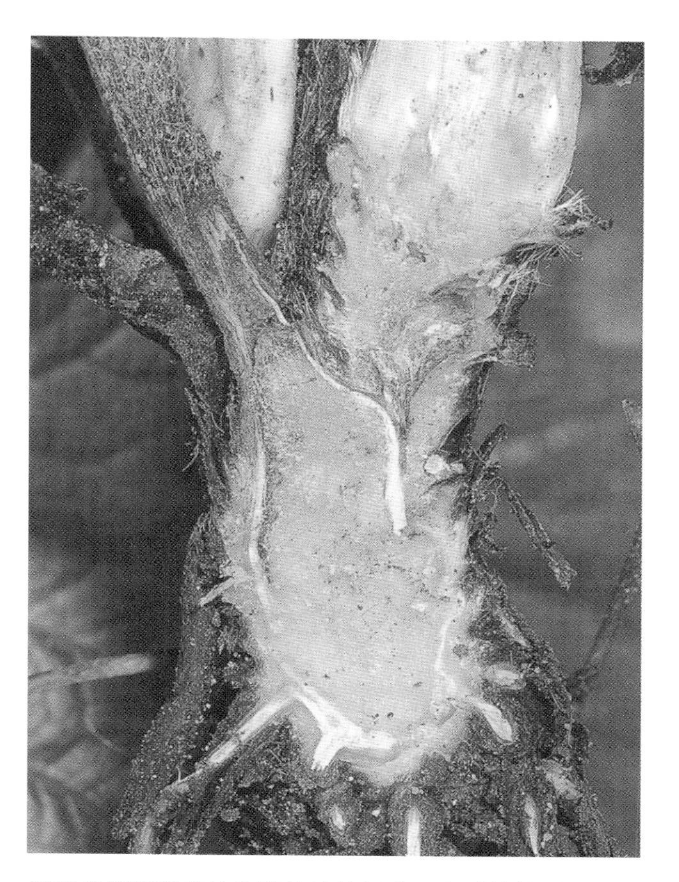

切开感染黄萎病的草莓植株的根茎，有时能够看到维管组织褐变。

黑根腐病

黑根腐病，或黑根病，是在未熏蒸过的土壤中种植草莓的常发病害。它是由根部损伤和病原菌侵染共同引起的。被侵染植株的根部变黑，慢慢凋萎。这种病害与几种土壤真菌如腐霉属（*Pythium*）和柱孢属（*Cylindrocarpon*）的一些种密切相关。黑根腐病没有红柱或根茎变色症状，能够与其他的根病和根茎病区分开来。土壤熏蒸和建立排水性好的种植床能防止黑根腐病成为主要的问题。

炭腐病

菜豆壳球孢（*Macrophomina phaseolina*）

炭腐病（Charcoal Rot）是一种根部病害，发生在地势低的苗圃地。天气炎热时，在缺水的植株上发生这种病害。地上部分的症状与萎蔫、衰败及由炭疽菌引起的根茎变色或者疫霉果腐病相似。然而，受侵染的植株，根部整个都变为深褐色，这能区分炭腐病与其他的根部和根茎病害。进行土壤熏蒸通常能使炭腐病的危害控制在经济损失水平之下。只要能采取良好的栽培措施，避免植株受环境胁迫，通常就能控制好炭腐病。

非生物性病害

草莓的非生物性病害是由于必需的养分或盐分的缺乏或过量、不利的生长条件或对某些农药产生的植物毒性反应引起的。运用良好的栽培措施并使用推荐的有害生物控制技术加以防治，其防治的焦点主要在于减少农药带来的潜在危害。

营养缺乏

只要种植者采用推荐的栽培措施，营养缺乏的情况很少发生在草莓上。营养缺乏的症状主要表现在叶部，但是有些时候果实的外观和质量也受影响。当在土壤中移动性差的（less-mobile）营养元素如硼、铁和锌缺乏时，症状首先表现在最幼嫩叶上。若可移动的元素如氮、磷、钾缺乏时，症状首先出现在老叶上。因为植株可以把这些元素从老叶转移到幼叶以满足幼叶的需要。注意土传病害的早期症状与营养缺乏的症状相似，有可能被混淆。

给植株提供足够均衡的矿质营养能避免营养缺乏。播种前的土壤营养测定能帮助确定大部分营养元素的需求量。尽管叶片中营养元素的浓度临界范围（低于或高于某个浓度范围，产量就下降）在加利福尼亚州草莓上还没有确定，但是在生长季进行组织测定能够帮助诊断营养缺乏症。许多症状能通过滴灌系统得到调整恢复，在第三章“草莓有害生物防治”，有进行和诊断土壤和组织测定的说明。若在生长季施肥，确保肥料用量是植株最小的需求量，不要过度施肥，这有可能造成土壤中盐分聚集并污染地下水。

氮 缺氮的植株叶片均匀变黄或橙红色。老叶先表现症状，这可区分缺锌或缺铁导致的黄化症状。叶片沿着叶脉的部分保持绿色的时间最长。叶

草莓缺氮，幼叶（左上）依然是绿色，而老叶变黄。最老的叶子（右下）变为浅绿色，通常带有红色。

柄可变为淡红色。开花减少，果实变小且过甜。滴灌施氮肥可缓解缺氮症状。

磷 缺磷会引起老叶变为深绿色，叶片正面出现金属光泽，背面略带紫色，叶脉呈现蓝色，果实变小。在种植前，通过土壤测试确定田间磷的需求量。在草莓种植地区，缺磷的情况不常见。生长季中出现的缺磷可通过滴灌施肥得到缓解。

钾 缺钾的症状常在结果以后出现。老叶变紫黑色，干枯，而最幼的叶片依然健康。变色开始于叶缘处，向叶基部发展，并影响叶脉间的组织。叶柄和叶片下部变黑，变干。最幼的叶片不显症状，这可以区分缺钾和缺硼。受影响的植株，果实着色不全，尝起来无味儿。种植前对土壤进行测试确定田间钾的需求量，并施用推荐的量。若生长季出现了缺钾，施用硫酸钾能够缓解症状。

锌 缺锌是加利福尼亚州草莓上最常见的营养缺乏症之一。缺锌的植株幼叶变黄，其叶脉和叶缘依然是绿色，绿色的叶缘是缺锌表现的典型症状。随着叶片的生长，变得畸形窄小，呈现淡红色。果实变小、数量减少。通过组织测试分析能确认是否缺锌。在生长季，可叶部喷施或滴灌硫酸锌或螯合态的锌来缓解症状。然而，最好的方式是开始种植前若土壤测试显示有对锌的需求就施用含锌的肥料。

缺磷引起草莓叶片背面带有紫色。

缺钾的草莓植株从边缘开始颜色变暗，颜色变暗会沿着中脉靠近叶片基部发生，症状首先出现在最老的叶子上。

缺锌植株最幼小的叶片叶脉间变黄，叶片边缘为绿色是缺锌的典型症状。

硼　硼不足会导致根部生长受阻，地上部首先表现为幼叶皱缩、叶尖发黄或焦枯。花变小，花瓣极小，产出的花粉量很少，这将导致形成小的表面凹凸不平的果实，几乎没有种子。根部变短粗，颜色变深。中度的硼缺乏会导致果实不能完全发育，叶脉间发黄。在加利福尼亚州果品生产田，很少看到硼的缺乏。种植前可通过土壤测验确定土壤需硼量，生长季可通过组织测验确定植株是否缺硼。组织含硼量低或许是由根部吸收问题导致的，因此，最好同时也进行土壤测试。若土壤含硼量低于 0.1 ppm，那就说明是缺硼了。通过叶面喷或滴灌含硼的溶液能缓解症状，不过要小心施用，草莓对硼特别敏感，稍微过多就能危害植株。叶面喷施更容易导致这种情况的发生。有的土壤本身的含硼量就高于草莓生长所需的最适量。请教当地的专家，找出土壤中多大浓度最合适以及对你来讲最好的改善措施。如果对他们的建议有所怀疑，可先在一小块面积上进行试验。

铁　铁不足能导致幼叶大部分变黄，但叶脉为浅绿色。若铁严重不足，叶片会变得像漂白过一样，在叶缘叶脉间会出现褐色，紧接着新叶的形成变得

缺硼会导致叶片扭曲生长，从叶子边缘开始变黄，幼叶的顶端变为褐色。

缺铁导致幼叶变黄，叶脉仍是浅绿色的，但叶缘不是绿色，这能区别于缺锌的症状。

更小。缺铁不会影响果实大小和外观，但是产量下降。进行组织测试来确认是否出现供铁不足，在生长季通过叶部喷施或滴灌含铁的肥料缓解症状。如果播种前的土壤测试显示其 pH 值过高，要补充酸来降低 pH 值。高的 pH 值能降低植株对铁的利用。

低温危害

低温能导致花朵凋萎或果实畸形，这取决于低温发生的严重程度和其发生时花的发育阶段。秋天干冷的气候能影响花芽分化，从而使来年春天的果实出现多个尖头。花期 15℃以下的温度会抑制花粉萌发、花粉管伸长，抑制果实的授粉，从而导致扭歪的“畸形”果。这与草盲蝽引起的症状几乎一样。但是，如果仔细观察未发育的果实，受冷害影响的那部分要么不见了，要么比果实的其他部分小得多，而受草盲蝽影响的果实那部分和整个果上其他部分大小几乎一样。而且，草盲蝽危害发生在春末和初夏，而低温冷害在早春和春季中期发生。在花期或果实发育的早期，霜冻也会导致畸形果。生长开始不久出现的开裂的畸形果可能是蝼蛄危害造成的（见第五章关于蝼蛄的讨论）。若花期出现的霜冻杀死了所有的雌蕊，花会变黑，不会有果实发育。

使用风机打破逆温层或者预计温度会降到零度以下时开启洒水装置，能够使霜冻危害降到最低。使用洒水器防霜冻在第三章“草莓有害生物防治”中的栽培措施已经讨论过，在本书后面建议阅读列出的部分书中也有提到。

盐害

草莓对盐分非常敏感。灌溉水或土壤中盐分过高、排水不良、过度施用化肥（包括厩肥）或在湿润的叶子上施肥等都可能导致盐害。

盐害能使叶片变脆，叶缘变褐变干，根部死亡，植株矮小或死亡。在无明显症状的情况下，就可能有严重的产量损失。有时，因施肥造成的盐害在田间具有明显的特征，这与肥料施用方式有关。因排水不良造成的盐分累积在田间造成局部危害。灌溉水中高浓度的盐分则能使整个田块都受到危害。

盐分过多造成的症状与干旱胁迫、缺硼或农药药害造成的症状是相似的。怀疑有盐害问题时可通过组织分析来确认。若组织中钠的浓度高于 0.2% 或者氯的浓度高于 0.5% 表明盐害的存在。通过土壤和灌溉水的测试可以找到引起盐害的根源。土壤、水分和组织分析在第三章草莓有害生物防治或在本书后面建议阅读列出的一些著作中有讨论。若土壤盐分过高，在种植前对土壤冲洗可以降低土壤中的盐分。改善现有的土壤排水系统，然后多灌水使作物达到 ET 需要，能够冲走根部区域的盐分，从而改善盐分积累的状况（见第三章关于盐分管理的讨论）。避免水应力的出现也有助于维持盐分的稀释。利用滴灌有助于保持盐分的稀释和避免水应力。如果打算在浅的黏土层上种植草莓，翻整土地来改善排水状况。如果灌溉水中的盐分浓度太高，应该寻找其他的水源灌溉。

盐分达到毒害的程度导致草莓叶缘变褐变干。

药害

草莓上使用的许多农药都能降低植株的光合活力，对产量和果实大小有不利的影响，通常不引起肉眼可见的症状。危害程度随着生长季使用农药总量的增加而增加，年幼的、生长旺盛的叶片更容易受到危害。天气比较温暖时，危害也就更重。有时候也能看到症状，最可能导致可见症状的是硫磺和克丹菌、二溴磷、油剂、有机磷杀虫剂等一起使用。

农药药害的症状与所有化学物质导致的症状相似。叶片变厚变硬，触及易碎。它们比正常叶片小，可能是扭曲的。叶部和果实呈青铜色或焦枯。叶部的药害与盐害引起的症状相似，日灼或风害能导致相似的果实危害。

为了减少农药带来的药害，27℃以上时不要使用农药。中部沿海地区，结果前如果温度在 21℃以上或结果开始后在 24℃以上也不要使用农药。如果需要在温暖天气使用硫磺，一定要在一天中最凉爽的时刻使用。使用皂类杀虫剂时，一个月不要超过一次，一个生长季不要超过两次。运用建立的监测程序，处理阈值，加上生物的或栽培上的防治技术能使农药的使用量最小。可能的话，选择那些对草莓植株危害最小的农药产品。

雨害

雨水除了能为病害发展和病原菌繁殖体的传播提供有利条件外，还能对草莓果实造成直接的损害。雨水滴落对成熟果面造成凹坑从而使其无法上市。通常，伤口很快被葡萄孢或其他病原菌定殖，被侵染的果实会成为病害进一步传播的侵染源。摘掉所有该收获的果子并除掉那些受雨水损伤的果实以尽可能防止它们成为植株叶冠层的病害侵染源。有的品种比较耐雨害（见建议阅读中《UC IPM 有害生物综合防治指南：草莓》里常见草莓栽培品种的特点的介绍）。

果实着色问题

环境胁迫和生理应激反应能阻碍草莓果实正常的成熟和着色。加利福尼亚州草莓上最常见的果实着色问题是果实白化、绿尖、白肩和果实铜化（bronzing）。这些不正常情况常见于果实生产季的早期，栽培措施能帮助减少果实白化发生的概率。引起果实尖端发绿和肩部发白的原因还不清楚。最近的研究已找到引起果实铜化的可能原因。

雨滴可使成熟的草莓果面出现凹坑，受损部分通常很快被葡萄孢或其他病原菌定殖。

果实白化

果实成熟时期糖分供应不足可阻止果实的着色从而导致果实白化。受害植株的内部组织夹杂粉色和白色，果实糖含量非常低。白化的果实软软的，吃起来无味儿，收获后很快就腐烂。

糖浓度不足是由荫蔽、叶片减少或者营养生长与果实生长之间的不均衡引起的。结果旺盛时期，一段温暖天气之后若出现阴天或者因有害生物导致的叶片突然减少，能降低光合产量以至于不能满足果实发育。长时间的或过于频繁的灌溉或氮肥施用过多会导致营养生长夺取果实生产消耗的可利用糖，此症状在栽培过密的植株上更为常见。由于植株需冷量不够或因移栽而引起的叶片损失所导致的叶片发育不良也会引起果实白化。

良好的栽培措施能减少果实白化的发生：确保植株已经过足够时间的冷藏，栽培间距要足够大，仔细并正确地修剪，合理的灌溉和肥料管理。果实白化经常发生的地区适当提高植株间距是必要的。

绿尖白肩

成熟不均匀的果实如果没有其他情况通常会出现绿尖或者白肩。尖端或萼端的一部分不能成熟，果实其余部分可正常发育成熟。尖端不成熟的组织是绿色，而萼端的为灰白色或白色。果实形状正常，成熟部分的味道也不会受影响。引起尖端变绿和肩部变白的原因现在还不清楚，其症状似乎与成熟期间温度不一致有关，这种现象在南加利福尼亚州的早春常见。成熟不一致的现象在 Chandler 和 Seascape 品种上更为常见。

果实铜化

“铜化”是指果实表面部分或全部变为茶色至浅褐色。在中部沿海草莓产区，铜化一直是严重的问题，但是在有些生长季，能在加利福尼亚州的任何地方发生。正在发育的绿色果实上很容易看到症状，但是在成熟果实上也会出现铜化。果实表面变色的部分随后变干裂开，降低果实品质。干燥的表面使得瘦果（种子）脱离果实，果实手感粗糙。有

白化果实完全成熟时，除了每个瘦果周围的一小部分红色区域外，其他部分仍是灰白色或发白。右边是正常果实。

成熟不均匀导致绿尖，果实完全成熟后果实尖端依然是绿色的。

成熟不均匀影响到草莓果实的肩部，肩部或帽端周围的果实组织依然是白色，而其他部分全部为红色。

时候种子很容易从果实上擦掉。

草莓果实上有3种不同类型的铜化。类型Ⅰ是由节肢动物的取食造成的（蓟马或樱草狭肤线螨），类型Ⅱ是由喷施化学物质如硫磺烧伤造成的，类型Ⅰ和类型Ⅱ都只是影响果实局部表面。类型Ⅲ能够影响整个果实表面，很显然它与喷施化学物质或节肢动物的取食无关。在中部沿海地区，类型Ⅲ在5～8月期间最常见，似乎与炎热、阳光充足的生长条件和过度暴露于紫外线的辐射有关。类型Ⅲ具有最大的经济重要性，它每年都会发生，寒冷冬天过后更为严重，能降低植株的营养生长。

一些草莓品种不易发生类型Ⅲ果实铜化，但是在一些生长季若条件利于其发生，实际上所有的品种都有可能发生。在中部沿海地区，秋冬季节可以采用促进植株营养生长的管理措施，来降低甚至避免此问题的发生，如果实定植期和冬季生长期间足够的营养供应和水分灌溉，在冬季及时对所有种植床覆盖以便能保持土壤温度和促进植株生长。有时，在一天中最热的时候，一周两次20～30 min的喷灌能减少铜化病的发生。应用农药也能够阻止类型Ⅲ果实铜化病的发生，因为这些药剂里面含有UV阻隔剂，能够减少果实接受的UV辐射。在栽培两年的草莓植株植株上，或在使用冷藏苗的夏季定植的田间，都没有铜化病的发生。

铜化类型Ⅲ导致整个果实表面变为浅黄褐色或褐色，这种类型的铜化与节肢动物如蓟马的取食和化学药剂的喷施无关。

日灼

高温和阳光的照射也能导致果实的日灼。受伤的部位变灰色或者脱色，可在果实与太阳照射过的黑色塑料膜接触的部位发生。使用白色的或有色的薄膜，采用合理的施肥和灌溉措施能减少日灼病的发生。

果实形成问题

草莓授粉和花托发育是个复杂的过程（见第二章：草莓生长和发育）。因此，有很多因素会干扰其发育并导致成熟不均匀果实或畸形果。正如这本书前面部分讨论的，有害昆虫（尤其是草盲蝽）和病原体（如葡萄孢、病毒和细菌）能危害发育中的果实，从而导致可上市的果品减少。其他因素涉及草莓本身，一些草莓品种自身授粉率不高，因此更加依赖传粉的昆虫，花的雌蕊败育而不能授粉。开花位置很重要，先结的果发育成正常瘦果的可能性比三级果的要高。环境因素在很多方面能够影响授粉，例如，极度低温或高温能损伤花器官、影响花粉形成、降低花粉的释放率及降低花粉的活力。缺硼会妨碍授粉过程从而导致畸形果。甚至栽培措施，如杀菌剂和其他化学药剂的应用能抑制花粉萌发而导致畸形果。

果实发育早期遇到低温能导致果实严重变形（左边），这容易与盲蝽引起的危害症状混淆。由于低温危害，果实停止生长的区域部分的瘦果比正常生长的区域部分小得多，这与缺硼导致的变形果实上的瘦果的症状一样，不过植株缺硼叶片也有症状。草盲蝽引起的受害区域的瘦果大小和其他部位的大致相同。

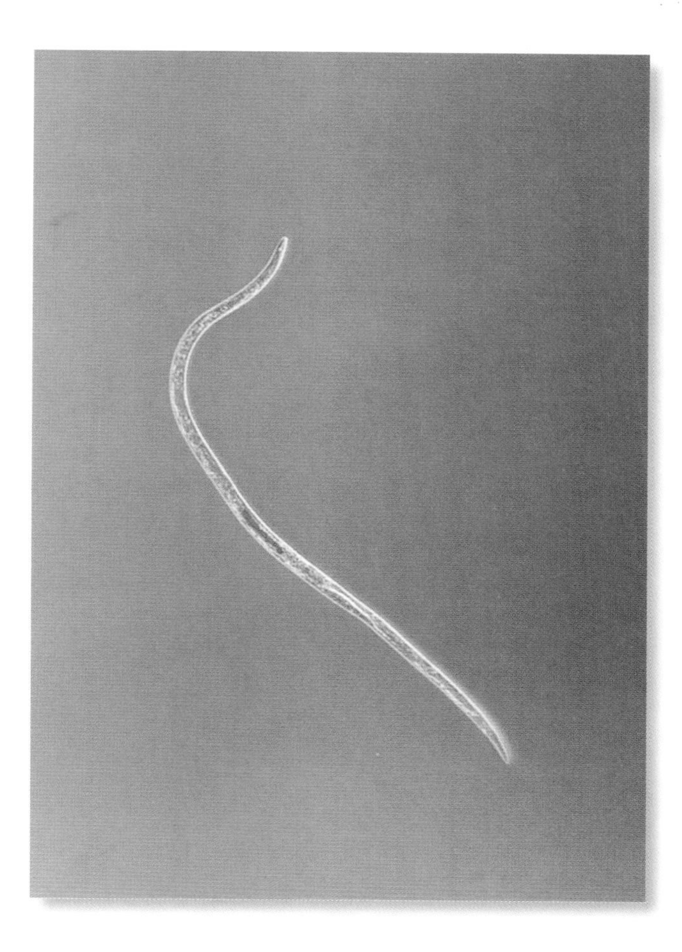

线虫

草莓地中的线虫是些生活在土壤中、水中或植物组织中的小蛔虫。在加利福尼亚州草莓种植者要注意两种类型的线虫：叶线虫和根结线虫。只要使用经过认证的定植苗并且在种植前对田间熏蒸，它们一般不会造成危害。种植者和草莓有害生物防治的专家应该熟悉线虫引起的危害症状，并能识别它们。尤其是在苗圃地，一旦出现有害的线虫种类会妨碍受害植株的销售。

叶线虫
Aphelenchoides fragariae

叶线虫发生在加利福尼亚州所有草莓种植区，但在果实生产区或苗圃地不常见。其侵染范围为：一些一年生观赏植物、蕨类植物、一些水生植物和许多杂草品种（表 17）。在草莓上引起的症状有时称为春矮、春卷或草莓卷曲。叶线虫在寄主植物的地上部分生活和繁殖，通常在根茎内或根茎和叶片上。有时叶线虫在被埋入土中的根茎或叶片里，或在被雨水或灌溉水冲刷掉的根茎或叶片中也可发现叶线虫。它们在受害植株上、表面水中、土壤中或者受污染的田间设备上，能从一个地方转移到另一个地方。

有水分时，叶线虫能从受侵染的土壤中上移到植株表面。它们通过气孔侵染叶片或茎部组织，存活在植物顶部未展开的叶和芽上。被叶线虫取食后，叶片和茎生长扭曲、变色。成虫 1.5～1.7 mm 长。

受叶线虫侵染的芽长出的叶子严重扭曲（左边），右边健康的叶子和左边的叶子年龄一样。

表 17 侵袭草莓的线虫的寄主。

植株类型	叶部线虫 *Aphelencoides fragariae*	根结线虫 *Meloidogyne hapla*
栽培植株	铁角蕨（Asplenium）	苜蓿（Alfalfa）
	秋海棠（Begonia）	菜豆（Beans）
	大丽花（Dahlia）	胡萝卜（Carrot）
	蕨（Ferns）	油菜作物（Cole crops）
	无花果（Figs）	茄子（Eggplant）
	大岩桐（Gloxinia）	葡萄（Grapes）
	木槿（Hibiscus）	芹菜（Lettuce）
	百合（Lilies）	瓜（Melons）
	水仙（Narcissue）	豌豆（Peas）
	报春花（Primrose）	辣椒（Peppers）
	荚蒾（Viburnum）	马铃薯（Potato）
	紫罗兰（Violets）	甜菜（Sugar beet）
		番茄（Tomato）
杂草和本土植物	水盾草（Fanworts）	田旋花（Field bindweed）
	蕨（Ferns）	灰菜（Lambsquarters）
	欧洲千里光（Common groundsel）	锦葵（Mallow）
	石龙尾（Limnophila）	芥菜（Mustards）
	酢浆草（Oxalis）	龙葵（Nightshades）
	眼子菜（Pondweeds）	苦苣菜（Sowthistle）
	芥（Shepherd's-purse）	
	婆婆纳（Speedwell）	

雌虫在寄主叶片里产下许多卵，幼虫孵出后继续在寄主细胞内取食。生活周期在 2 周内能完成，一个生长季会有很多代。

叶线虫危害的症状有植株矮小、叶片皱缩、叶柄变红及果实产量下降。受害叶片的中脉会出现褐色斑点，那里的细胞已经被取食的线虫杀死。花簇的数量下降，每个花序只能长出 1 或 2 朵花。根茎芽也可能死亡。扭曲的叶片非常像由樱草狭肤线螨引起的。果实产量下降是更为明显的症状，且或许是叶线虫出没带来的唯一可见的影响。

根结线虫
Meloidogyne spp.

根结线虫的一些种会出现在加利福尼亚州，对草莓威胁最大的种类是北方根结线虫（*Meloidogyne hapla*）。虽然还有其他种能够侵染草莓根部，但是在加利福尼亚州的草莓上还没有发现能引起危害的其他种。如果在土样中发现很多根结线虫，在定植草莓前应该考虑采取防治措施。

当寄主植物不存在的时候，根结线虫以卵或休眠幼虫的形式存活在土壤里。当温度适宜时，卵孵化，并且像蛔虫那样的幼虫在土里移动以侵染幼根。大部分卵和幼虫能在土壤 60 cm 以上的地方找到，可能与寄主根部分布的区域有关。幼虫能移动 2～3 英尺（多达 1 m）寻找寄主。成年雌虫只有在寄主根内才能找到，它在根内或根部表面会产下一堆卵。只要土壤温度在 10～13℃以上，北方根结线虫依然很活跃。根结线虫的寄主种类很广，随着线虫种类的不同寄主范围也不同。北方根结线虫的寄主在表 17 列出。

根结线虫必须在寄主根内取食才能繁殖，它们的取食使寄主根部细胞变大，并迅速增生。导致出现肿胀，称为虫瘿或节瘤。受侵染的植株根部在根尖处形成虫瘿，虫瘿的上部和周围会有过多的根系生长。线虫活动妨碍了植株对水分和营养的摄入，导致植物生长衰弱，果实产量下降。产量能下降一半或更多，植株可能萎蔫、变黄。

线虫防治

土壤熏蒸结合每年定植认证移栽苗能防止线虫危害，其他的栽培措施如认真选择种植田、田间卫生和轮作也能减少线虫的威胁。对想通过土壤日晒来控制线虫病的人来讲，以上措施更为关键，因为它不如土壤熏蒸有效。对种植在苗圃地的苗热水处理能防止引入有害线虫。在苗圃地，叶片干燥后再进行下一次灌溉能减少叶部线虫的活动。如果按草莓管理程序中的大部分步骤来做，不仅能够控制线虫，还有利于控制其他有害生物。

线虫采样

鉴定引起作物损伤的原因时需要对植物样本进行有关线虫的分析。选择一块新的地方种植时，要进行土壤方面有关线虫的分析。样本也可以用于分析土壤熏蒸的作用。土壤样本在有机种植中尤其重要，因为如果有害线虫种类出现，种植前必须考虑好其他的管理措施。而选择没有潜在威胁数量的田地更关键，因为有机生产可接受的防治方法在减少线虫数量上发挥的作用不大。

对线虫样本分析最好的时间是前茬作物还在地里，这时很容易找到线虫，因为它们通常集中在作物的根部区域，你能收集到有线虫危害症状的植株。提前联系好测试实验室，这样一旦把样本给他们，短时间内就能处理。

按第三章“草莓有害生物防治”表 8 给出的说明，以土壤特征和种植历史为基础将地分成 5 英亩的区或者小一些。用锹或取土管从根部区域取样调查，保证每区样本至少有 15～20 个重复。若没有作物，取 45 cm 以上的土调查。选择潮而不湿的土。在一个干净的水桶中，将从各个区中取样的重复样品完全混合，然后将大约 1 夸克的土量转移到一个塑料袋或其他防潮容器中。

如果你怀疑一些有症状的植株是由线虫引起的，将它们挖出来，放到塑料袋中，确保带有根和其周围的一些土。对健康田地部分的 1～2 个植株也要装入袋中，并相应地做上标签。

用铅笔对样本做上标记以便能识别其来自的区号。同时，在标签上写上你的姓名、地址、电话号码、植株的名称、田地所在地区和有关田地种植历史的信息及植株出现的症状。把标签系在袋子外面。

保证样本是密封的以免它们干掉，在把它们送到实验室前保持冷凉状态（10～16℃最好）。使用冷藏箱或用报纸包裹的隔热箱能保持这个温度。将样本立刻送到实验室，不要耽搁。

以发现线虫的种类、每单位土壤出现的数量（通常每品脱或每升）和提取率作为实验结果。若实验结果表明有叶线虫和根结线虫存在时，在种植草莓前要计划采用防治措施来减少其数量。一些其他种类的线虫对草莓有潜在的危害，它们包括损伤根的短体线虫（*Pratylenchus*）、茎线虫（*Ditylenchus*）、长矛线虫（*Ziphinema*）和长针状线虫（*Longidorus*）。如果它们出现的数量很多（提取后每品脱 100 个），要考虑采取防治措施。若出现短体线虫需要对它的品种进行确认，如果实验结果证实穿刺短体线虫（*P. penetrans*）存在，应采取防治措施。短体线虫属的其他种不会危害草莓。

园地选择和消毒

种植草莓时，选择那些曾定期进行土壤熏蒸并采取其他措施使土壤有害生物数量维持在低水平的土地。对土壤样本进行关于线虫的分析后选择那些有害种类数量少的土壤，也可以在定植草莓前采取措施减少线虫数量。按照本书第三章讨论的关于田间卫生的管理去做以减少将线虫带到草莓地里的可能性。若发现有叶线虫出没，将病株小心拔除以避免线虫的传播并销毁它们。

作物轮作

轮流种植那些非寄主植物是减少线虫数量的一种有效措施。尽管轮作不能让线虫消失，但它能使其他防治措施更为有效。饲料作物如大麦和黑麦是不错的选择，因为它们不是叶线虫和北方根结线虫的寄主。饲料作物的轮作也能够帮助减少侵染草莓的引起土传病害的生物的数量。豆科植物是北方根结线虫的优良寄主，所以轮作它们能使这种线虫的数量增加。轮作作物的杂草管理很重要，因为许多杂草是有害线虫种类的寄主（表 17）。土地休耕也可用于减少线虫数量，1～2 年没有杂草的休耕地能使得线虫的数量低于危害水平。

土壤熏蒸

草莓种植前合理的土壤熏蒸是使线虫数量低于危害水平最有效的方法。按建议的准备土壤的方法整地并且使用推荐的熏蒸剂能确保有效性和安全性（见第三章关于土壤熏蒸的讨论）。注意如果种植的是易受线虫危害的作物，1年内线虫数量能回到危害水平。土壤熏蒸和其他管理措施如轮作结合起来使用时会更有效。

土壤日晒

在土壤能得到足够热量的地区，照射能够使土壤20 cm层以内的线虫数量低于危害水平。如果两周以上每天有6 h以上土壤温度是在45℃以上，那么根结线虫能被消灭。这个量在内峡谷和加利福尼亚州北部能达到。如果地面是平的，日光照射能最大程度地减少线虫数量。增施复合肥中绿肥的量和种植前增加氮肥浓度能够使照射作用增强。在熏蒸的土地上，照射应该与轮作技术结合起来使用从而减少有害线虫的数量。预先进行土壤样本分析帮助选择那些有害线虫种类最少的土地。

合格移栽苗

尽管合格苗木不能保证没有线虫，但是在苗木认证期间的检查意在阻止有害线虫种类的传播。用在经鉴定的田间里的定植苗的叶和根会在实验室进行分析来看有无叶线虫和根结线虫的存在。国家农委会监督土壤熏蒸的过程，在生长季，从认证的田间取植株并分析看有无线虫。使用合格苗木能最大限度地降低将叶线虫和根结线虫带到草莓地里的可能性。认证过程在第四章草莓有害生物防治中会有更详细的介绍。

热水处理

热水浸泡能够消除出现在植株上的叶线虫和大部分根结线虫。此方法推荐在用于苗圃地的苗，但不推荐使用在果品生产田里的苗，因为热水处理能够使植株生长衰弱。热水处理在本书第四章有讨论。

杂草

杂草与草莓竞争，影响收成并增加生产成本。在生长季早期，草莓植株很小，加上频繁灌溉给杂草繁殖提供了理想的环境条件，因此杂草很容易侵入草莓田间。草莓植株的浅根系使其易受杂草争夺土壤养分的影响，矮小且平卧的草莓的叶片冠层在光的竞争上也弱于植株较高的杂草。

一年生杂草能减弱草莓植株的生长并降低产量，造成的问题最严重。在经过土壤熏蒸的草莓田里，危害最严重的有小花锦葵、多型苜蓿、草木樨、牻牛儿苗和鼠曲草，因为它们的种子在经过土壤熏蒸后仍可以存活。此外还有苦苣菜、毛飞蓬、三裂叶豚草和欧洲千里光，因为它们能产生大量风媒传播种子，在土壤熏蒸后，可重新侵入草莓田间。在未经过土壤熏蒸的草莓田里，一年生早熟禾、稗草、芒稷等能造成严重危害。在使用种植床熏蒸或者滴灌法熏蒸的草莓田里，行中间没有被处理过的地方，杂草会生长很旺盛。没有被熏蒸的缓冲带也可能是杂草生长的地方。这些杂草必须通过耕作、手除或使用除草剂来控制。

如果不控制，多年生的杂草会遮蔽草莓，可能造成此类危害的多年生杂草有田旋花、狗牙根和油莎草。土壤熏蒸无法控制田旋草，因此种植草莓的时候避免将其引入田间。熏蒸剂如 1, 3-D 三氯硝基甲烷和威百亩对油莎草的控制效果不佳。若不打算进行土壤熏蒸，不要在有多年生杂草的田间进行草莓种植。深耕彻底翻土是阻止油莎草入侵的一种有效栽培措施。

防治方法

防治草莓上杂草的有效办法通常包括地块选择、栽培措施（如轮作、田间卫生管理、人工除草和地膜覆盖）、种植前土壤熏蒸和必要时使用除草剂。杂草控制计划最基本的策略是在种植前清除杂草并且之后防止杂草进入。在使用透明或半透明的聚乙烯薄膜覆盖的田地，早期生长季节的杂草控制必不可少，因为这种薄膜非但不能阻碍杂草生长，反而促进它们的生长。控制生长在薄膜下的杂草很困难而且费时。在种植后未覆盖塑料薄膜时，可以使用中耕、人工除草和除草剂。覆盖薄膜后，就只能用人工除草了。对于不使用薄膜覆盖的苗圃地，在植株生长封行之前，依靠种植前土壤熏蒸、中耕，以及种植后人工除草的方法来控制杂草。

园地选择和消毒

选择田地是杂草管理的关键手段。不要将草莓种植在有多年生杂草——尤其是田旋花入侵的田间，因为几乎没有有效的手段能控制它。如果可能的话，选择那些难控制的一年生杂草如小花锦葵、多型苜蓿、牻牛儿苗和鼠曲草相对较少的田间。

预防杂草是管理杂草问题最好方式之一。将在有多年生杂草的田间工作使用的工具都清洗干净，避免将杂草带入没有被入侵的田间。人工除草或使用除草剂能防治侵入田间的杂草产生种子。对拔除并销毁多年生杂草和一年生杂草如马齿苋的人员进行培训，因为如果马齿苋的根部依然和潮湿的土壤接触，它还能够生长。在苦苣菜、三裂叶豚草和欧洲千里光开花前拔掉。这些杂草能产生大量的风播种子，能迅速重新侵扰新种植的草莓。控制沿田地边界和其附近区域的杂草以阻止它们传播到熏蒸过的地里。在中部沿海种植区域，毗邻区域的杂草控制也是草盲蝽防治重要组成部分。

耕作和人工除草

新定植的植株生长期间维持土壤潮湿条件也有利于杂草萌发。此时，防止杂草出现是非常关键的，因为它们的生长能够迅速超过草莓幼株。经常观察田地看有没有杂草出现，需要的话让除草人员检查田间。只要土壤状况允许，覆盖塑料薄膜前，可以利用单面刀片和除草铲除掉犁沟里的杂草。

种植床顶部的杂草在薄膜覆盖后要人工除草。定期进行的较为彻底的人工除草能够很好地替代熏蒸后应用除草剂，这是苗圃地种植后杂草控制主要的手段。要频繁有规律地除草防止其结籽或与草莓生长竞争。对除草人员来讲，能识别哪些植株是无性繁殖的，哪些植株能产生大量种子，或者哪些植株遗留在潮湿的土壤中能够重新生长是非常重要的。例如，田旋花、狗牙根、油莎草、马齿苋、苦苣菜和欧洲千里光。指导除草人员拔除并销毁这些杂草，并确保他们很小心地操作，不要弄断种植床下的滴灌管。

作物轮作

轮作是杂草防治中的重要部分。轮作作物可以是莴苣、油菜等商品作物，或是以小粒谷类作物（大麦、黑麦、燕麦或小麦）作为覆盖作物，或是绿肥作物。在种植周期允许和灌溉水相对便宜的地方，轮作中也可以利用苏丹草作为每年的夏季绿肥作物。集约化栽培的蔬菜如莴苣或油菜作物参与的轮作有利于控制许多杂草问题。密植的覆盖小粒谷类作物或芥菜类覆盖作物能与杂草生长激烈竞争，比豆科覆盖作物对杂草防治的作用更大。另外，在轮作中可使用多种除草剂，例如，阔叶除草剂能用在小粒谷类作物上，传导型除草剂能够帮助控制田旋草的入侵，触杀性除草剂能够控制无法靠土壤熏蒸控制的阔叶多年生植物。油莎草可以在与辣椒和芹菜（两种常见的蔬菜轮作作物）轮作时进行除草剂控制，而这些除草剂在草莓上是禁用的。

土壤日晒

经研究，土壤日晒可以代替土壤熏蒸来控制杂草和土传有害生物。在强光、气温高、风少的地方使用土壤日晒技术很有效，这些地方能使土壤达到足够温度以杀死杂草种子和浅根系多年生的繁殖体如狗牙根的根茎和油莎草的块茎。日晒能杀死田旋花和大部分一年生杂草如小花锦葵和牻牛儿苗的种子。通常要在一年最暖的时候日晒至少六周，才能杀死敏感的杂草。在中央海岸的内陆地区，可能需要12～15周。在大部分中央海岸沿海的草莓种植区日晒不是很有效，因那里靠近海洋，云、雾和风妨碍了土壤升温。为了更有效地除草，必须在种植床建成后照射，塑料薄膜要与土壤紧密接触，土壤水分保持在或接近田间持水量。滴灌管在日晒前或后安装都可以。在第三章“草莓有害生物防治”和建议阅读中提到的《土壤日晒：一种不使用农药控制病害、线虫和杂草方法》（*Soil Solarization: A Nonpesticidal Method for Controlling Diseases, Nematodes and Weeds*）中有更详细的讨论。

聚乙烯薄膜覆盖

植株管理和果实生产使用的聚乙烯薄膜和日晒使用的薄膜不同。种植前或后覆盖透明聚乙烯薄膜能够增加土温和加速早期结果，但是不能阻止杂草生长。同样地，夏季栽培使用白色聚乙烯薄膜能降低土温，对杂草控制也几乎没作用。然而，正面白色反面黑色的塑料薄膜如果让其正面朝上，既能降低土温又可以阻止杂草生长。若使用白色或透明的塑料覆盖，早期生长季有效的杂草控制是必需的。将薄膜底下的杂草除掉费力、费时、成本昂贵。薄膜覆盖前，先进行熏蒸剂的滴灌，之后对种植床和犁沟使用除草剂。使用土壤熏蒸（可行的话用日晒）杀死大部分杂草种子，然后进行早期生长季的人工除草或应用除草剂控制新生的任何杂草。

不透明的聚乙烯薄膜如那些黑色的、褐色的或者绿色的能够阻止种植床上大部分杂草的生长，蓝色聚乙烯薄膜例外。然而，有颜色的薄膜没有透明的使土壤增温效果好，导致植株结果晚，产量下降。当温度达到32℃时使用黑色薄膜会灼伤果实，这种膜在不求早产丰产的有机田中可以使用。使用一面是白色一面是黑色的塑料薄膜并把白色面朝上能避免灼伤果实。用不透明的塑料薄膜进行杂草防治时，还要配合人工除草去除犁沟和草莓植株生长的膜孔周围的杂草。供草莓生长的膜孔要尽量小以减少植株周围杂草生长的可能性。例如，可以尝试切成瓣状或通过裂缝种植而不切成圆洞。

熏蒸剂

种植前用1,3-二氯戊烷（1,3-D）和三氯硝基甲烷混合物、三氯硝基甲烷或者威百亩熏蒸能杀死大部分杂草的种子和一些多年生植物的繁殖体。几乎所有熏蒸剂使用技术要么是熏蒸后立即薄膜覆盖，要么通过滴灌系统在薄膜下注入。熏蒸剂如1，3-D和氯化苦的滴灌注入比开沟注入对杂草的防治效果要好。为保证在种植床边缘也有好的效果，熏蒸剂注入期间保持种植床彻底湿润很重要。使用该技术时，仅仅是对种植床进行了处理，行间没有被熏蒸。人工除草或使用土壤除草剂能够控制行间的任何杂草。

土壤熏蒸剂不仅可以杀死刚出芽的幼苗，还能杀死未萌发的种子。在加利福尼亚州那些可用在草莓上的熏蒸剂通过抑制呼吸实现其除草功能。不过为了杀死杂草种子，熏蒸剂必须能够穿过种皮，杀死种子胚。潮湿的种子更容易被熏蒸杀死，因为其吸水膨胀，使得熏蒸剂更彻底地渗入。并且它比干燥种子的呼吸速率高，这也使它们更易被杀死。土壤中大部分多型苜蓿和锦葵种子处于休眠期，很难被熏蒸剂杀死，因为休眠的种子种皮不透水，限制了水分和化学物质进入。熏蒸前的灌溉能打破一些种子的休眠，使得它们变得易受熏蒸剂的影响，同时也能使未休眠的杂草种子萌发，萌发的杂草幼苗反而更易被熏蒸杀死。熏蒸前合理的灌溉是熏蒸剂有效控制杂草的关键之一。

除草剂

在草莓杂草管理上，除草剂非常重要，它们可以和中耕、人工除草、良好的作物管理结合起来使用。

依据使用时期可以将除草剂分为植前除草剂和植后除草剂两类。绝大部分除草剂应用于土表，通过雨水或灌溉发挥作用。能在杂草种子萌发前或萌发期间将其杀死的除草剂通常被称为萌芽前除草剂。乙氧氟草醚除草剂必须在移植前30天使用，对控制牻牛儿苗、小花锦葵和三叶草等尤其有效。种植后土壤施用除草剂DCPA和敌草胺对控制一些阔叶杂草和不能被熏蒸剂杀死的草类有效。为了使除草剂安全有效，必须在覆盖薄膜前使用，这样它们能被淋溶到种植床表层几英寸土壤中。这些药剂可能会延迟结果降低产量。敌草胺抑制匍匐茎生长，所以在苗圃地不使用它。在潮湿、薄膜覆盖的种植床上，它会很快失效。

叶施除草剂施于年幼杂草的叶片。触杀性除草剂百草枯应用在草莓种植前出现的杂草上，在定植后和收获前至少21天可直接喷洒在行间（犁沟）。种植后叶施除草剂烯草酮和烯禾啶（和辅助剂一起使用）能控制大部分杂草，尽管烯禾啶不能控制一年生早熟禾。薄膜覆盖后，苗后除草剂应用价值有限，因为杂草叶片只暴露在种植植株的洞里和行间。普通的易受草莓可用除草剂影响的杂草种类列在建议阅读中出现的《UC IPM有害生物综合防治指南：草莓》。

杂草种类监测与鉴定

在制定杂草管理计划前，必须知道出现的都是些什么杂草和它们的位置，并清楚它们的数量及它们是否还在增多。大部分草莓除草剂应在杂草出现之前应用，因此在杂草出现之前就要预料到。还要知道那些能够在熏蒸后还存活的杂草如小花锦葵是否存在，以便能采取早期的防治措施。例如，乙氧氟草醚能有效控制小花锦葵，但是必须在种植前

30天使用才有效。这种情况下，需要调查先前种植的作物以便知道小花锦葵侵入过的地方。关于杂草的名称、数量及出现的地方来自整年常规的杂草调查。了解地里和毗邻区域出现的杂草种类及其数量变化。种植后的前3～4月每3周至少监测一次杂草，因为这个时期田间条件利于杂草的萌发。在以后的生长季里，在做关于螨类和其他有害生物的调查时留意杂草就行。

当进行杂草调查时，系统合理地步行穿过田间并估计杂草入侵的程度。调查路线的例子将在第五章有关二斑叶螨的监测中讨论。本章节的描述和图片帮助你识别出现的杂草种类。印好的调查表，如图31所示，对长期记录你所发现的内容很有帮助。画个田间草图并标明你发现多年生杂草和难以控制一年生杂草如小花锦葵、多型苜蓿和草木樨的地方。草图能够指导人工除草、帮助重新核

种植者______________________________调查日期______________

田间位置______________种植日期______________前茬作物______________

机械防治 / 除草剂 / 应用日期______________________________

注解______________________________

说明

- 无规则地穿过每块田地，在你的杂草调查表上划分出每种杂草类型侵染的程度。用数字1～5或者用“轻微”、“中等”或“严重”表示不同的程度。
- 检查被篱笆占据的土地、沟渠地、田地边缘和潮湿的地块，因为这些地方可能是杂草生长的问题地方。
- 记录下杂草结出种子的位置。
- 检查田地边缘的区域，因为这些区域可能是被风散布种子的潜在源头。
- 特别注意多年生杂草。
- 作一个草图并且标出主要杂草侵犯的区域。

几年收集起来的信息能够告诉你杂草数量是怎样变化的以及采用的管理措效果怎么样。

杂草	级别	幼苗或成株
夏季一年生阔叶杂草		
飞蓬（Fleabane），多毛（hairy）		
三裂叶豚草（horseweed）		
墙生藜(Goosefoot)，荨麻(nettleleaf)		
灰菜（Lambsquarters）		
藜（Pigweeds）		
马齿苋（Purslane）		
蒺藜（Puncturevine）		
猪毛菜（Russian thistle）		
大戟（Spurge）		
夏季一年生禾草		
稗草（Barnyardgrass）		
冬季一年生阔叶杂草		
繁缕(Chickweed)，普通(Common)		
牻牛儿苗（Filarees）		
水芥菜（London rocket）		
锦葵【Mallow（cheeseweed）】		
芥菜（Mustards）		
荨麻（nettle）		

杂草	级别	幼苗或成株
冬季一年生禾草		
野大麦（Hare Barley）		
早熟禾（Blue grass），一年生		
黑麦草（Ryegrass），意大利的		
野燕麦（Wild oat）		
冬季或夏季一年生阔叶杂草		
鼠曲草（Cudweed）		
千里光(Groundsel)，普通(Common)		
水飞蓟（Milk thistle）		
香甘菊（Pineapple weed）		
刺莴苣（Prickly lettuce）		
苦苣菜（Sow thistle）		
二年生		
草木樨（Sweetclovers）		
多年生		
狗牙根（Bermuda grass）		
田旋花（Bindweed）		
油莎草（Nutsedge），黄（yellow）		

图31　杂草调查表的例子。

对被入侵的区域和在轮作或未耕作期间采取专门的防治措施。若不使用印好的表格，每个生长季对田间做些充分的记录并将其作为田地种植史固定的一部分保存起来。当你想密切注意杂草数量变化和作防治策略时，几年收集的杂草调查信息将会非常有用。

草莓地主要杂草种类

依据草莓田杂草的生命周期和结构特征可把它们分为三种类型：多年生杂草，其营养器官可存活很多年；一年生或两年生的阔叶杂草；一年生禾本科草类。杂草类型不同，其防治方法也不同。有些杂草可通过辨认营养器官来进行识别，如图 32 中的一些介绍。特定区域最常见的杂草问题是由其地理位置、当地的生长条件和栽培措施决定的。在所有的草莓果实生产区，小花锦葵、多型苜蓿、草木犀和牻牛儿苗是危害最严重的杂草，因为它们的种子经过种植前的土壤熏蒸后依然能够存活。苦苣菜、欧洲千里光、刺莴苣、鼠曲草和三裂叶豚草也是问题，因为它们的风播种子很容易侵入定植好的田间。表 18 列出了在加利福尼亚州不同草莓种植地区普遍存在的杂草问题。

多年生杂草

当植株的地上器官死亡后，多年生杂草能够靠形成的根茎、根颈或块茎存活。这使得它们很难被控制，尤其是当这些多年生组织能够逃避土壤熏蒸的影响时。草莓田控制多年生杂草的最佳策略是避免使用被多年生杂草侵入的田地和定植后阻止其入侵。采用轮作模式，在不种植草莓的时候，完全根除或至少能控制多年生杂草。人工除草操作确保拔除了杂草幼苗。使用人工除草或除草剂处理杂草的孤立发生区，以防止它们侵入整个草莓地里。严格遵循田间卫生管理程序以避免通过土壤、水和田间设备传播多年生杂草根、块茎或根茎。整地前进行杂草防治以阻止它们在整个田间的传播。

如果已有杂草入侵，最基本的管理方法是未耕作期间控制它们并阻止再生苗贮藏养分。这种方式能耗尽多年生组织（根茎、根颈和块茎）存储的能量从而导致它们死亡。无法在草莓上使用的除草剂或栽培措施可以在轮作或前后作物之间的休耕期间使用（要注意使用的每一种除草剂对其后种植的草莓的限制），控制多年生杂草。在种植黑麦覆盖作物或小粒谷物作物，可以使用选择性传导型除草剂控制田旋花入侵。严重的多年生植物的入侵需要多年持续不断的控制。

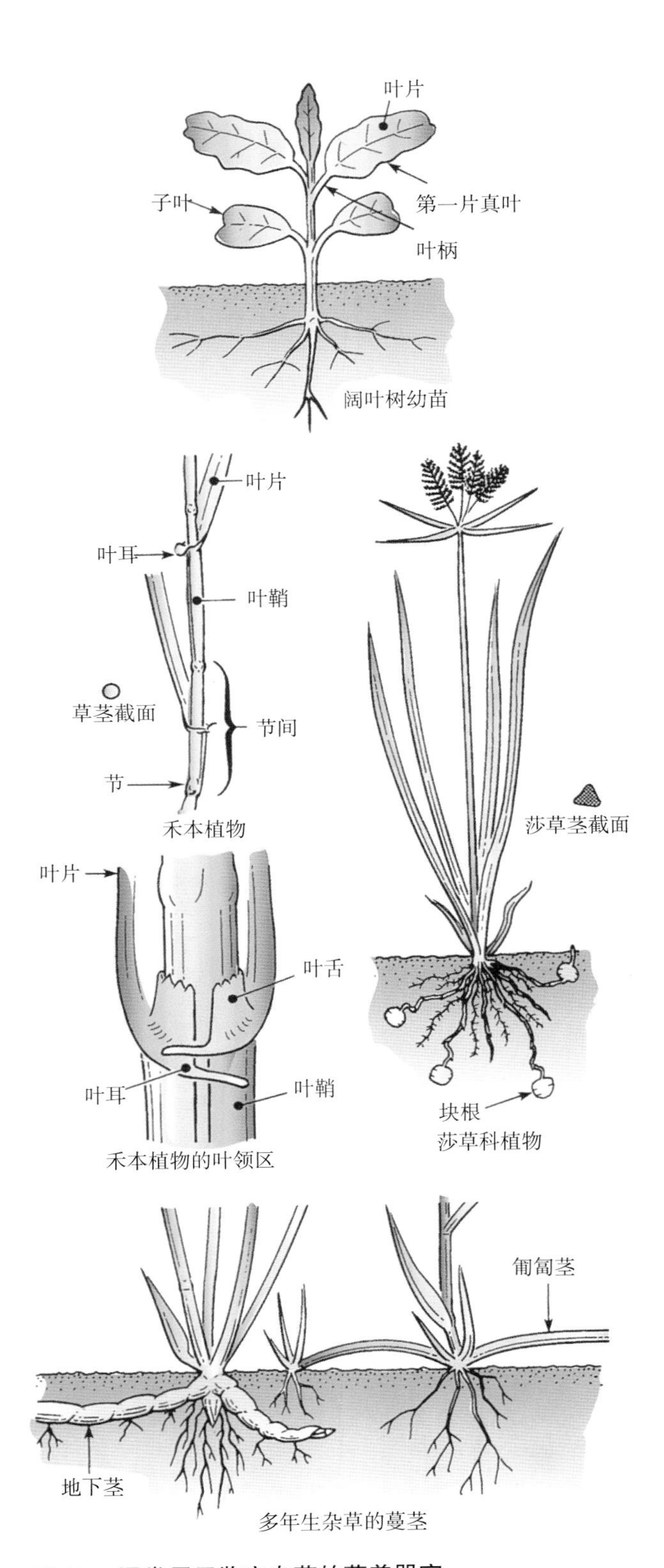

图 32　通常用于鉴定杂草的营养器官。

表 18　在加利福尼亚州不同的种植区域最严重的草害。

杂草	内谷	北加利福尼亚州苗圃地	圣塔玛丽亚谷	南海岸	文图拉郡	沃森维尔 / 萨利纳斯
一年生早熟禾（Annual bluegrass）						X
稗草（Barnyardgrass）	X					
多型苜蓿（Burclover）			X		X	X
小荨麻（Burning nettle）			X		X	X
繁缕（Chickweed）			X		X	X
欧洲千里光（Common groundsel）						X
马唐草（Crabgrass）	X					
鼠曲草（Cudweed）	X					
牻牛儿苗（Filaree）		X	X	X		X
毛飞蓬（Hairy fleabane）	X				X	
三裂叶豚草（Horseweed）	X				X	
灰菜（Lambsquarters）	X			X		
锦葵（Mallow）		X	X	X	X	X
藜（Pigweeds）	X			X		
马齿苋（Purslane）	X					X
芥菜（Shepherd's-purse）	X			X	X	
苦苣菜（Sowthistle）	X	X			X	X
草木樨（sweetclover）		X		X	X	
巢菜（Vetch）		X				
油莎草（yellow nutsedge）					X	

田旋花

Convolvulus arvensis

田旋花，也称作野生或多年生牵牛花，可能是草莓上最麻烦的多年生杂草，因为土壤熏蒸不会杀死它的种子和其土壤深处的多年生根系。它出现在加利福尼亚州的所有地区并在大多数果实生产地区整年生长。不要将草莓种植在有田旋花入侵的田间。田旋花新生植株大约 4 周开始形成多年生的根，要在这之前将它们手工拔除。一旦多年生根形成了，田旋花就很难被控制了。

田旋花靠种子和根段在土壤和地表水中的移动进行传播。其根系在粗质土壤中能达到 25 英尺（8 m）或更深，并能横向延伸几英尺。其种子在许多年后依然能够萌发，并且当土壤潮湿时一段根就能形成新的植株。确保将在有田旋花入侵的田间使用过的设备清洗之后，再在没有该草入侵的田间使用。使用质量好的、认证过的定植苗。来自受田旋花入侵田间的、质量差的植株可能会带有田旋花根段。

土壤熏蒸和可用的除草剂不能控制草莓地里出现的田旋花。土壤熏蒸能够毁坏大约 12 英寸（30 cm）以内的根系，使其推迟到下一个春天出现。若田旋草入侵草莓地，需要在轮作或休耕期间使用传导型除草剂和中耕来控制它，与频繁中耕作物如莴苣或油菜作物轮作能够限制田旋草的生长。若与黑麦覆盖作物或者小粒谷物轮作，选择性传导型除草剂有助于控制田旋草入侵。草甘膦可用在休耕地里，为使效果最佳，在被入侵区域用圆盘耙耙地，然后进行灌溉以促进杂草再生长，当其第一批花出现时，对田旋花进行处理。除草剂在田旋花早期开花时转到根系的量是最大的。3～4 周后再耙一次地。3 周后的耙地使田旋花再次生长能最大限度地消耗来自其多年生根系储存的营养。用锄草铲或开垦刀对干燥土壤进行深耕（16～18 英寸或 0.5 m）能对田旋花进行 12～18 个月的防治。经过几个生长季在轮作和休耕期的治理，可以使侵染得到控制。然而，消除侵染是不可能的，因为这种抗逆性强的种子能存活 20 多年。

A．田旋花子叶是正方形的，在顶端有个缺口。叶柄上表面有明显沟纹。刚出芽的幼苗在4～6周时形成多年生根颈。从根部萌发（看不到）的植株没有子叶。它们在大约3周时形成多年生根颈。

B．田旋花的花是绚丽的白色或粉色，使得它们很容易辨认。侵染严重时它们能覆盖草莓植株。

A．田旋花幼苗

B．田间田旋花

狗牙根

Cynodon dactylon

狗牙根主要危害内谷的草莓种植区，这种多年生杂草靠根状茎和匍匐茎传播，种子的传播范围有限。合理的熏蒸能完全根除，日晒也能控制它对内谷地区的入侵。人工除草或种植后使用除草剂能够控制在草莓中刚出现的狗牙根杂草幼苗。入侵后的杂草可通过人工拔除并销毁其所有的根状茎和匍匐枝来控制，也可以使用苗后除草剂烯草酮或稀禾啶来控制。中耕能将狗牙根的根状茎和匍匐茎切成碎段，这时使用除草剂最有效。对幼小的杂草再生苗使用最大允许浓度的烯草酮或烯禾啶。为了保持对杂草的控制，需要再使用一次药剂。可以在草莓植株间隙定位喷施草甘膦。在夏季，可以在整地时将狗牙根的根部和根状茎暴露于阳光下，这有助于杀死它们。狗牙根耐干燥条件，但是其地下部分若暴露在阳光下会很快被杀死。

C．狗牙根匍匐茎细长结实。其匍匐茎（下图所示）和根状茎都有许多节和鳞片状叶。

D．狗牙根的根状茎和匍匐茎呈平卧垫状，但是入侵植株形成的密集的花序丛，高达4～18英寸（10～45 cm）。每个花序轴顶端生长4或5个花穗。

C．狗牙根匍匐茎

D．狗牙根

油莎草
Cyperus esculentus

也称黄油莎草，主要是通过多年生的块茎传播和繁殖。香附子（*Cyperus rotundus*）会出现在某些地区，潮湿的土壤条件利于其生长繁殖。它和黄油莎草相似，管理方法也是一样的。在根茎处形成的块茎组织能进入土壤达 8 英寸（20 cm）深的地方。新植株达到 5 片叶子时开始形成块茎。油莎草块茎几年后依然可以繁殖，但是它能被溴甲烷熏蒸土壤时杀死。用氯化苦或 1,3-D 和氯化苦熏蒸不能有效控制油莎草。对建好的种植床进行日晒能够消灭埋藏在土壤中不超过 3 英寸（7.5 cm）深的块茎，但是不能杀死更深处的。这种技术在较热的地区或许更有效。铧式犁翻耕 10～12 英寸（25～30 cm）的深度加上完全土壤翻转有助于抑制其入侵。

在温暖的秋季和夏季种植草莓田中，油莎草生长活跃，但是冬天寒冷天气的侵袭能使其越来越多地休眠。不同于其他杂草种类，油莎草不能被不透明的薄膜控制，因为它的枝条能穿透薄膜。为了防止这种情况的发生，可以在种植床上部塑料薄膜下面放一层厚实的再生纸。

若油莎草在草莓种植地出现，在它生长出 5 个叶片前，人工拔除植株以防止块茎的形成。块茎很容易通过田间设备携带土壤而传播。在合理熏蒸的田间，通常不会有油莎草的出现。

在未熏蒸过的田间和缓冲带（经常毗邻居民区），油莎草很难控制。这可能也是油莎草生长和随后传播到草莓田里的源头。

E．年幼的莎草类似于禾草，但是它的叶子横截面呈 V 形，比大部分禾草要硬。

F．油莎草的花是黄绿色，在横截面呈三角形的直立茎末端，呈花簇状。黄油莎草的花茎 1～2 英尺（30～60 cm）高，和基生叶一样长或比其稍矮。

G．油莎草的块茎只在其根茎末端形成，它们直径大约 1 英寸（2 cm），有杏仁风味，紫莎草的块茎有苦味。幼年块茎具有不紧密的鳞状表皮，成熟后脱落。

E．油莎草幼苗

F．油莎草开花植株

G. 油莎草块茎

一年生阔叶杂草

通常草莓地里一年生阔叶杂草最为常见，危害严重的是那些种子不会被土壤熏蒸杀死的种类，如小花锦葵、三裂叶豚草、草木犀和牻牛儿苗。草莓种植床上一年生阔叶杂草需要靠人工除草控制，早期生长季也可使用除草剂。

锦葵
Malva spp.

两种类型的锦葵，都叫做“奶酪杂草”，出现在加利福尼亚州草莓田间。小花锦葵（*Malva parviflora*）更为常见，但是也有普通锦葵（*M. neglecta*）。它们是一年生杂草，出现在所有草莓种植区域。在沿海地区温和气候下能存活 1 年多。种子在许多年后依然可以萌发，并且能够从土壤深处萌发生长。大部分锦葵种子能够在土壤熏蒸后存活。当锦葵小的时候，人工除草控制它们，否则的话，它们的主根会变得更深且粗。敌草胺能够控制萌发的幼苗，但是它只能用在移栽后，这就限制了它的使用。乙氧氟草醚对锦葵的控制很有效，但是它必须在移栽前至少 30 d 使用。使用除草剂、耕作、刈割能阻止毗邻草莓田的锦葵产生种子。

H. 锦葵植株或平卧或长到5英尺（1.5 m）高。花紫色或粉色和白色。果实像一个微型的车轮奶酪，所以这种杂草俗称“奶酪杂草”。

I. 小花锦葵和普通锦葵的子叶呈三角形或心状，真叶圆形或肾形带圆齿边缘。

H. 锦葵花

I. 锦葵幼苗

多型苜蓿

Medicago polymorpha

加利福尼亚州多型苜蓿，也称为苜蓿，在加利福尼亚州遍地都是。它的种子对种植前的土壤熏蒸有抗性。在沿海地区，刚发芽的幼苗出现在秋季、冬季和春季。在中部大峡谷，它出现在冬季和春季。在它产生种子前，用人工除草来控制。可用的除草剂很难控制它。

J. 苜蓿的茎长达 2 英尺（60 cm），沿着地面匍匐生长，但是也有可能直立生长。具有三片小叶的叶子类似于三叶草的叶子，通常有淡红色中脉。在茎的末端形成带有小的嫩黄色花朵的花序。种荚带刺，里面包含一些微黄色的或者黄褐色肾形的种子。

K. 苜蓿的子叶呈椭圆形，第一片真叶是圆形的单叶，之后的叶才有三叶草叶片的特点。

草木樨

***Melilotus* spp.**

黄花草木樨和白花草木樨，是遍布在加利福尼亚州的一年生或两年生杂草。在种子形成前，要通过人工除草拔除植株，因为其种子在土壤熏蒸和日晒后都能存活，并且在草莓上可用的除草剂控制草木樨效果不好。不过，在移栽前 30 天使用最大浓度的乙氧氟草醚能控制中等程度的入侵。

L. 成熟的草木樨直立，1～3 英尺（30～90 cm）高，有伸展侧枝，叶子像三叶草。在茎的末端附近的花梗上形成花序，花小，白色或者黄色。小的种荚里面含有 1 或 2 个深色的卵形种子草木犀的子叶小、椭圆形、浅绿色。第一片真叶是心形或圆形有波状边缘。之后叶子是三叶形的。

J. 多型苜蓿

K. 多型苜蓿幼苗

L. 黄花草木樨

M. 草木樨幼苗

M. 草木樨的子叶小、椭圆形、浅绿色。第一片真叶是心形或圆形有波状边缘。之后叶子是三叶形的。

牻牛儿苗
Erodium spp.

牻牛儿苗中的一些种类是遍布加利福尼亚州的冬季一年生或两年生杂草。植株直立或蔓延，茎长 3 英寸至 2 英尺（8～60 cm）。叶子浅裂或全裂，这取决于其品种。土壤熏蒸不能完全消除它的种子，但是土壤日晒非常有效。刚发出的幼苗能被 DCPA 或敌草胺控制，但是这些药剂只能在移栽后应用，这限制了它们的使用。乙氧氟草醚能很好地控制牻牛儿苗，但是它必须移栽前至少 30 天使用。用人工除草阻止植株产生种子。

N. 牻牛儿苗的花可能是玫瑰色、淡紫色、紫色或紫罗兰色。在花序里形成典型的长长的带尖儿果实。成熟的时候，果实分裂成 5 个部分，每个部分的种子上都有一个长长的螺旋形喙。

O. 牻牛儿苗的子叶深锯齿状，基叶朝后。早期的叶片叶柄短，靠近土壤的部分玫瑰形。

N. 牻牛儿苗花和果实

O. 牻牛儿苗幼苗

菊科杂草

在草莓种植地区，菊科中的一些蓟类杂草是常见的。在内谷地，它们是冬季一年生杂草，在沿海地区，它全年都可生长。在草莓地最常发现的有欧洲千里光、苦苣菜和香甘菊。刺萵苣（*Lactuca serriola*）、鼠曲草（*Gnaphalium* spp.）、三裂叶豚草（*Conyza canadensis*）和毛飞蓬（*C.bonarientsis*）也可能造成危害。这些种类都有像蒲公英一样的风播结构（冠毛），这是蓟类植物典型特征。所有这些杂草都可以靠人工除草控制，一些可以靠敌草胺控制。在南部加利福尼亚州地区，这些杂草的种子形成和传播与秋天种植床准备和早期生长季生产一致。因此，为了防止风播种子污染草莓生产区，在春天和夏天杂草开花前，控制毗邻区域的杂草很重要。

P. 欧洲千里光（*Senecio vulgaris*），20～24 英寸（50～60 cm）高。主茎单一或高度分支。每个植株上会有许多小黄花。每朵花周围的绿色苞片末端呈明显的黑色，这能区分欧洲千里光与蓟类中的其他大部分杂草。在中部海岸地区，欧洲千里光是草盲蝽重要的寄主。

Q. 欧洲千里光子叶长卵形，末端圆形。第一片真叶有浅齿，之后的叶子锯齿更深。

R. 苦苣菜（*Sonchus oleraceus*）能达到 3～6 英尺（1～2 m）高。茎末端形成黄花。每个叶片的基部包裹在茎的周围，成尖耳状。

S. 苦苣菜的子叶边缘光滑，上表面有灰粉。第一片真叶有波状边缘，狭窄，生长在茎基部。

P. 欧洲千里光

Q. 欧洲千里光幼苗

R. 一年生苦苣菜

S. 一年生苦苣菜幼苗

T. 成熟的香甘菊（*Matricaria matricarioides*），高 3～12 英寸（8～30 cm）。其茎末端形成小的、微黄色的花，没有引人注目的花瓣。其叶片浅裂，当弄碎时释放出强烈的香味。

U. 香甘菊刚萌发的幼苗，厚实的肉质子叶狭窄，呈亮绿色。早期的叶片全裂，像手指一样狭长。

V. 成熟的鼠曲草普遍 4～12 英寸（10～30 cm）高。叶片密被白柔毛。叶子上表面随着生长变绿，变得更加光滑。

W. 鼠曲草子叶卵形到椭圆形，浅灰绿色。第一片真叶被绒毛。

T. 香甘菊

V. 鼠曲草

U. 香甘菊幼苗

W. 鼠曲草幼苗

其他一年生阔叶杂草

许多其他一年生阔叶杂草也经常出现在加利福尼亚州草莓种植田间，那些最为常见的有灰菜、繁缕、马齿苋和小荨麻。这些杂草可通过土壤熏蒸、人工除草和可用的除草剂来控制。

X．灰菜（*Chenopofium album*）在大部分草莓种植区是常见的一年生冬季杂草，在加利福尼亚州北部苗圃地是夏季一年生杂草。当条件合适的时候，能生长到6英尺（2 m）。在主茎末端形成带有小的、浅绿色花朵的花序。灰菜有时候容易与藜混淆。

Y．灰菜的幼苗有狭长的子叶。其子叶和第一片真叶上表面为蓝绿色，带有微小的白色鳞片物，使它们表面看起来呈不明显的粉状，下面常略带紫色。

Z．繁缕（*Stellaria media*），是冬季一年生杂草，在沿海地区能全年生长，不过生长缓慢。其细弱的肉质茎在接触土壤的节点上能生根。叶片卵形，末端有尖。在从叶片基部生长出的主茎末端形成白色小花。繁缕喜欢冷湿条件，在热的天气下枯萎。

X．灰菜

Y．灰菜幼苗

Z．繁缕

AA. 繁缕子叶长尖形，有凸起的中脉。第一片真叶比子叶宽，绿色也更亮。

AA. 繁缕幼苗

BB. 马齿苋

CC. 马齿苋幼苗

BB. 马齿苋（*Portulaca oleracea*）的高度分支、淡红色的茎呈垫状，长 3 英尺（1 m），高 1 英尺（30 cm），黄色杯状的花仅在早晨开放。若其根部接触潮湿的土壤，它会再次生长，因此确保除草人员将它们从田间拔除。一旦它们的茎枯萎，它们就不会再生长了。

CC. 马齿苋光滑的肉质子叶呈深绿色，略带淡红色。第一片真叶末端宽阔呈圆形，早期的叶子在它们刚出现时都在同一平面。

DD. 小荨麻（*Urtica urens*）在内谷地是冬季一年生杂草，在沿海地区能全年生长。植株在基部分支，能长到 5～24 英寸（12～60 cm）高。叶子和茎连接处有小的白绿色花序。它的茎和叶都有刺毛，很让田间工作者讨厌。

DD. 小荨麻

EE．小荨麻的子叶是圆形或者稍微的长圆形，边缘光滑，在末端有V形痕迹。第一片真叶和以后所有的叶片都有明显的锯齿状边缘。

其他出现在草莓种植区的一年生阔叶杂草有苋属（*Amaranthus* spp.）、茄属（*Solanum* spp.）、墙生藜（*Chenopodium murale*）、荠菜（*Capsella bursa-pastoris*）、蒺藜（*Tribulus terrestris*）。这些杂草在建议阅读中提到的《加利福尼亚州和其他西部州的杂草》（*Weeds of California and Other Western States*）中有介绍。

EE．小荨麻幼苗

FF．一年生早熟禾

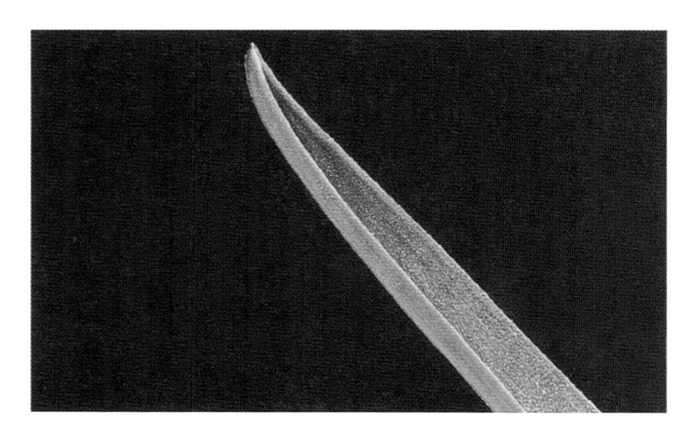

GG．一年生早熟禾叶片

一年生禾草

出现在草莓田中的一年生禾本科杂草包括一年生早熟禾、野大麦、稗草和来自轮作体系中的谷类作物。所有这些杂草均可被土壤熏蒸、人工除草和可用的除草剂控制。

FF．一年生早熟禾（*Poa annua*）在所有的种植区都是冬季杂草。成熟的植株3～12英寸（8～30 cm）高。花序具分枝，每个分枝顶端有3～6朵花。

GG．一年生早熟禾的叶片，尤其是年幼植株的叶片，顶端折叠在一起，就像船尖。

HH．野大麦（*Hordeum leporinum*）是冬季一年生杂草。成熟的植株6～24英寸（15～60 cm）高。每朵花都有长芒使花序看起来很浓密。成熟的时候，花序展

HH．野大麦

开成熟悉的"狐尾"状。

II. 一些大麦品种有长长的爪状的叶耳包裹在茎周围。

JJ. 稗草（*Echinochloa crus-galli*）在内谷地生产区是常见的夏季一年生杂草。成熟的植株高度从6英寸（15 cm）到6英尺（2 m）不等，取决于可利用的水分和养分。一些植株低矮、浓密呈丛状。花序有分枝，直立或下垂。花有长或短的刺毛，取决于种类。

KK. 稗草没有叶舌，这区别于其他大部分夏季禾本科植物。

在沃森维尔种植区，意大利黑麦草（*Lolium multiflorum*）是一种常见的冬季杂草。狐尾草（*Setaria* spp.）在加利福尼亚州北部苗圃区是常见的夏季杂草。马唐草（*Digitaria* spp.）是出现在一些地区的夏季一年生杂草。这些种类在建议阅读中列出的《加利福尼亚州和其他西部州的杂草》（*Weeds of California and Other Western States*）有介绍。

JJ. 稗草

II. 野大麦叶领

KK. 稗草叶领

脊椎动物类

一些鸟类和小型哺乳动物可给草莓生产田带来一些麻烦。鹿可毁坏栖息地附近的草莓苗圃和果实生产田内的草莓植株。有害的脊椎动物引起的危害经常发生在草莓生长季特定的、可预测的时期，这便于让种植者进行预测和计划预防措施。一个关于危害的发生时间和地点的完善记录，使你更容易选择和实施有效的控制策略。一些候鸟在春天或秋天成群飞过时会造成对成熟果实的危害，但是不管何时只要田里有成熟的果实，家朱雀就可能会造成危害。在靠近河边鹿的栖息地，鹿经常会在晚春或早夏危害苗圃。地鼠对果实的危害是季节性的，在中心海岸地区，从春天开始持续到早秋；在南部加利福利亚地区，从冬天开始持续到晚春。它们亦可在秋天果实收获季节在加利福尼亚州圣塔玛利亚山谷和文图拉郡地区造成危害。田鼠，囊鼠，偶尔是鼹鼠，可能会在一年的任何时间侵入草莓种植地。不管何时出现危害，种植者必须采取控制措施。

要熟悉一些可行的对有害脊椎动物的控制技术。请查询此书后面的“建议阅读”里列出的有关有害脊椎动物控制的参考书，并可联系当地有关部门获得最新信息。联系县农业委员会获得防治鸟类的建议。当用毒饵来防治哺乳动物时，要认真遵守使用说明；一次要用多少药物就采购多少，这样可避免药物的储藏和处理问题。大多防治有害的脊椎动物的毒药都是限制使用的。

鸟类

一些鸟类可引起局部的严重的损害，当它们飞到草莓生产地取食成熟果实时。你可通过使用声音或视觉驱鸟装置来减少损失，或者通过在地里置网阻止鸟类在收获季节进入来减少损失。在一些情况下可以使用捕捉的方法，但是对掠鸟不能用此法，捕捉野生鸟类需要获得美国鱼类和野生动物服务组织或县农业委员会的批准。

家朱雀（*Carpodacus mexicanus*） 家朱雀（红雀）经常是最麻烦的草莓鸟害。它们在任何地方栖息，只要有果实成熟就会进入草莓地取食果实。聚酯薄膜插旗能很有效地将它们吓走。制造噪声对这

家朱雀是一种小的、浅灰棕色的鸟，胸脯上有深色条纹。雄性的头部，颈部和尾部为淡红色或橘黄色。

种鸟效果不佳。当家朱雀太多时，捕捉是一个很有效的方法。当把改良的澳大利亚捕乌鸦装置（Australian crow trap）放置在鸟类栖息处附近的空地或鸟类进入田块的地方时，效果很好。在捕捉家朱雀之前，要先获得县农业委员会的授权。将塑料网盖在作物上是防止损失的最有效的方法。

知更鸟（*Turdus migratorius*） 知更鸟常年生活在南部加利福尼亚州的某些地方。在另外一些地方，经常是在晚冬或早春，知更鸟成群迁徙时会造访草莓地。你可通过使用视觉驱鸟装置例如聚酯薄膜插旗来降低受害的程度。

金翅雀（*Carduelis* spp.） 金翅雀是一种亮黄色的小鸟，以杂草种子为食，但是在秋天或晚冬，大群的金翅雀会进入草莓地取食草莓果实上的种子。它们极具特色地从草莓的表面啄出瘦果，这与那些损害几乎整个果实的鸟类不同。金翅雀很难被噪声

家朱雀以及其他侵入草莓地的大多数鸟类都会引起类似的危害，即叨走大部分或全部成熟果实。

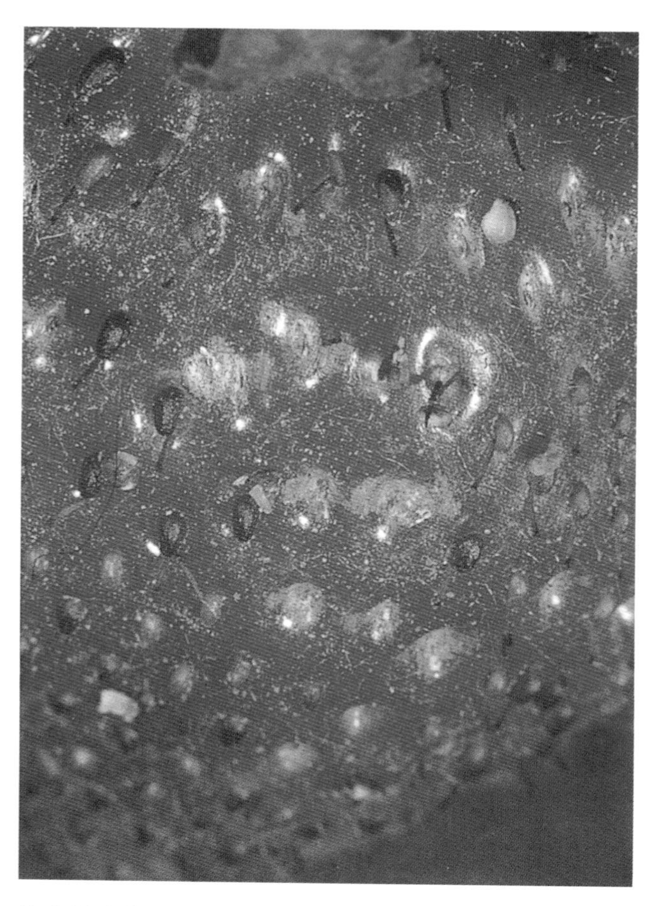

这个果实表面的一些瘦果已经被金翅雀啄食，相比于其他损伤草莓的鸟类，金翅雀只取食种子（瘦果）。

发生器吓到。视觉驱鸟器如聚酯薄膜旗标或大眼气球（large-eye balloons）可能可以暂时性地减少危害。防治金翅雀保护性鸟网很有效。

腊翅鸟（*Bombycilla cedrorum*） 腊翅鸟可能会给中心海岸地带草莓的生产带来严重危害。这种明亮的、浅黄棕色的鸟有着独特的鸟冠而且眼睛上有黑色的眼罩。它们在晚冬和早春迁徙途中会20～50只成群侵袭草莓地，破坏大量的成熟果实。腊翅鸟很难控制：这种鸟是受到保护的，并且它们行动的方式不可预测，这使得制定一个控制策略变得困难。如果使用一种以上声音的噪声发生器会有效——例如顺次使用爆竹弹和驱鸟弹。视觉驱鸟器如聚酯薄膜插旗可能也有用。当成本合理的情况下，保护性鸟网可提供有效的防护。

八哥（*Sturnus vulgaris*） 大量成群迁徙的八哥可能会在晚冬或早春侵袭草莓地取食成熟草莓。当果实成熟时，定居的八哥可能会侵入草莓地。可以用噪声发生器有效地控制它们。但因为它们会很

腊翅鸟是一种亮 棕色鸟，每只眼睛上都有黑色的罩状物。它们以 20～50 只结群行动，如果它们侵袭草莓则会损害大量果实。

快熟悉一种噪声，因此必须使用一种以上噪声，如顺次使用丙烷弹和爆竹弹。在鸟一进入地里时就使用噪声发生器。可以偶尔开枪吓唬鸟或杀死这些不受保护的鸟类，这会提高噪声发生器的效果。八哥可以在靠近取食或栖息地的空地放置改进后的澳大利亚捕鸦网或改造过的棉花拖网来捕捉，而不需要特殊的批准。

长嘴杓鹬（*Numenius americanus*） 杓鹬在早春经过中心海岸地区和文图拉郡的田地。它是一种相当大的鸟，翅幅达到约 2 英尺并有长长的脚，有长长的末端下弯的喙是它的特征。长嘴杓鹬以 10～20 只结群取食并且每个春天回到同一个地方。这些鸟很容易被惊吓，这使得噪声发生器如爆竹弹就可有效地控制它们。

其他鸟类 南加利福尼亚州和其他地方一样，山鸟经常在草莓地出现。它们主要以昆虫和蚯蚓为食，但也可能取食成熟果实的果肉。它们在果实上啄出独特的星状洞。海鸥有时也大量地侵袭草莓地，尤其是在沿海地区或靠近垃圾填埋地的地方。它们偶尔取食草莓，吃掉几乎所有的草莓。在一些地方，乌鸦可能会在移栽后不久侵袭草莓地，将移栽苗拔出。它们也会在生长季末期取食果实。

防治指南

减少鸟类危害的最佳策略要依据鸟的种类而定，因此在选择控制方法之前先确定引起危害的鸟的种类。坚持记录鸟类引起的问题和发生的时间，便于将来更好地制定控制策略。有了好的策略，你就会有所需的材料和工作状态良好的鸟类防控装置，一旦有鸟出现就可立即采取防控措施。

噪声发生器 噪声发生装置是减少鸟类对草莓损害的基本方法。为了使此法有效，必须在鸟类一进入特定地点并在它们熟悉此处之前就使用噪声发生器。对草莓而言最有效的噪声发生器是啸声弹，从 6 mm 的手枪中发射，射程大约 100 码。当鸟类危害开始时，派人在地里巡逻，需要时发射啸声弹把鸟吓走。其他噪声发生器包括丙烷炮或爆炸物，警报器或遇险信号，以及从十二口径的鸟枪中射出的爆竹弹。将固定的噪声发生器放置在至少高于作物 4 英尺（1.2 m）的地方，使声音能够传播得更远，可能的话随时调整方向利用主导风传播。每 3～5 天移动装置以免鸟类习惯在固定位置的装置。可以通过使用两种或两种以上不同种类的声音更有效地控制鸟类。例如，可以在第 1 周单独使用丙烷弹，在接下来的 5～7 天使用电子报警器，在第三阶段巡逻并发射啸声弹，之后依次重复。使用这种方案，鸟类将会需要更长的时间去适应各种声音。

视觉驱鸟器 可以用聚酯薄膜插旗将一些鸟类从草莓地里吓走。沿行每隔 50 英尺（15 m）安置一个桩，将 2～3 英尺（1 m）长的条状聚酯薄膜固定在桩的顶端。旗的反光以及旗在风中小范围内发出的噪声，可以驱赶大部分鸟类，至少是在一小

驱鸟弹（上）和啸声弹（下）都是从 6 mm（0.22 口径）的手枪中发射出来。使用这些噪声发生装置时要戴好耳朵和眼睛的保护装置。驱鸟弹和啸声弹结合其他噪声发生技术，是吓唬草莓地里多种鸟类的有效手段。

为了更有效，丙烷炮必须升到高于作物的高度，让噪声传遍田地。

绑着聚酯薄膜带的木桩被安置在整个地块上时，可以有效阻止一些鸟类的危害，至少是在短期内。

段时间起作用。在鸟类适应之前，大眼状的气球也可能在短时间内有效果。

猎鹰 利用猎鹰来控制鸟类在草莓上的危害已经开始研究，研究表明在一些地方经过特殊训练只驱赶而不危害鸟类的猎鹰可以作为有效的驱鸟工具。如果每次猎鹰放飞在草莓地上空时将鲜亮的彩色氦气球放飞到40～60英尺（12～18 m）的高度，那么当单独放飞气球和同时放飞猎鹰和气球交替使用时，单独放飞气球最终能将鸟类吓走。这在不降低或降低很少的效率的前提下节约了控制成本。猎鹰可能是在开放田地和靠近人类设施最近的地方（栅栏、电线、杆子等）非常经济有效的一种方法。草莓地若靠近荒野或灌木丛生的地方则猎鹰的效果就不太好，因为有害鸟类在一段很短的飞行后就可以找到躲避的地方。这种技术非常环保，因为它对鸟类没有危害，不制造噪声，也没有毒性。然而，猎鹰不能在雨天、强风天气，或者大雾天气使用。在南加利福尼亚州的冬天，猎鹰的使用对于保护早熟的新鲜商品草莓具有很大价值。研究表明，取食种子的鸟类在春天改为吃不同的食物，而在那段时间果实的损害达到了最小。

保护网 收获季节时在地里铺上3/4英尺网孔的塑料网来防止鸟类接近草莓是小地块控制鸟类危害的一种经济有效的方法。在小地块中收获季节较短且严重的鸟类危害能够被预测。在南加利福尼亚州地区，这个方法对于早熟的草莓经济有效。每隔100～150英尺（30～50 m）树立杆子，在杆子间张网，并保证网子足够高好让收获的人员在网下工作。根据所使用网的材料，可以在它坏掉以前重复使用3～4个生长季。

诱捕 诱捕可以有效控制家朱雀和八哥。对于这些鸟类最有效的诱捕装置是改进后的澳大利亚捕乌鸦装置和改造过的棉花拖网。图解和说明在建议阅读中的《脊椎类有害生物控制指南》（*Vertebrate Pest Control Handbook*）中有详细记载。为了更有效，采取捕捉的方法时要考虑到你所要控制的鸟类的习性。把捕捉装置放在靠近鸟类取食或栖息地的空旷地带，还要有引诱用的假鸟以及足够的食物和水好让被捕的鸟类活下来。被捕的鸟类必须被人道地处置。这个控制技术最好让有经验的人来做。此外，捕鸟必须在县农业委员会的监管下进行。

加利福尼亚州地鼠
Spermophilus beecheyi

当地鼠种群在草莓地附近的地方建立起来并侵入草莓地里取食果实时，地鼠也会成为草莓地里严重的问题。它们也可能取食叶片和茎，有时也破坏滴灌管。在加利福尼亚州，一些加利福尼亚州地鼠的亚种在草莓地中都有发生。它们的体长为 9～11 英尺（22～28 cm）且有毛发浓密的长尾巴。地鼠在白天很活跃且它们的地洞有口。除去一些还没有满一岁的，地鼠会进行冬眠。冬眠的时间在南部、沿海地带以及州内陆地区各有不同。

防治指南

只要地鼠在靠近草莓地的地方聚集，就要考虑采取控制措施。在种群还比较小时就采取措施比较容易且便宜，如果不控制它们，只会变得更糟。控制地鼠最有效的时间是当它们在地上最活跃时。在繁殖季节之初，南加利福尼亚州为 12 月，沿海地带和中心山区为 1～2 月，诱捕和烟熏地洞最为有效。在春末地鼠更加喜爱取食种子时毒饵诱杀是最有效的方法，询问当地的县农业委员会办公室，获取你所在地区控制地鼠的最佳时间和方法。

诱饵 控制侵入草莓地地鼠的最好方法是

成年加利福尼亚州地鼠体长 9～11 英尺（22～28 cm），且有一个毛发有点浓密的尾巴，地鼠在白天很活跃。

地鼠的地洞入口没有被堵住。

地鼠可能会侵入草莓地取食成熟果实。在受损的草莓上留下齿痕。

诱杀地鼠装置可以用 4 英尺（1.2 m）长的塑料管做好，一些诱饵品牌限制了可以使用的诱杀装置类型。

使用含有抗凝血剂诱饵的诱杀装置。这种诱饵含有用慢性灭鼠剂处理过的谷粒，在 5 d 或更长的时间内吃几次才能发挥药效。速效毒饵可以在需要快速杀死地鼠时使用。使用任何一种诱饵时都必须加倍小心。正确组装和放置诱杀装置以减少对人类、家畜和宠物的危害。放置抗凝血剂的装置可以购买也可以自己简单制作。这些装置都是让地鼠进入而更大一些的动物无法进入。使入口直径大概为 4 英尺（10 cm），并且使用挡板使毒饵保持在装置内。在田地周围每隔 150～200 英尺（50～60 m）安置一个诱杀装置，并且经常检查确保诱饵供应并换掉已经潮湿或发霉的诱饵。在草莓地内没有已注册的可以播撒的毒饵。

烟熏 烟熏是一种消除小范围地鼠入侵的有效方法。这种方法在冬天和春天最有效，此时鼠类很活跃而土壤潮湿。烟雾弹——可购买或从农业委员会得到，提供了一种烟熏地鼠地洞的简单且相对安全的方法。对每一个有地鼠活动迹象的地洞出口使用一个烟雾弹。用棍子或铲子把柄将烟雾弹推进地洞里并迅速用土封好地洞的入口。观察附近的地洞入口并封住任何开始冒烟的入口。几天后对进行处理的地方进行检查并对重新打开的地洞再次进行烟熏。其他的烟熏方法对于控制打地洞的啮齿类动物也有效；与当地农业委员会联系以获得最新的推荐方法。

诱捕 小群的地鼠在全年任何活跃的时候都可通过诱捕来有效控制。可以使用带诱饵的盒式捕鼠器或圆锥口捕鼠器，放置在地洞入口或捕捉盒内来捕捉。将没有开启的诱捕器放在外面几天，使地鼠习惯在里面取食。当使用圆锥口捕鼠器时，将它们放置在地洞系统的每一个入口，或者将未放置捕鼠器的入口封住。其他种类的捕杀装置也可以买到。

更多的地鼠控制技术见建议阅读中列出的《庭园和家庭周围的野生有害生物控制》（*Wildlife Pest Control Around Gardens and Homes*）和另外一些出版物。

田鼠
Microtus spp.

田鼠，又名草地鼠或野鼠，在加利福尼亚州各处都有发生。当田鼠在其原来的多草的栖息地种群数量达到一定程度时，就会侵入草莓地，取食成熟果实。田鼠的种群变化具有循环性，每 4～7 年达到高峰。当种群数量达到高峰时，造成危害的可能性最大。可以使用毒饵控制田鼠。清除在草莓地周边的适宜田鼠的栖息环境也是减少田鼠危害的关键。

田鼠（草地鼠）有肥胖的身体，不显眼的耳朵，以及有一点点毛的短尾巴。

田鼠的侵入可由网状的鼠迹和大量浅地洞辨别。

成年田鼠有着肥胖的身躯，长4～6英寸（10～15 cm）。它有着平鼻子，小眼睛，不明显的毛耳朵，以及有一点点毛的短尾巴。田鼠在草地上很猖獗，因为厚厚的草垫为其提供了食物和掩护。适宜的栖息环境包括多草的路边、草原以及灌溉牧场。在一些地区，它们也侵害苜蓿、谷物、甜菜和土豆。

田鼠的滋生可由网状的鼠迹和大量的浅地洞得到确定。鼠迹宽为1～2英寸（2～5 cm），在田鼠活跃期有丢弃的新鲜草碎片和小堆的粪便。地洞直径约1.5英寸（4 cm）且没有被堵住。地洞内有巢穴和储藏室。

根据田鼠的活动迹象来监测草莓地周边地区。寻找有活动迹象的鼠迹和地洞。可用混合花生酱和燕麦做诱饵的夹鼠诱捕器来监测田鼠的种群数量。将捕捉装置放在植被下或放置在鼠迹旁。虽然田鼠的数量没有特别的阈值，但如果坚持有规律的监测并记录，会帮助你知道种群数量什么时候开始增长。

当监测显示田鼠种群开始建立时，则需要采取措施防止草莓地里发生严重损失。毒饵是防治田鼠最有效的方法。在春天繁殖季节来临之前即在晚冬用毒饵来控制田鼠繁殖效果最好。当春天田鼠的数量开始快速增长时，单一的用毒饵将不足以防止田鼠侵入草莓地。若要使毒饵有效，需将毒饵放在有田鼠活动的路径上或在其附近，因为田鼠不会在远离其路径的地方觅食。如果毒饵标签上允许播撒使用，在大面积土地被侵入时播撒将更经济。在草莓地里不允许大面积播撒毒饵。如果只有一小片土地需要治理或无法实施播撒时则采用人工点施。若无法进入被田鼠侵入的地区则需治理草莓地和田鼠栖息地之间的接壤区。联系当地县农业委员会获取所在区域使用毒饵的建议和限制，并遵循标签说明上的施用方法、配制比率和预防措施。

消除草莓地附近适宜田鼠栖息地有助于减少田鼠的危害。栖息地治理是控制田鼠的重要方法因此需要定期治理，尤其是栅栏边、路边以及沟渠等一些地方。清干净（去除植被）栅栏边、田地边缘以及排灌水的渠道以减少田鼠的来源。

金花鼠
Thomomys spp.

金花鼠在大多地方都有发生，且在一年的任何时候都有可能在草莓地里引起危害。它们会啃食草莓的根系或挖地洞破坏种植床从而造成对草莓的危害，也可能损害滴灌管。很少会在地面上看到金花鼠。成年鼠体态肥胖，黄棕色或灰棕色，体长6～8英寸。它们大多数时间生活在长为6～18英寸（15～45 cm）地道里。金花鼠会将从地道中挖出的土堆在侧道的洞口上，形成明显的、扇形的土堆，这是金花鼠侵入的最明显标志。一旦它们在草莓地出现就加以控制以防其扩散。

将速效毒饵人工放置在地下的地道的主道处是控制金花鼠简单有效的方法。使用探针来探测主通道（图33），一般距离土堆的低端6～15英寸（15～18 cm），从此端可看见被堵住的开口。一旦发现主路口，扩宽洞并将指定量的毒饵倒进洞中，使用漏斗以免毒

扇形土堆，并在土堆的一侧有堵住的地洞入口是金花鼠的典型特点。

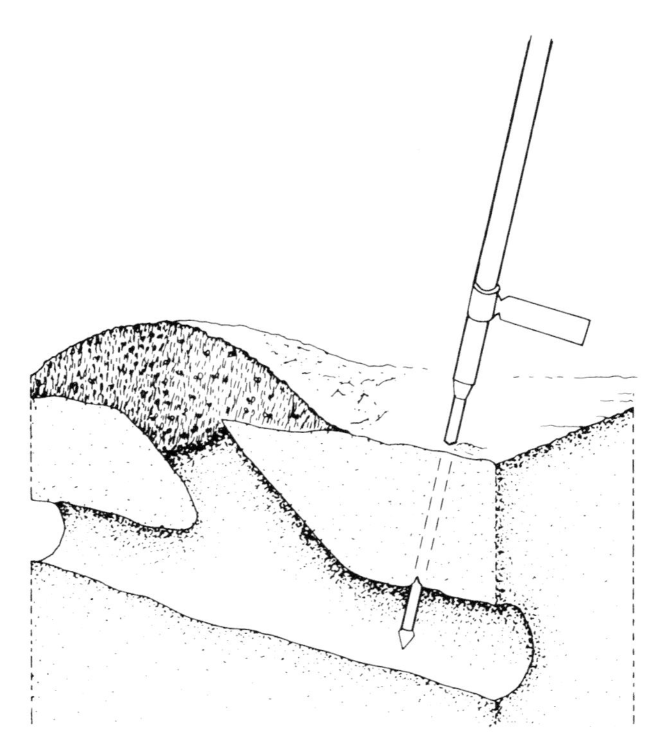

图 33 当使用探针寻找放置捕捉装置或毒饵的金花鼠地道时，先从土堆的堵住端 8～12 英寸（20～30 cm）开始探测。当探到主通道时，探针会突然落下 2 英寸（5 cm）。可以使用相同的技术探寻鼹鼠的地道，围着鼹鼠丘——距堵住的洞口约 18 英寸（45 cm）远的地方探测。放置毒饵控制金花鼠时，转动探针或用更大的杆子或木棍将洞扩大，然后将毒饵导入地道。

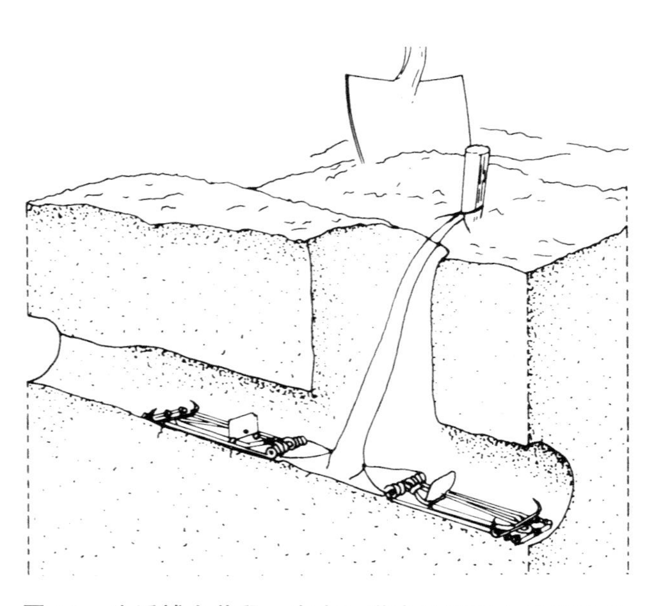

图 34 为诱捕金花鼠，在主通道内设置两个捕捉装置，两个装置呈不同的方向。将装置系在一根桩子上，桩子要足够高以至于可以很容易被看见。将捕捉装置放入通道内并将洞口堵住以使光线不能进入。

饵掉到地表。用岩石或泥块封住洞防止进光，并注意不要让土盖住毒饵。放置好毒饵后，清除所有土堆并在 7～10 天后重新检查是否又有土堆形成。若金花鼠还在活动则需重新采取措施。

也可使用诱捕法来控制金花鼠。用施用毒饵时的方法寻找主通道，并用图 34 介绍的方法设置捕捉装置。当土不太干硬时使用毒饵和诱捕的方法较为简单，且放置在新形成的土堆旁边最为有效。

鼹鼠
Scapanus spp.

鼹鼠可在一年中的任何时候干扰草莓种植，它们挖地洞能破坏种植床。因为鼹鼠主要取食可以被土壤熏蒸杀死的蚯蚓和土壤中的节肢动物，所以鼹鼠更易在种植第二年和未熏蒸过的草莓地里发生。鼹鼠在浅层挖掘的取食通道通常是可见的，通道土壤表面可形成线性脊状突起，同样深层的地道系统也是可见的，鼹鼠将挖掘土堆在地表形成鼹鼠丘。鼹鼠丘一般呈圆形且中间有堵住的洞口。这与金花鼠的土堆不同，金花鼠的土堆更像扇形且一端有堵住的洞口。鼹鼠身体呈柱状，突出的口鼻，轻软光滑的黑色皮毛，以及用来挖掘的像铲子一样的前脚。它们在白天夜晚都会活动且很少能在地面看见。

鼹鼠丘边缘通常是圆的，堵住的洞口是在土堆的中间而非一侧，正如金花鼠的土堆一样。

鼹鼠可通过在其活动通道内或上方放置捕捉装置来控制。图 35 说明了如何安放剪刀口状的捕捉装置，这个装置比鱼叉状的捕捉装置更有效。为了发现有鼹鼠活动的通道，可将地表通道的一小部分和鼹鼠丘踏平并每天检查哪些重新形成了。如果土丘或通道重建了，重复这个工作并看在安置捕捉装置之前它们是否会第二次被重建。在新形成的鼹鼠丘附近探寻深层通道，将捕捉装置放入通道内，做法与金花鼠的一样（图 33）。将捕捉装置放入深层通道会更有效，因为鼹鼠会一直使用它们，而一些地表的通道只是被暂时使用。

鹿可能会侵入草莓地，扯下幼嫩植物的叶子。寻找蹄印和粪便以证实损害是否由鹿造成。

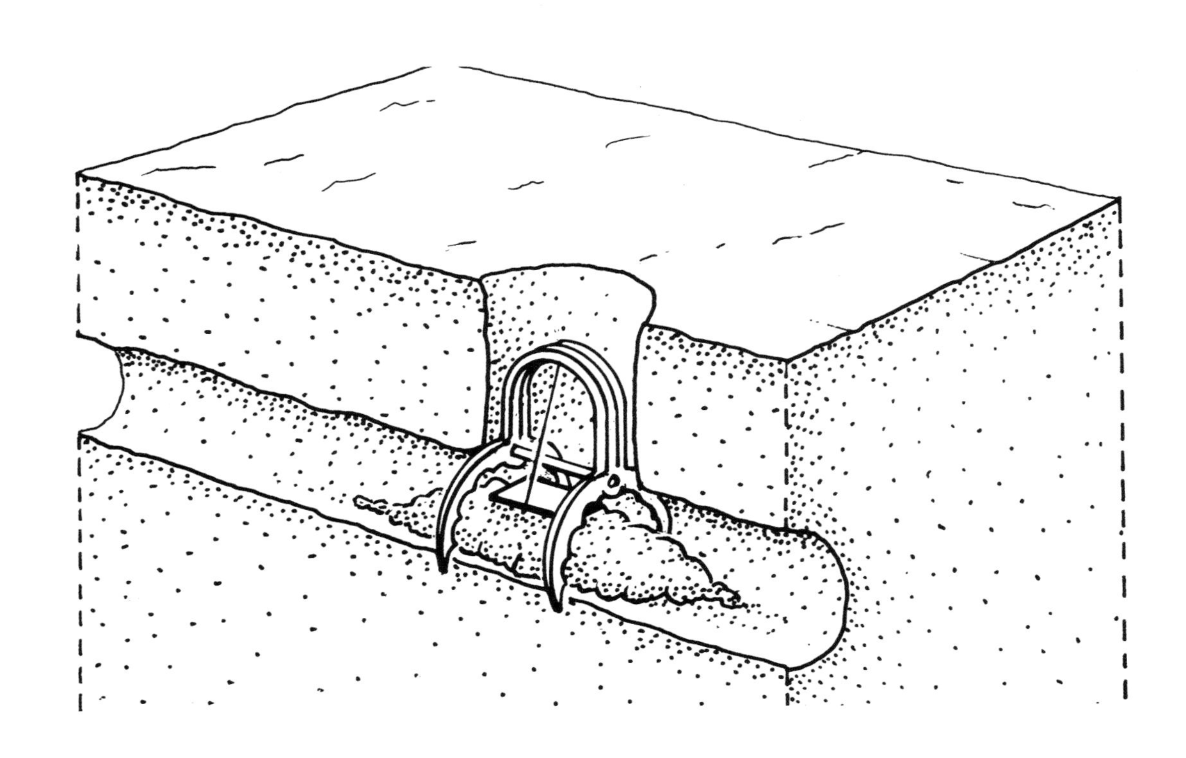

图 35 剪刀口状捕捉装置（如开口 O 状的捕捉装置）被放置在鼹鼠的主地道上，通常在地下 6～10 英寸（15～25 cm）。在新形成的鼹鼠丘旁边或之间探寻主通道，如图 33 所示。在离鼹鼠丘至少 18 英寸（50 cm）的地方，用小铲挖掘主通道后，移去一部分土以使捕捉装置能横跨在通道内且开口朝着未破坏的一面。在被打开的通道的中间堆一堆土，使捕捉装置的启动平板能够放在上面。拉好保险栓后，将捕捉装置放在土堆上，用松土盖至螺旋弹簧处使光无法进入通道内，然后松开安全栓。

可以用高 7 英尺（2.2 m）以上，顶端是几股金属丝的网状金属栅栏来防止鹿进入草莓地。保证栅栏在土中扎得够结实，不然鹿会将从下面爬过去。

黑尾鹿
Odocoileus hemionus

在北加利福尼亚州黑尾鹿有时会进入苗圃，取食和践踏幼嫩的草莓植株。晚春到中夏，黑尾鹿在低海拔且靠近树木、多临水的栖息地的苗圃中最易造成损害。在靠近鹿的栖息地的果实生产田地中它们也会取食植株和果实。鹿在晚上和清晨取食，判断损害是否是由它们造成的最简单的方法是寻找蹄印和粪便。

可通过树立防鹿栅栏来防止鹿对草莓造成危害。栅栏需要 7 英尺（2.2 m）高来防止鹿跳过去。在 6 英尺的网状金属丝的栅栏顶端装上 2～3 股平滑或带刺的金属丝以使高度增到 7 英尺，这种栅栏最有效。确保栅栏在土中扎得结实，否则的话，鹿会从下面爬过去。如果只有少量的鹿进入，则可以在晚上派人在地里巡逻并用聚光灯将鹿吓走。如果你只需要除掉很少的动物，有时可从加利福尼亚州渔猎局获得掠杀许可。这无法解决鹿的问题，但是可以保证在你建设栅栏的过程中不会再有损害。

庭园草莓有害生物防治

大多数在商业草莓上发生的有害生物的危害问题在庭园草莓上也会发生。然而，它们的相对重要性以及控制管理措施在几个方面有所不同。

庭园草莓可容许更高密度的有害生物，因为这些土地不需要产生利润。这意味着一些在商业草莓上造成严重损失的有害生物如叶螨和草盲蝽在庭园中往往被认为是很小的或无关紧要的问题。这也意味着不太需要使用农药来治理，当需要使用农药时，使用毒性较小的物质如杀虫皂或硫磺就可以取得理想的控制效果。土壤日晒消毒对控制土传有害生物有令人满意的效果，尤其是在较为温暖的内陆地区。

另一方面，庭园因其面积较小、环境独特，常会发生一些在商业草莓地里很少发生或不存在的有害生物，例如，潮虫、蛞蝓和蜗牛，这些对商业草莓生产者来说都是小问题，然而在庭园中常是主要的害虫。

庭园中草莓的基础栽培技术和商业生产上是一样的，然而仍有一些不同。庭园草莓上种植常常持续至少2～3个生长季，而商业种植通常只种植一季。这使得一些有害生物如黄萎病、疫霉病、病毒以及根象甲等有更多的机会造成更大程度的危害。土传病害（如黄萎病、疫霉病）更容易成为问题，因为庭园不进行土壤熏蒸。加利福尼亚州所有的气候区都可以在庭园种植草莓，然而商业草莓主要种植在温和的海洋气候区。在庭园中可种植多个品种且果实收获期可维持很长一段时间。庭园种植者可以在栽培和人工控制有害生物技术上花费大量时间，但对商业草莓种植者来说这并不是经济有效的方法，例如，用不同种类的障碍物来防止鸟类、蛞蝓、蜗牛或根象甲的入侵，以及在植株表现出症状时就将病株从庭园中除去。

通过提前种植和使用适宜的栽培措施使植株健壮，可以使侵害草莓的有害生物在庭园里引起的损失保持在可接受的水平之下。如果实施下面的措施，有害生物的危害将会减到最小。

- 选择阳光充足的地方，有排水良好的土壤，并且在草坪喷水器的范围之外。

- 选择一个种植日期符合你所在地区的栽培品种。
- 建立高台种植床或种植箱，放入适宜的准备好的土壤。
- 植株之间要有足够的间距，以使叶和果实之间有好的空气流通。
- 使用滴灌或渠灌防止根部周围、种植床上部或叶片和果实上湿度过大。
- 使用覆膜防止植株和果实与土壤接触。
- 除去匍匐茎促进植物一些根茎的生长而非产生子代植株。
- 除去所有老、病组织，尤其是果实，不健康植株，包括根部（不要丢在沟渠中或附近）。
- 两或三个生长季后更换植株。
- 轮流使用种植床。
- 在种植床上轮流种植不同种类的作物，并且做好种植前的土壤处理以减少土传有害生物。
- 联系县加利福尼亚州大学合作拓展园艺咨询处以获得所需的更多信息。

提前种植可提供草莓最好的种植条件并避免许多危害。在土壤上盖覆盖物，在覆盖物下使用设置的滴灌管线进行灌溉会减少病害、蛞蝓和蜗牛以及杂草问题。许多草莓的病害是随喷洒的水进行传播的，因此在植物种植好后尽量避免用喷洒装置灌溉。种植箱内可以使用理想的土壤类型，而且在种植箱上可以轻易地施用防护装置，将有害生物如蛞蝓、蜗牛以及根象甲排除其外。同样，将种植箱的底部安置金属网可防止金花鼠和鼹鼠的入侵。当制作木质的种植箱时，使用已经处理过的能防止真菌腐蚀的木料。

选择一个好的地点

为生产高质量的果实，草莓需要大量光照。选择每天至少有 6 h 直接光照的地点，将草莓种植在草坪喷水装置喷洒不到的地方。潮湿的土壤表面发生蜗牛、蛞蝓、潮虫和根茎病害；而湿润的叶片增进了叶斑病和果实腐烂的发生。如果可能，选择没有严重杂草危害的地方，尤其是田旋花、油莎草和狗牙根这些人工拔除难以控制的杂草。

土壤准备

草莓最适生长需要排水良好的土壤，沙壤土是最好的，但是如果配制合适，也可使用略微黏质的土壤。对于种植箱，应选用充分腐熟的堆肥和土壤的混合物。

如果是黏性土壤，可以混入充分腐熟处理过的树皮或类似的堆肥，有利于根系更好地生长和排水。在 6 英寸深的土壤上铺 3 英寸深的堆肥并将其拌入土中。然后再铺一层 6 英寸的土壤，再拌入 3 英寸深的复合肥。这使得种植床有大约 18 英寸的土壤可供根系很好地生长以及水的渗入。对一些重黏土，可在混入堆肥前，用石膏处理，疏松土壤结构。对一些重黏土，每平方英尺（0.09 m^2）添加半磅农业石膏。在种植时间前几个月进行这样的处理使雨水或喷水将石膏淋洗到土壤中并淋洗掉土壤中渗出的多余盐分。

不要将草木灰拌入土壤中，这会使得土壤碱性过强并使土壤中盐的含量过高。

如果使用自制的堆肥来提高土壤中有机质的含量，则应保证它至少被雨水或喷水淋洗了两个月。不然，堆肥会提供超过对草莓安全限度的盐分到土壤中。当种植草莓时，若土壤盐分含量过高，叶片的边缘将会变成棕色，而有些植株会枯萎。新鲜的、未腐熟的有机质可能使土壤中的营养暂时无法被草莓植株吸收引起缺素症。劣质的有机堆肥是病原物的来源。

当土壤太湿时不要进行土壤操作：湿土会变得致密使根系更难生长，水更难渗透。为检查土壤是否已干到可以进行土壤操作，取一把 6～8 英寸处的土壤并握紧。如果土壤形成一个球并能保持其形状不会轻易散开，那么土壤太湿还不能进行操作，等待几天后再试。

当土壤准备好后，建造种植床，如果只种植一行草莓，使其顶部高约 6 英寸，宽约 10 英寸；如果种植两行草莓，宽 18 英寸（图 36）。种植两行草莓会比较好，那样你可以在两行间的土壤里设置滴灌线。使种植床为南北朝向将会提供给植物最好的光照，使种植床以及种植床间沟渠的斜度够大，在雨天时水方便排出。雨水滞留会增加根部和根茎的病害。如果打算用渠灌灌溉草莓，使坡度够小，在堵住沟渠末端后，里面能储水。保证种植箱至少有 12 英寸深，这样植株才能在你填入箱中的土壤中完全扎根。在种植箱中装入土壤后立即在周围放置铜板障碍物，防止蜗牛和蛞蝓爬进来。

如果使用滴灌灌溉，你则需要铺设滴灌管以

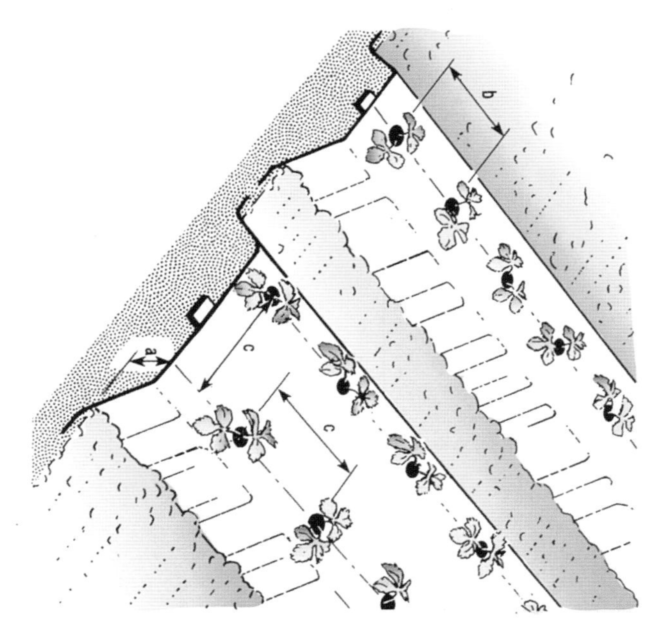

图 36 庭园草莓种植床的建议尺寸［a=6 英寸（15 cm），b=10 英寸（25 cm），c=12 英寸（30 cm）］。

及测试要用多长时间才能完全浸透土壤。这在植株种植之前进行较好。使灌溉的时间不同，比如每次增加 1 h，并且每次都测量土壤的湿度。使用小铲子取种植床内的土壤样本并通过用手挤压土壤测定土壤湿度。当土壤含足够多的水分时，土壤会粘在手上且形成球状并且保持其形状（第三章的表 8 说明了怎样测定土壤湿度）。

植株选择

事先询问苗圃人员他们能否为你露根移栽。认证的移栽植株是良好种植的最佳保证，但是很难找到这样的植株。与所在地规模大的苗圃联系，他们可从认证的草莓植株的生产者中订购。加利福尼亚州庭园草莓种植的推荐品种（种类）已列入表 19 中。有一些品种在园林商店中作为春天和早夏的绿化植物出售。

短日照的品种种植后在春天产生大量果实，并且在早夏也能继续产生一些果实。只要温度适宜（日温最低在 10～15℃，最高低于 27～29℃），日中性的品种一整年都能生产果实。

如果对于种植何种草莓以及如何得到这个品种仍有疑问，请与当地的农业咨询处或园艺管理部联系。你可通过县合作发展咨询处联系他们。

定植

8 月中下旬在所有地区都可定植草莓。日中性的品种也可在秋天或 2～3 月份定植。在冬天温暖的地方（气候带 15 以及以上），短日照品种可以在 10 月份定植。

定植的日期会影响来年的生产。在 8 月份定植的短日照品种在秋天产量很小而来年春天开始大量结果。如果定植后第一个秋天将产生的花苞全部除去则可在来年春天获得更好的产量。日中性的品种在秋天开始结实且只要温度适宜会一直结实。短日照和日中性的植株最高产量都是在 5～6 月份。健康的夏植植株每株可生产 1 夸脱（1.136 L）果实，秋植植株大约生产 1 品脱（0.568 L）果实。果实产量一般在定植后的第一年达到最高，此后会慢慢下降。为了最佳的果实生产和最低的有害生物问题

表 19 加利福尼亚州庭园中推荐使用的草莓品种（这些可在加利福尼亚州的所有地区种植。关于其他州和世界各地的大量品种的信息可在列于建议阅读中 J. F. Hancock 的《草莓》（*Strawberries*）一书中找到）。

品　　种	植株日照类型	评　　价
卡麦罗莎 Camarosa	短日照	大果，风味极佳，秋天定植
常得乐 Chandler	短日照	风味独特，通常秋天定植
道格拉斯 Douglas	短日照	早熟，特大果，风味佳，秋天定植
Fern	日中性	中果，适合庭园种植，生长季节生长，春天定植
Irvine	日中性	中果，风味极佳，秋天定植
Seascape	日中性	大果，硬度大
Sequoia	短日照	大果，硬度小，风味极佳，抗黄萎病

的发生率，应每年更换植株。

在定植前几天给种植床浇好水，使土壤能彻底湿润到（但不是太湿）根系所能达到的深度。保证定植时所有的植株都是湿而凉的，丢弃有任何病害迹象的植株。在每个定植点，用小铲子挖一个 6～7 英寸深的坑，施入一匙缓效肥、硫酸铵或磷酸铵，或施入推荐量的高效有机肥到坑底部，并用大约 1 寸的土壤覆盖肥料。将植株放入坑中，将根展开后，再填土压实。不要用土把植株根茎盖住（见第三章的图 10）：必须保证植株的生长点在土层之上。双行种植床每行植株间间隔约 12 英寸，行间间隔约 12 英寸，并且两行植株交错开以使植株有最大的生长空间。单行种植床植株间间隔约为 10 英寸（图 36）。

保证在定植后的两个月内种植床湿润，不下雨时至少要隔 2 天轻浇一次水。不要使床浸透。保持根系周围的土壤湿润而不是湿。通常，用洒水器轻微喷水是最简单的，但如果已经建立起滴灌系统的话则可使用滴灌；保证灌溉足够频繁，时间足够长，以使土壤始终湿润。

灌溉

当植物长得很好并长出了一些叶子时使用滴灌最好。当和覆盖物一起使用时，滴灌能使叶片和果实的病害最小并防止根腐病和冠腐病、蜗牛、蛞蝓以及潮虫等问题。如果每个种植床上种植两行植株则在两行之间安置滴灌线路或滴灌滴头，如果是一个种植床上种植一行则沿着植株安置。另外，可根据土壤类型安置滴头（排水良好的沙壤土为每小时 1～2 加仑水），距离植株根茎 2 英寸（5 cm）。每周启用滴灌系统两次，每次都要使种植床彻底湿润。

渠灌也可用于高台种植床种植。如果使用这种方法，需使每行不超过 20 英尺（6 m）长。将种植床间的沟渠两端用薄木板或坚硬的土块挡住，然后将每个沟渠中灌 1/2～2/3 的水，让其浸入种植床中。每周都重复沟渠灌溉。确保在下雨天或种植床完全湿透后水仍滞留在沟渠中时，移去沟渠两端的阻拦物，让水能够从种植床中排出。

如果盐分积累成为问题，使用洒水器淋洗种植床中的盐分。夏天的时候最好高强度淋洗至少两次；在早上进行淋洗使植物能够变干。不要使用软水。软水器会将水中对植株无害的钙和铁元素换成对植物有害的钠。

施肥

草莓的早期生长中需要磷元素来支持根系的发育，在生长时也需要氮肥来保证植株健壮和多产。施肥时要多加小心，避免危害草莓植株。

肥料包装上标有三个数字来表明氮（N）、磷（P）、钾（K）的重量百分比。例如，一个标有 16-20-0 的肥料表明含有 16% 的 N,20% 的 P 和 0% 的 K。这一组数据通常叫做 NPK 比率。肥料通常都会有这一比率。也可能会列出第四个百分比。一些情况下，例如 16-20-0-14，这个比例代表硫含量，但是硫并不总是被列出。使用肥料的信息可在建议阅读中的《加利福尼亚州园艺手册》（*California Master Gardener Handbook*）中，以及其他出版物中查到。

草莓的施肥程序从开始定植时使用基肥开始。施入一匙缓效肥，磷酸铵（16-20-0），或硫酸铵（21-0-0-24），在植株下约 1 英尺的位置（见“定植”一章的前部）。施尿素或磷酸氢二铵时，不要离植株太近。如果想使用有机肥，可用鱼粉或血和骨粉的混合物来代替上述提到的肥料。如果加入了铵肥，增加了晒土，则不需要再施基肥。

在 2 月施缓效肥。在园艺商店内询问缓效肥，缓效肥需有高含量的铵态氮。离每棵植株大约 2 英寸远，挖一个 3～4 英寸深的洞，放一大匙肥料于洞中，再将土填回。也可在灌溉前在滴灌线路下靠近植株的地方施入相同量的肥料。含氮量很高的有机肥如血粉或鱼粉可以代替铵肥，但是施用的量要多很多；例如，如果使用含 N 量 8% 的有机肥，则施用量需是 16-20-0 肥施用量（重量）的 2 倍。

如果还要种植一年则在夏天需要再次施肥。遵循二月施肥时的说明。如果使用了塑料地膜，在施肥时拉开，并在施肥后重新盖上。如果塑料膜老化需要更换，这是一个合适时机。

覆盖

对庭园草莓来说覆盖大有好处，不管是种植在高台种植床、平地种植床还是种植箱内。在植株下面的土壤表面铺上一层覆盖物防止植株接触土壤，这可大大减少果实腐烂的问题。覆盖物也可减少蛞蝓、蜗牛和潮虫的问题。如果使用一层不透光的彩色塑料膜（黑色、棕色或绿色），这可以控制大部分杂草的生长，油莎草除外，因为它可穿透塑料膜。如果有机覆盖物如干草或树皮太湿的话，可能会促进蠼螋和潮虫的增加。如果覆盖层足够厚的话，有机的或无机的覆盖物都会抑制杂草的生长。在有机或无机的覆盖层铺一层非织造布会有助于杂草的控制。

如果使用塑料膜或非织造布覆盖层，在种植前就将其覆盖在种植床上。纵向拉开覆盖层（推荐使用1/2毫英寸的塑料膜）将其盖在种植床上，用针和土将其进行固定。确保覆盖层的边缘被土压实，并在种植床上放置沙袋防止风将覆盖层吹跑。在种植箱或平地种植床上，尽量覆盖多的土壤表面并保证覆盖层的边缘用砖、石块或一层土压好。然后每个种植点在覆盖层上剪出一个长约4英寸的×形，进行施肥和种植时将其拉开，之后再将其盖回植物底下。当施加肥料时可只拉开一个角。

修剪

在草莓种植中，修剪用来限制子代植株的形成和促进多根茎植株的营养生长，以及除去没用的且可能有病害的老叶，也可除去秋天的花使植株更健壮和在春天获得更大的产量。

为了使你的庭园草莓有最好的收成，除去匍匐茎使单株产生多个根茎。在草莓种植的第一年，允许一些匍匐茎形成子代植株好用来替代死去的植株。当其他的匍匐茎开始形成时要及时除去。在种植中始终要进行匍匐茎的去除，除非你想要一些新的植株。如果日中性的品种在种植后长势很弱，则剪去它们形成的第一、二个花序，这会增加植株的生命力。

在第一个整年生长后的晚秋，剪去短日照植株的大部分叶子（图11）。对日中性品种，除去已经变色的老叶。确保除去已经出现病害症状的叶子。收集剪去的枝叶并将其扔弃到距离植株很远的地方，不然它们会成为病害的来源。

轮作

许多有害生物的危害会从一个生长季延续到下一个生长季，并在多年后逐渐变得严重。即使是管理得很好的草莓植株最终也会由于病毒侵染、根部病害和食根的节肢动物的危害积累而减产。因此，最好至少每3年从认证苗圃中获得新的植株替换原有植株，或当植株受到有害生物危害时替换。转到新的种植床或在倒茬前对原有种植床进行处理以减少有害生物的数量。

轮换使用2～3年未种植草莓的种植床。如果在庭园内的地块轮换种植草莓，则最好不要在对黄萎病敏感的作物种植后的地块上种植草莓，这些作物包括西红柿、马铃薯、茄子和瓜类。甜玉米是很好的轮作作物。种植甘蓝作物，尤其是茎椰菜，其残茬可减少土壤中的轮枝孢菌。如果种植床在种植两茬草莓之间可以种其他庭园作物，则可种黑麦草。这可减少土壤中轮枝孢菌的数量并且防止其他草莓病残体生长。经常剪、割黑麦草，防止其产生种子，因为这可能会在之后引起黑麦草的杂草问题。

可以采用的轮作顺序：

- 在夏末除去旧的草莓植株。
- 种植冬季作物如茎椰菜、花椰菜、甘蓝或其他十字花科植物。
- 在春天，将十字花科作物的残茬除去，可让其变干后翻入土中。
- 或者在草莓之后种黑麦草，然后在春天与从其他园中得到的十字花科作物的干残茬一起翻入土中。
- 用透明的塑料膜覆盖土壤，让其整个夏天都接受阳光照射（见下面关于土壤日晒的论述）。
- 在种植草莓之前让雨水淋洗风化覆盖物的残余至少2个月，或使用喷洒装置淋洗。
- 在秋末或晚冬种植新的草莓植株。
- 或者，在土壤日晒后种植黑麦草，在次年春天将其翻入土内，风化2个月，然后在8月种植草莓。

可以重复冬天十字花科植物或黑麦草的种植和晒土的循环1～2次。在这种情况下，只需在种植草莓之前淋洗作物残茬。

除了草莓和其他作物轮作外，还可循环使用不同的种植床，通过让匍匐茎在第二个生长季在一块干净的种植床上长出子代植株来实现。然而，这种方法无法解决草莓植株因病毒侵染逐渐衰退的问题。当新的植株长成后除去旧的植株。在种植新植株之前可在夏天对土壤进行处理。如果要进行晒土，并且从两边的母体植株延伸过来培育子代植株的话，要保证新的土地至少宽为3英尺。

晒土

如果将要种植的地块前茬作物是草莓、西红柿、马铃薯或茄子，则需要土壤日晒来降低可能的病原物（尤其是轮枝孢菌）的水平。土壤日晒需要在夏天最热的时候在湿润的土壤上覆盖透明的塑料膜。在天气温暖、阳光充足的内陆地区，上部土壤可接受足够多的热量减少土传病原物、昆虫、杂草和线虫的数量。为了使效果最佳，日晒平地，并使用两层塑料膜。在土层上面几英寸的杂草种子可被杀死，然而其他活的杂草种子在建高台种植床时会被带到表面。晒土在沿海地区可能没那么有效，因为多云或多雾天气以及冷风会妨碍土壤升温。

如果晒土，用1～2毫英寸的塑料膜并保证其能防紫外线。如果不能防紫外线，塑料膜会在几周内降解。卷筒的塑料膜比折叠的塑料膜效果好，折叠的塑料膜在其折叠的地方更易降解。在一年中阳光最热的两个月里晒土。为了达到最大效果，使用两层塑料膜，两层间的空隙为1～2英寸（2～5 cm）。这形成了一层隔热层，可将土壤温度提高5℉（3℃）或更多。铺好第一层塑料膜，在第一层的表面周围放置直径合适的PVC管或空铝罐，然后在间隔之上拉紧第二层塑料膜。用砖石使塑料膜固定在种植床边缘。在铺塑料膜之前，要保证上层土壤已经浇好水，并将塑料膜边缘用一层泥土封好。用来晒土的地块要至少宽3英尺，以达到最好的效果。

若在铺塑料膜前使用洋葱或十字花科植物（甘蓝、花椰菜、青花菜、荠菜等）的残茬将会增强日晒对土传病原物的效果。当这些植物的残茬降解后，它们会释放对病原物有毒的物质。干的残茬效果最好，每平方码用大约1磅。如果使用复合粪肥或无机铵肥如尿素【每100平方英尺用大约1.5磅（约0.7 kg）】，硫酸铵【每100平方英尺用大约3磅（约1.3 kg）】也会提高晒土的效果。在种植草莓前含有作物残茬的土壤必须被充分风化。一个方法是在冬天种植甘蓝或其他十字花科植物，然后在春天将干的残茬翻入土中，包括那些没有吃完的作物，然后让土地在整个夏天都接受日晒。

有害生物问题

在庭园种植草莓中最麻烦的有害生物有鸟类、蛞蝓和蜗牛，植物冠霉病和根霉病、灰霉病和红蜘蛛。一些其他的脊椎动物类有害生物和病害如潮虫、蠼螋、黄萎病、白粉菌也会在庭园中造成问题。根据所在的地区，可能会受一些哺乳动物如金花鼠、鼹鼠、地鼠、田鼠，甚至是鹿的困扰。表20列出了在庭园中可能会遇到的有害生物的问题及可用的防治方法。你可以在表中列出的页码中查到相关图片和详细的说明。更多的关于控制庭园中有害生物的信息见UC IPM的网页（www.ipm.ucdavis.edu）。

监测 频繁地调查园中的有害生物是控制庭园中的问题的一个重要部分。一个放大倍数至少为10倍的手持放大镜会非常有用，用这个查找叶螨或鉴定其他有害生物。这本书前面章节的图片和描述将有助于鉴定一些特定的有害生物。每周至少检查你的庭园2～3次，看是否有有害生物或损害，进行下一步的控制。做有规律的调查时，清除种植床内的杂草和受病害的草莓叶。摘取果实时顺便寻找有害生物，至少1周2次，如果果实有病害的症状，将其清除。

生物防治 许多危害草莓的生物的天敌也常见于庭园中。一些重要的自然天敌在这本书前面关于有害生物的部分已经有介绍，在第五章的“常见的捕食性天敌”中讲到了昆虫和螨类害虫的天敌。使用第五章的图片来帮助识别庭园里的有益昆虫和螨类。可以在庭园里使用生物防治而将杀虫剂作为最后的手段，避免用有机磷和拟除虫菊酯类杀虫剂（这些对天敌也有毒性），而是选择对天敌危害最小的药物和技术。

农业防治 在这一章前面提到的许多栽培措施有助于防治有害生物的问题。遵循关于土壤准备、种植床设计、施肥、灌溉的推荐的栽培措施。另外，定期除去所有老的病叶，尽早除去病害严重的植株，包括它们的根，这会有助于减少病害的发生和在草莓植株间的病害传播。

农药使用 庭园草莓的许多有害生物问题都可用上面提到的栽培方法加以控制，并不使用农药。然而，在一些情况下，农药可能是控制一些特殊的有害生物如白粉菌的唯一方法，或者需要用于控制一些害虫如叶螨或蠼螋的大暴发。在庭园中可用的药剂在正确使用时要对小孩和宠物威胁最小，对天敌危害最小。例如，可湿性硫制剂或楝树油可以防治白粉菌和叶螨，而杀虫皂可用来防治一些害虫、螨类和白粉菌。磷酸铁诱饵可能对防治蜗牛和蛞蝓有效。苏云金芽孢杆菌（Bt）制剂和多杀菌素都是对环境安全的防治幼虫的杀虫剂。在庭园中推荐使用的毒性最小的有害生物防治制剂见于 UC IPM 的网页（www.ipm.ucdavis.edu），在“家庭，庭园，园艺和草坪”的目录下。

为了减少对草莓植株可能会造成的危害，不要在很热的天气施用农药，不要在一个生长季内使用 3 次以上的杀虫皂，并且每次使用需间隔至少 2 周以上。不管何时在你的庭园内使用农药时，确保认真遵循说明，穿上保护用服装，并将其保存在安全的地方。

蛞蝓和蜗牛

蛞蝓和蜗牛很少危害商业草莓植株，但是它们

表 20　庭园草莓种植最可能遇到的有害生物问题及其供选的控制策略

有害生物	页码	供选的控制策略
蚜虫	66-68	杀虫皂
鸟类	133-137	保护网，恐吓装置
谷实夜蛾	70-71	手捉，Bt, 多杀菌素
地老虎	68	除去杂草、草坪以及庭园周围丛生的植物，杀虫诱饵
樱草狭肤线螨	65-66	种植新的植株
鹿	141-142	安栅栏
蠼螋	79-80	垃圾处理和去除杂草，捕捉装置，毒饵
金花鼠、鼹鼠	139，153	有网状隔底的种植箱，捕捉，毒饵（金花鼠）
灰霉和其他果实腐烂	86-90	抬高的种植床，塑料膜覆盖，滴灌或渠灌，保持植株间距保证空气流通，杀菌剂
地鼠、田鼠、大鼠、家鼠	137-139	捕捉，减少栖息地，毒饵
叶斑病	90，96	滴灌或渠灌而非喷灌，除去病叶，杀菌剂
卷叶害虫、黏虫、尺蠖	68-74	手捉，Bt，多杀菌素
草盲蝽	56-61	杀虫皂
疫霉根和冠霉病	100-101	良好的土壤排水状况，防止灌水过度，种植前的土壤处理，移栽到清洁土壤中
白粉病	91-92	油，硫磺，或其他杀菌剂
根象甲	76-77	抬高的种植床或有黏性障碍物的种植箱，移栽
蛞蝓和蜗牛	81	抬高的种植床或种植箱，塑料膜覆盖，防止过湿，减少垃圾和杂草，铜板障碍物，磷酸铁诱饵
潮虫	150-151	抬高的种植床或种植箱，防止过湿，减少垃圾和杂草
红蜘蛛	49-56	杀虫皂、油、硫磺、捕虫螨，减少垃圾
黄萎病	102-103	轮作，种植前土壤处理，抗性品种
病毒	92-94	定期用新植株倒茬
杂草	115-131	种植前处理，人工清除，覆膜或不透光的塑料膜覆盖，除草剂

蛞蝓和蜗牛经常是庭园内发生严重的有害生物，在成熟果实上吃出洞。图片显示了一只未成熟的灰色小蛞蝓。

经常成为庭园草莓的主要问题。它们在晚上或者多云的天气很活跃，在成熟果实上吃出洞然后留下银色的干黏液痕迹。它们在果实上留下的洞可能会被许多有害生物二次侵染，如潮虫、蠼螋，以及一些小甲虫。蛞蝓和蜗牛喜欢潮湿的土壤表面，在有遮蔽物的地方出现，如地面覆盖物或湿树叶，并使果实和土壤接触。

用高台种植床或生长箱并在植物下铺一层干燥的覆盖层有助于减轻蛞蝓和蜗牛的问题。铜板障碍物会阻止它们危害新的植株，因为这些有害生物不会从铜板上爬过。在许多庭园商店中可以买到来阻挡蛞蝓和蜗牛的细铜板。这些铜板必须2英寸宽才有效。在种植箱的周围用针固定铜板形成一条连续的带。也可用铜板围在新的草莓种植床周围作为阻碍物，确保它至少高出土面6英寸，并在地下有2～3英寸。

可以通过减少蛞蝓和蜗牛的藏身地如木板、石头、瓦砾以及杂草来减少它们的数量。不要在有很厚地面覆盖物的地方，如常春藤处，做草莓种植床，这可为它们提供藏身之所。使用滴灌而非喷灌或渠灌以使土壤表面干燥。也可以使用诱捕来减少蛞蝓和蜗牛的数量。在你的园子周围将木板安置高出地面1英寸，然后每天去查看，除去将其作为藏身地的蛞蝓和蜗牛，可以将它们碾死或将其抛到肥皂水桶中。诱饵也可作为上面曾提到的包括农业防治方法的IPM综合防治的一部分。诱饵本身并不能解决这个问题。蛞蝓和蜗牛诱饵含有毒的化学物质，使用时必须十分小心，注意小孩和宠物。含有磷酸铁的诱饵对人和宠物是低毒性，这是适合庭园的一个好的选择。

潮虫

潮虫是甲壳类的，是蟹和虾的亲属。通俗名称是药丸甲虫，因为它能够卷成一个紧紧的球形。潮虫主要吃腐烂的有机物质，因此它们在有机覆盖层或残骸多的地方滋生。但是它们也取食成熟草莓，在果实上咬出小洞，或者将蛞蝓和蜗牛吃出的洞弄得更大。潮虫通过腮呼吸因而需要潮湿的环境。使用高台种植床或种植箱，一层干燥的覆膜，使用滴灌或渠灌而非喷灌，通常可以防止它们成为严重的问题。

红蜘蛛

庭园比商业草莓植株可以承受数量多得多的螨类。但是如果螨类数量太多，植株将会停止生长，叶片开始变干并且沿边缘坏死。如果你的草莓显示出这样的损伤，检查一下叶片的背面是否有螨。使用放大镜观察小小的、淡黄色或绿色的螨虫。如果有大量螨虫，则用杀虫皂、杀虫油或可湿性硫小心处理，确保喷洒在有螨的叶子背面。为了减少危害植株的风险，不要在天热时［温度高于大概80 ℉（27℃）］喷洒，或在30天内喷油一种。使用杀虫皂时，不要在两周内使用多于一次或在一个生长季内多于三次。

如果你想释放捕食螨，可在一些庭园商店或者商业养虫室得到。小植绥螨属智利小植绥螨（*Phytoseiulus persimilis*），在凉爽天气下效果更

宽为至少2英寸的细铜板，在许多庭园商店都有供应，是防止蛞蝓和蜗牛进入新的草莓种植地的有效障碍。

潮虫是一种小小的灰色甲虫，坚硬的外壳由一块一块的小壳组成。这些块状的壳让一些种类能够卷成一个紧紧的球，通常叫它们“药丸甲虫”。

好；而西部捕食螨（*Galendromus*（*Metaseiulus*）*occidentalis*），更加适应温暖的中心山谷地区。养虫室的目录见建议阅读。在草莓植株上一见到螨虫时就释放捕食螨，而非等到造成可见的损害时再释放。天气温和时释放，在喷洒杀虫皂至少1天后或喷洒硫至少几天后再释放。如果你已经喷洒了毒性更强的农药，要等至少几周才能释放。释放后，要监测红蜘蛛的出现，确保天敌已经能够出现并发挥作用。行动敏捷且为红色的小植绥螨属智利小植绥螨很容易同红蜘蛛区分开，而西部捕食螨较难辨别。关于这些捕食螨和二斑叶螨的图片见本书的第五章。

樱草狭肤线螨

樱草狭肤线螨是一种很小的螨，即使有放大镜也很难看清，它们取食新长出的草莓叶片。受害植株的新生叶片会严重卷曲。在庭园中唯一可靠的控制方法是将植株都换成新的、没有螨虫的植株。正如其名字所示，观赏植物樱草是这种螨的寄主，所以要避免在樱草植株的旁边建立新的草莓种植床。

蠼螋

如果在园子的周边地区蠼螋的数量很多，那么它们可能会给草莓造成危害。蠼螋在晚上活跃，主要取食被蛞蝓、蜗牛或其他有害生物危害裂开了的果实。将落叶、垃圾堆以及杂草清扫干净，蠼螋在这些地方寻找庇护所并大量滋生。如果蠼螋成为问题，可通过诱捕的方法来减少它们的数量。

可用小罐捉住大量的蠼螋，如用装金枪鱼或猫食的罐子，里面装上一半体积的3～4份植物油和1份动物油的混合物，在园子周围或在草莓植株之间放上一些。当有大量蠼螋在里头后将罐子清空换上新的油，可以用旧的茶漏将蠼螋滤出来，重复使用混合油。另外一种好的捕捉装置是卷成桶的报纸。每天将聚集在里面的蠼螋倒入肥皂水桶中。坚持使用捕捉罐，可有效减少蠼螋的问题。

杀虫饵也是控制庭园中蠼螋的有效的方法。如果你选择运用这种方法，要小心使用。它们可能对有益的昆虫有毒或在一些情况下对宠物和野生生物有毒。

根象甲

象甲成虫可能从周围的其他寄主如月季、灌木或其他木本观赏植物侵入庭园的草莓地，成虫在晚上取食，在叶的边缘咬出半圆形的洞，这种损害通常对植物无害，但这是根象甲出现的最初迹象。用手电筒在晚上寻找成虫，根据种类的不同它们有可能在春天、夏天或初秋出现。如果是成虫在草莓植株上产卵之前，将成虫捉出来杀死将有助于防止更严重的危害。幼虫可造成的危害最大，它们取食根和根茎，最终杀死植物。如果植株枯萎并开始死亡，将其挖出检查植株的根部和根茎看是否有象甲幼虫或蛹。如果没有发现象甲，则将植株根茎部竖向切开看是否有病害的迹象，因为一些病害能够引起类似的枯萎症状（见第六章的“根和根茎部病害”）。

如果有象甲，最好的办法是首先将所有被感染的植株挖出并销毁，然后以病株为中心向外延伸出一个圆，移走那些看起来健康的植株，并检查它们的根系和根茎部，直到不能发现象甲为止。好好管理土壤，在移栽前先处理土壤或晒土。你可能需要更换整个种植地。更换掉植物后，按照下面的步骤在种植区域周围设立黏性的障碍板。首先，在草莓种植床周围围上障碍板，可以用很重的（90磅）沥青纸做此障碍，用木桩将沥青纸立起来，高18英寸并埋在地下2～3英寸。然后在顶端附近涂3～4英寸宽的黏性材料如Stickem或黏胶围绕在障碍板的外侧。这会让不能飞的成虫无法进入草莓地。这个障碍板也可防止田鼠的侵害。定期检查障碍板的黏性并在其沾满灰尘和残骸的时候更换新的。至少在整个春天、夏天和冬天都使用黏性障碍板。对于根象甲没有有效的杀虫剂。

蚜虫

蚜虫可能在温和的气候下在草莓上滋生。蚜虫在取食时分泌蜜露，如果有大量的蚜虫，黑烟霉会在蜜露上生长，叶子和果实上长出来。当温度在 70～80 ℉时要注意蚜虫。结果期出现大量蚜虫，要用杀虫皂小心处理受害的植株。

幼虫虫害

一些不同种类的幼虫害虫可能会时不时地危害庭园草莓。最常见的包括庭园铅卷蛾和其他卷叶虫、黏虫、尺蠖、地老虎和谷实夜蛾。它们都取食成熟果实，地老虎和黏虫可能会因取食植株根茎而危害幼年植株。地老虎在夜晚取食，在白天会躲在植物下面的土壤里。所有其他种类在白天的时候都可以在草莓上看到。苏云金芽孢杆菌制剂和多杀菌素对在暴露地方取食的幼龄幼虫都有效。如果有更大龄的幼虫，则将其捉出，然后杀死，可控制其数量。减少地老虎的最重要方法是保证园内没有杂草和植物残茬，且避免在草坪附近种植草莓。在之前种植草坪或被杂草入侵过的新的庭园内地老虎是一个常见的问题。可以使用杀虫饵，但是许多情况下由于没有注意到问题的发生而使得时间太长以至于杀虫饵不再有效。

草盲蝽

草盲蝽在中部沿海地区的商业草莓种植中是一个严重的问题，但是它在庭园草莓种植中通常不形成危害。如果侵入了庭园，它们的取食会使草莓果实变形（畸形；见第五章的“草盲蝽”下的图片），但通常是可以接受的。然而，在一些地方，尤其是附近长有苜蓿的地方，将会引起严重的危害而需要采取控制措施。草盲蝽的危害通常发生在夏天。如果有大量的草莓果实形成猫脸畸形果，则要在花上或在草莓植株的附近寻找盲蝽若虫。畸形同样可因寒冷天气产生。如果将杀虫皂直接撒在若虫上将会有效，因为若虫运动很快但还不会飞。对盲蝽有效的毒性更强的药物也可用于庭园，但是会对生物防治有干扰且没有必要。

灰霉病和其他果实腐烂病

灰霉经常在寒冷潮湿的天气发生。如果使用高台种植床，塑料膜覆盖防止果实接触土壤，并且使用滴灌或渠灌防止水留在叶片和果实上的话，果实的腐烂可以减到最小。最重要的是保证植株间有足够大的间隔好让果实间有良好的空气流通。高密度种植会产生一个潮湿的环境而易于发生果实腐烂。在较冷、多云的地方，可以通过使用阶梯式的种植箱让果实一边垂下来，增加植株和果实间的空气流通来减轻果实病害问题。如果使用喷灌，尽量在早晨进行灌溉好让植株能在白天的时候变干。如果还有灰霉问题，可以使用一些杀菌剂进行控制。另外一个减少灰霉的方法是使用塑料棚来防止草莓种植床被雨水淋到。你可以在白天将塑料棚两侧卷起使其通风，在晚上放下保持更高的温度，减少灰霉的同时可促进植株生长，增加产量。

疫霉根和冠霉病

当种植床长期处在过湿的状态时易发生根部和根茎部的腐烂。这在黏质土中最易发生，在种植床浇水过多或过频繁时也易发生。如果草莓在同一地点种植得越久问题就越严重。植株根部或根茎部腐烂可能会使植株枯萎、倒下，有时叶片会变红或变紫。植物根茎部组织会变成棕色或红棕色。可以通过准备有排水良好的土壤的高台种植床，在多雨天气提供给种植床良好的排水条件，避免浇水过多，以及每几年更换一次植株等方式减少根部疫霉和根茎部腐烂的问题。在此病害发生的地方，在再次种植草莓前可以使用土壤处理包括晒土来减少疫霉。

黄萎病

黄萎病会在之前种植过感病的草莓或其他寄主作物的土地上的新的草莓植株上发生。轮枝孢菌的寄主包括瓜类、茄子、番茄和马铃薯（关于寄主的完整列表见“植物对轮枝孢菌的抗性和感病性”，列于建议阅读中)。这种病害的典型特征是受感染植株的老叶片会枯萎并变为棕色，然而幼叶仍保持绿色。土壤处理能减少土壤中轮枝孢菌的数量。晒土如果和其他措施如在土中翻入十字花科植物的残茬和复合粪肥或铵肥，或者在晒土前种植黑麦草作为覆盖作物结合使用的话，就会更有效地降低病原物的水平。在庭园补充目录中可找到抗性品种，但是除 Sequoia 之外，这些品种在加利福尼亚州生长不是很好。

白粉病

白粉病在庭园草莓种植中也可能发生，这种病害危害叶片和果实，天气温暖时症状更明显。注意叶片的卷曲或其上的红色或紫色的斑点。为了阻止这种病害的蔓延，发现迹象时立即使用园艺油、楝树油或可湿性硫处理。保证叶片正面和背面都喷洒到，这种处理也可减少螨的数量。不要在高温天气使用硫（当温度高于 80 ℉)，因为会危害叶片和果实。使用硫之后的 2 周内、或温度高于 90 ℉、或受干旱胁迫的植株都不要使用油类。生物杀菌剂也可用于控制白粉菌。这些物质对人类、宠物、或有益昆虫没有毒害，但是它们在控制白粉菌的作用上不如硫或园艺油效果显著。

叶斑病

在潮湿天气或使用喷灌时草莓上可能会发生叶斑病。如果使用滴灌或渠灌代替喷灌的话叶斑病的严重度将会降低。在潮湿天气时注意叶斑病的发生。一旦出现时立即除去和销毁被感染的叶片。在每个生长季末除去所有的老叶片可能也有助于降低剩余的病原物。也可选择一些有效的杀菌剂。

病毒

病毒逐渐在草莓植株内积累，它们通过蚜虫或其他昆虫传播到园子里的草莓上。侵染通过植物维管系统从母体植株传播到子代植株，受感染植株的新生叶片会变形扭曲且形成各种黄色的褪色斑点，症状会逐渐变严重。有规律地从苗圃中获取新的植株来替换旧的植株将会阻止病毒成为庭园内的危害。

杂草

有规律地人工除草对于庭园杂草控制已经足够。确保在其开花前就已经将其拔除（包括庭园内和附近地方)，这样它们就不能产生种子。种植前的处理和晒土也有助于降低土壤中杂草种子的数量。如果有多年生杂草，或者深根的一年生或两年生杂草如田旋花、狗牙根、油莎草、蒲公英或锦葵，在准备种植床前就用草甘膦处理将有助于破坏其地下结构。一般来说，草甘膦对快要开花的快速生长的植物使用效果最好。注意标签说明的草甘膦施用之后需要等待的时间，对于庭园的制剂现在的限制（即写这本书时）是在种植草莓前至少等待 7 天。每次在多年生杂草刚开始重新长起时就不断用手拔出，将逐渐降低其地下结构储存的能量。

如果准备使用透明的或白色的塑料膜覆盖层，则需保证在覆膜前杂草已得到控制。这些膜无法阻止杂草的生长。如果你预测到种植床内会有杂草问题，那么你可在一层有机或无机的覆盖物下铺一层不透明的塑料膜除草布。

鸟类和其他野生生物

许多种类的鸟可能危害庭园草莓，金花鼠、鼹鼠、地鼠、田鼠、家鼠和大鼠也都可能引起危害。有些地区，鹿也可能形成危害。

鸟类取食成熟草莓，家朱雀、金翅雀以及冠雀是庭园中最常引起危害的种类，其他种类还包括腊翅鸟、知更鸟、掠鸟和家麻雀。控制危害草莓的鸟类最有效的方法是设置保护网。在庭园供应商店购买“鸟网”，一种可以重复使用几个生长季的轻质塑料网。选择网孔尺寸不大于 3/4 英寸的网。将网罩在草莓种植床上，保证网距离植物至少有几英尺（如果直接将网盖在植物上的话，鸟类可通过网孔啄取果实)。制造一个网架，这样在摘取果实或在植株周围工作时能轻易将网移除。

草莓种植床可能会被金花鼠或鼹鼠侵入。金花鼠可能会取食草莓的根，但是金花鼠和鼹鼠引起的最大问题是它们挖洞带来的。一旦在你的园子周围发现有一堆堆的土就立即采取控制措施。可以用捕捉装置对付金花鼠和鼹鼠，对金花鼠来说毒饵也有效，但是必须小心使用。捕捉装置和诱饵的使用在第九章“脊椎动物类”有论述。使用有金属网孔底

成年白冠麻雀（如图所示）头上有突起的黑白条纹，未成年麻雀的条纹是深棕色和亮棕色，金冠麻雀在头部只有一条黄色的条纹。

部的种植箱可以阻止金花鼠和鼹鼠的侵入。高台种植箱也可防止田鼠的危害。

如果在草莓地附近有巢穴或合适的栖息地，地鼠、田鼠、家鼠以及大鼠可能会取食庭园草莓。木头堆、杂草地以及灌木丛给这些小型哺乳动物提供了适宜的栖息地。把这些地方尽量打扫干净阻止它们在你的庭园附近做窝。在园子里养一些猫狗也可以阻止这些动物侵入。有关控制这些和其他脊椎动物类有害生物的更多信息见《庭园有害生物控制》（*Wildlife Pest Control Around Gardens and Homes*），列于建议阅读中。根据你的情况，可以参考商业草莓“有害脊椎动物”这一章节中提到的一些管理办法。

建议阅读

一般阅读

Handling Strawberries for Fresh Market. 1996. UC ANR Publication 2442.*

Modern Fruit Science. 10th ed. 1995. N.F.Childers，J.R.Morris，G.S.Sibbett. Horticultural Publications，Gainesville，FL.

The Pink Sheet Strawberry News Bulletin. California Strawberry Advisory Board，P.O.Box 269，Watsonville CA 95077.

Postharvest Technology of Horticultural Crops. 3rd ed. 2002. UC ANR Publication 3311.*

Small Fruit Crop Management. 1990. G.J. Galletta and D.G.Himelrick，eds. Prentice-Hall，Englewood Cliffs,NJ.

Strawberries. 1999. J. F. Hancock.CABI Publishing，New York，NY.

Strawberry Production in California. 1989. UC ANR Publication 2959.*

The Strawberry History，Breeding，and Physiology. 1966. D. M. Darrow. Holt，Rinehart，and Winston,New York，NY.

The Strawberry Varieties，Culture，Pests and Control，Storage，Marketing. 1981. N. F. Childers，ed. Horticultural Publications，Gainesville，FL.

Temperate-Zone Pomology Physiology and Culture. 3rd ed. 1993. M. N. Westwood. Timber Press，Inc.，Portland，OR.

有害生物综合防治

IPM in Practice: Principles and Methods of Integrated Pest Management. 2001. UC ANR Publication 3418.*

---

* Also available from University of California Cooperative Extension offices and at the UC IPM World Wide Web site, http://www.ipm.ucdavi s.edu.

UC IPM Pest Management Guidelines:Strawberry. Revised continuously. UC ANR Publication 3468.*+

土壤、水分、气候和营养

Agricultural Salinity and Drainage. 1999. UC ANR Publication 3375.*

California Commercial Laboratories Providing Agricultural Testing. 1991. UC ANR Publication 3024.*

*CIMIS:California Irrigation Management Information System.*On the World Wide Web at http://www.cimis.water.ca.gov/.

Diagnosing Soil Physical Problems. 1976. UC ANR Publication 2664.*

Drip Irrigation. 1975. UC ANR Publication 2740.*

Drip Irrigation and Nitrogen Fertigation Management. 1994. UC ANR Video V94-K （VHS） or 6551D （DVD）.*

Irrigation and Drainage. 1993. UC ANR Video V93-P （VHS） or 6543D （DVD）.*

Irrigation Scheduling:A Guide for Efficient On-Farm Management. 1989. UC ANR Publication 21454.*

Irrigation Water Salinity and Crop Production: Farm Water Quality Planning Series. 2002. UC ANR Publication 8066.*

Measuring Irrigation Water. 1959. UC ANR Publication 2956.*

Nutrient Management Goals and Management Practices for Strawberries: Farm Water Quality Planning Series. 2004. UC ANR Publication 8123.*

Scheduling Irrigations: When and How Much. 1999. UC ANR Publication 3396.*

Sediment Management Goals and Management Practices for Strawberries: Farm Water Quality Planning Series. 2002. UC ANR Publication 8071.*

Soil and Plant Tissue Testing in California. 1983. UC ANR Publication 1879.*

Soil Solarization: A Nonpesticipal Method for Controlling Diseases,Nematodes，and Weeds. 1997. UC ANR Publication 21377.*

Western Fertilizer Handbook. 9th ed. 2002. Soil Improvement Committee，California Plant Health Association. Interstate Publishers，Danville，IL.

农药应用和安全

La Loteria de los Pesticidas. 1992. UC ANR Publication 3355.*

National Pesticide Safety Education Core Manual. 2005. C. Randall et al.，eds. U. S. Environmental Protection Agency，Office of Pesticide Programs，Washington，D. C.

Pesticide Safety: A Reference Manual for Private Applicators. 2nd ed. 2006. UC ANR Publication 3383.*

Pesticide Safety for Small Farms. 1996. UC ANR Video 6565D （DVD:English and Spanish） and UC ANR Video 6566D （DVD:Hmong，Lao，Ilokano）. Also available in VHS format.*

*Pesticide Safety Information Series.*California Department of Food and Agriculture,1220N Street，Sacramento,CA 95814. Includes specific procedures for handling hazardous pesticides.

Safe and Effective Use of Pesticides. 2nd ed. 2000. UC ANR Publication 3324.*

*Safe Handling of Pesticides.*1988. UC ANR Video V88-T （VHS） or 6518D （DVD:English and Spanish）.

Seguridad en el Manejo de Pesticidas. 2nd ed. 2007. UC ANR Publication 3394.*

El Uso Seguro de los Pesticidas. 1988. UC ANR Video V88-U （VHS）.*

昆虫

California Insects. 1979. J. A. Powell and C. L. Hogue. University of California Press，Berkeley，CA.

Insect Identification Handbook. 1984. UC ANR Publication 4009.*

Insect Pests of Farm，Garden，and Orchard. 8th ed.

* Also available from University of California Cooperative Extension offices and at the UC IPM World Wide Web site，http://www.ipm.ucdavi s.edu.

1987. R. H. Davidson and W. F. Lyon. Wiley，New York.

Introduction to the Study of Insects. 6th ed. 1992. D. J. Borror，C. A. Triplehorn，and N. F. Johnson. Saunders College Publishing，Philadelphia.

Lygus Integrated Pest Management in Strawberries. 1997. UC ANR Video 6572D （DVD:English and Spanish），UC ANR Video V97-E （VHS: Spanish）,UC ANR Video V97-F （VHS: English）.*

National Audubon Society Field Guide to North American.

Insects and Spiders. 1995. L.Miline and M. Miline. A. A. Knopf，New York.

Natural Enemies Handbook:The Illustrated Guide to Biological Pest Control. 1998. UC ANR Publication 3386.*

病害和线虫

Compendium of Strawberry Diseases. 2nd ed. 1998. J. L. Maas,ed. American Phytopathological Society，St. Paul，MN.

General Recommendations for Nematode Sampling. 1981. UC ANR Publication 21234.*

Plant Nematology:An Agricultural Training Aid. 1980. S. M. Ayoub，NemaAid Publication，Sacramento，CA.

Plant Pa theology. 5th ed. 2005. G.N. Agrios. Elsevier Academic Press，Burlington. MA.

Plants Resistant or Susceptible to Verticillium Wilt. 1981. UC ANR Publication 2703.*

Virus Diseases of Small Fruits. 1987. R. H. Converse，ed. Agriculture Handbook No.631,U. S. Department of Agriculture，Agricultural Research Service.

杂草

Applied Weed Science. 2nd ed. 1999. M. A. Ross and C. A. Lembi. Prentice Hall，Upper Saddle River，NJ.

How to Identify Plants. 1957. H. D. Harrington and L. W. Durell. Sage Press，Denver，CO.

Selective Chemical Weed Control. 1987. UC ANR Publication 1919.*

Weed Science. 3rd ed. 1996. W. P. Anderson. West Publishing. Minneapolis-St.Paul，MN.

Weeds of California and Other Western States. 2007. UC ANR Publication 3488.*

脊椎动物

California Ground Squirrel: Pest Notes for Home and Landscape. 2002. UC ANR Publication 7438. ++

Controlling Ground Squirrels around Structures，Gardens and Small Farms. 1980. UC ANR Publication 21179.*

Deer: Pest Notes for Home and Landscape. 2004. UC ANR Publication 74117.++

Moles: Pest Notes for Home and Landscape. 2004. UC ANR Publication 74115.++

Pocket Gophers: Pest Notes for Home and Landscape. 2002. UC ANR Publication 7433.++

Vertebrate Pest Control Handbook. 4th ed. 1994. J. P. Clark，ed. California Department of Food and Agriculture，Sacramento，CA.

Voles （Meadow Mice）: Pest Notes for Home and Landscape. 2002. UC ANR Publication 7439.++

庭园

California Master Gardener Handbook. 2002. UC ANR Publication 3382.*

Drip Irrigation in the Home Landscape. 1999. UC ANR Publication 21579.*

Garden Insects of North America. 2004. W. Cranshaw. Princeton University Press，Princeton，NJ.

Growing Strawberries in Your Garden. 1990. UC ANR Publication 2219.*

* Also available from University of California Cooperative Extension offices and at the UC IPM World Wide Web site，http://www.ipm.ucdavi s.edu.

++ Available from：UC ANR World Wide Web site，h ttp://anrcatalog.ucdavis.edu，and from UC IPM World Wide Web site，http://www.ipm.ucdavis.edu，under “Pests in Homes，Gardens，Landscapes，and Turf.”

Organic Soil Amendments and Fertilizers. 1992. UC ANR Publication 21505.*

Pest Notes for Homes，Gardens，Landscapes，and Turf. Available at the UC IPM World Wide Web site，http://www.ipm.ucdavis.edu.

Pests of the Garden and Small Farm. 2nd ed. 1998. UC ANR Publication 3332.*

Wildlife Pest Control Around Gardens and Homes. 2nd ed. 2006. UC ANR Publication 21385.*

有益生物资源

Directory of Least-Toxic Pest Control Products. Published annually in The IPM *Practitioner*，P. O. Box 7414，Berkeley，CA 94707.

Suppliers of Beneficial Organisms in North America. 1997. C. D. Hunter. California Department of Pesticide Regulation，Environmental Monitoring and Pest Management Branch，Sacramento，CA.

A Worldwide Guide to Beneficial Animals Used for Pest Control Purposes. 1992. W. T. Thomson. Thomson Publications，Fresno，CA.

* Available from: University of California，Agriculture and Natural Resources，Communication Services，6701 San Pablo Avenue，2nd Floor，Oakland，CA 94608-1239（http://anrcatalog.ucdavis.edu）.

表和图列表

表

图

词汇表

非生物性病害，abiotic disorder。不是由病原体引起的病害；生理性病害。

杀螨剂，acaricide。一种杀死螨的杀虫剂；杀螨药剂。

瘦果，achene。一种简单的、单粒种子的果实，其中种子只通过一个点与子房壁相连，如草莓表面的“种子”

不定的，adventitious。指一种结构从不正常的部位长出，如根从叶和茎的部位长出。

一年生植物，annual。正常情况下在一年内完成其生命周期：发芽、生长、繁殖和死亡植物。

叶耳，auricles。一些草的叶片基部耳状的器官；用来鉴别种类（图 32）。

叶腋，axil。枝或叶柄之间的夹角，茎由此处长出。

腋芽，axillary bud。在叶腋间形成的芽（图 3）。

二年生植物，biennial。需要两年完成其生活周期的植物，一般在第二年才开花。

二项取样，binomial sampling。一种取样方式。只记录被取样的群体成员（如有害昆虫）在一个样本单元（如一个叶片）内是存在或不存在，而不是计算个体的数量；存在 / 不存在取样。

生物性病害，biotic disease。由病原体引起的病害，例如细菌、真菌、植原体或病毒引起的病害。

盲节，blind node。草莓匍匐茎形成的第一个节，它一般不形成子代植株。

花萼，calyx。花的萼片，它们将未开的花芽包裹起来。

溃疡病，canker。在植物根部、茎部或匍匐枝上坏死变色的部分（损伤），一般凹下去的。

幼虫，caterpillar。蝴蝶、蛾子、叶蜂或蝎蛉的幼虫。

猫脸，catfacing。果实不正常的形状或外表；对草莓来说，经常是因盲蝽或低温对发育中的果实造成危害所形成的。

认证移栽苗，certified transplants。已获得加利福尼亚州食品和农业部门合格证的草莓植株；产品需要符合没有有害生物的要求，生产田中样本植株经检测没有病毒和线虫。

冷害，chilling。草莓受低温影响导致维持营养生长活力的养分储存减少。

叶绿素，chlorophyll。植物中从阳光中获取能量进行光合作用的绿色色素。

缺绿症，chlorosis。正常情况下为绿色的植物组织变黄或变白，经常是因叶绿素的缺乏引起。

循环型病毒，circulative virus。系统性侵染昆虫媒介的病毒。一般通过媒介生活的残留物进行传播；持久型病毒。

叶领区，collar region。草叶片和叶鞘相接的部位；用来鉴定植物种类（图 32）。

分生孢子，conifium (plural, conidia)。真菌的一种无性孢子，通过分裂或通过顶端特异菌丝形成芽而成。

防治措施指南，control action guideline。有害生物需不需要实施防治的指南。

子叶，cotyledons。种子内的胚最先形成的叶，一萌发后幼苗上就长出的叶；种子叶（图 32）。

交互抗性，cross-resistance。在有害生物防治中，对有害生物施用某种农药后其对此种农药逐渐产生抗性，并对之前并未使用过的农药也拥有了抗性。

根茎，crown。草莓植株的缩短茎，由此长出根、叶和果实花簇。

品种，cultivar。人工培育的植株种类或株系，耕作条件下进行生长发育。

子代植株，daughter plants。草莓植株的营养生长产生后代；匍匐茎产生的植株，匍匐茎由另一个草莓植株（称为母株）产生。

日中性，day-neutral。描述草莓品种开花对日照长度没有要求的术语；连续结果。

日度，degree-day(°D)。用来测量温度和时间的单位。

病害，disease。对植株正常结构、功能和经济价值的影响干扰，经常通过典型的迹象或症状表现出来。

休眠，dormancy。一种不活动的状态或长期静止状态。

经济阈值，economic threshold。有害生物种群的一个数量或危害水平，是为治理有害生物花费的费用等于采取措施后获得的作物价值。

皮层，epidermis。植物或动物表面活细胞的最外一层。

蒸散，evapotraspiration。由于土壤表面蒸发和植物蒸腾引起的土壤水分的损失 。

连续结果的，everbearing。描述草莓品种在一年中只要温度适宜就能开花结果；常与日中性同义。

秋季定植，fall planting。在秋季的中期或后期种植草莓的生产系统，这取决于在冬天月份里为早春作物产量的草莓植株的生长；冬季定植。

田间持水量，field capacity。土壤浸透水分饱和后和流走时的土壤含水量。

花芽，flower bud。含有花各个部分的芽。

蛀屑，frass。昆虫取食时形成的粪便和食物残渣的混合物。

熏蒸，fumigation。用农药活性剂进行的处理，处理条件下呈气态。

环带，girdle。杀死或危害茎或根部的一圈组织；这种危害会干扰水分和养分的运输。

寄主，host。被寄生物侵染的活体生物，并通过该生物寄生物获得所需养分。

免疫，immune。不会被一种特定的病原体感染。

侵染，infection。病原体进入寄主体内并建立寄生关系。

有害生物流行，infestation。在一个地方或田地有大量有害生物，在寄主表面或可以接触寄主的任何东西上，或在土壤中。

花序，inflorescence。成簇的花。

接种物，inoculum。病原体的任何发育阶段或部分，例如孢子或病毒颗粒，能够侵染寄主。

虫龄，instar。昆虫两次蜕皮间的虫期；第一龄是在孵化和第一次蜕皮之间。

节间，internode。两节之间茎的部分。

无脊椎动物，invertebrate。没有内骨骼的动物。

六月结实，June-bearing。描述短日照草莓品种的术语。

幼年，juvenile。在线虫学中，指从卵孵化来的，在成熟前蜕皮几次的未成熟线虫。

幼虫，larva (plural, larvae)。昆虫的未成熟形态，例如幼虫或蛆，从卵孵化而来，取食，然后进入蛹阶段。

潜伏，latent。产生不可见的症状（常指一种侵染或一种病原体）。

潜伏期，latent period。一个媒介获得病原体和能够传播此病原体到一个新的寄主的之间的时间间隔；同样指从侵染一个寄主到产生接种体的时间间隔。

淋洗分数，leaching fraction。为满足作物水分淋洗需要，在所需灌溉水中多添加的部分。

淋洗需求量，leaching requirement。除了植物蒸腾需要外，用来从根部淋洗掉有害盐保证最高产所需的水量。

损伤，lesion。病害组织受害的部位，如溃疡伤口或叶斑。

舌叶，ligule。许多草在叶片和叶鞘相连接处叶片内侧的一种短的膜状保护组织（图 32）。

腭，mandibles。颚；昆虫嘴部最前面一对的部分。

分生组织，meristem。植物生长点的一群细胞，具有分裂能力。

分生组织植物，meristem plant。从另一个植物分生组织处长出的植物。

变态，metamorphosis。在发育过程中的形态变化。

微生物，microoganism。显微镜下才可见的极小的生物。

微菌核，microsclerotia。非常小的菌核，如由那些引起黄萎病的真菌产生的。

蜕皮，molt。昆虫和其他无脊椎动物在进入下一个生长阶段之前的外皮脱落。

突变，mutation。由于个别细胞内遗传物质的改变而表现出的一种新的遗传特征。

菌丝体，mycelium（复数 **mycelia**）。真菌的营养体，由称作菌丝的大量细长丝状物组成。

天敌，natural enemies。捕食者、寄生物以及那些被认为能攻击并杀死有害生物的生物。

坏死，necrosis。伴随着黑褐色变色的组织坏死，通常出现在一些能清晰辨认的植物组织上，例如叶片叶脉间的组织或者茎中的导管或筛管。

节，node。稍微变大的植物茎的部分，在这些地方形成芽、枝叶以及花组织。

非持性病毒，nonpersistent virus。携带于传毒昆虫介体前肠的病毒，在昆虫取食一次或数次之后失去侵染性。

若虫，nymph。昆虫的未成熟阶段，像盲蝽和蚜虫那样不经过蛹期而直接通过一系列的蜕皮逐渐变成成虫的形态。

冠毛，pappus。菊科植物的花器官中比较进化的花萼，形如毛发、鳞状物或者谷刺。

寄生物，parasite：生活在其他生物（寄主）体表或体内的有机体，它们从寄主体内获取食物而不直接杀死寄主；在此书中用来指那些在寄主体内度过未成熟阶段而在化蛹前杀死寄主的昆虫。

病原体，pathogen。引起病害的微生物。

木栓化根，peg roots。初生根。

多年生植物，perennial。可以生存三年或三年以上的植物，至少开花两次。

持续性病毒，persistent virus。系统侵染其昆虫介体的病毒，在介体获毒后的整个阶段都可以传染；循环性病毒。

叶柄，petiole。连接叶片和茎的柄状物。

信息素，pheromone。隐存在于生物体内并能够影响种内的其他生物的行为和生长的物质。

韧皮部，phloem。植物维管束中传导养分的组织。

光合作用，photosynthesis。植物借助光能形成糖类和其他化合物，以满足自身生长发育需要的过程。

植原体，phytoplasma。比细菌小的无细胞壁微生物，侵染植物并由昆虫介体传播，在植物或者介体之外无法繁殖。

植物药害，phytotoxicity。农药或者肥料等物质对植物造成的危害。

雌蕊，pistil。花的雌性部分，由胚珠、子房、花柱、柱头组成。

萌芽后的（苗期用）除草剂，postemergence herbicide。在靶标（杂草）出现时使用的除草剂。

捕食者，predator。那些攻击并捕食其他动物，通常将被捕者部分或者全部吃掉，在一生中多次捕食的动物。

萌芽前的（出现前）除草剂，preemergence herbicide。在靶标杂草出现前使用的除草剂。

初侵染源，primary inoculum。在特定环境中首先引发病害的病原体来源。

初生根，primary roots。从草莓根茎上发育长成的根。

繁殖体，propagule。能够长出新植株，包括种子、球茎、砧木等的植物部分。同时，能充当接种体的任何病原体结构。

保护性杀菌剂，protectant fungicide。一种保护植物不受病原体侵染的杀菌剂。

蛹，pupa (plural, pupae)。在全变态昆虫中，间于幼虫和成虫之间的一种不食不动的阶段。

分生孢子器，pycnidium (plural, pycnidia)。由某种真菌类型产生的一种小的、球形或瓶状体，内部产生孢子。

花托，receptacle。花茎的顶端结构，在上面产生花器官。

病残，reservoir。害虫群体和众多病原体存活的位点，在寄主消失后，在这里产生的接种体会侵染下一季的作物。

抗性，resistant。在一个种中比其他的株系（品系）更能够忍受逆境。

呼吸，respiration。代谢养分以产生供细胞活动的能量的过程。

根状茎，rhizome。水平生长的地下茎，能在节处生成根以产生新植株。

铲除，rogue。从田间将发病植株拔除。

根颈，rootstock。地下茎或根状茎。

匍匐茎，runner。草莓的匍匐枝，其上产生新的植株。

田间卫生，sanitaion。一些能够减少病原体传播的措施，比如清除或者销毁发病植株，清洁农具或者设备。

菌核，sclerotium (plural, sclerotia)。由真菌菌丝构成的一种坚实结构，能够抵抗逆境，是一些真菌的一种休眠结构。

次生有害生物再暴发，secondary pest outbreak。那些通常处于经济损害水平以下的病虫种群突然增加的现象，主要由于用非选择性农药来控制初期有害生物而对天敌的破坏。

次生根，secondary roots。从草莓植株的初生根上长出的细根群，是从土壤中吸收养分和水分的主要部位。

再传播，secondary spread。田间初侵染之后的病原传播。

子叶，seed leaf。在种子内部形成的叶，种子萌发时出现在幼苗上。子叶 cotyledon。

选择性农药，selective pesticide。对靶标有害生物的毒性大，而对天敌低毒或者无毒的农药。

衰老，senescent。逐渐的变老、老化。

叶鞘，sheath。草叶片的一部分，在叶领颈状结构下部将茎秆包住（参看图 32）。

短日照，short-day。用于草莓品种的术语，短日照草莓品种需要昼长短于 14 h，以诱导花芽产生；六月结果。

孢子囊，sporangium (plural, sporangia)。内部产生无性孢子的结构。

匍匐枝，stolon。在地面水平生长的茎。

气孔，stoma (plural, stomata or stomates)。存在于叶片表面，起到气体和水分交换的作用的结构，能够通过感受环境而开闭。

结构根，structural roots。初生根。

夏季定植，summer planting。草莓种植的一种体制，依据地域和品种而异，一般在春季或者夏季种植，其后或者秋季或者春季结实。

内吸性的，systemic。能够在植物或其他有机体内移动，通常是在微管组织。

张力计，tensiometer。用来测量土壤湿度的装置，由一个封闭的、埋在土里的、当土壤干燥时产生真空的管子组成。

耐性，tolerant。用来描述那些在受到病原体侵染后仍然能生长并正常结实的品种。

毒素，toxin。由有机体产生的一种有毒物质。

内吸传导性除草剂，translocated herbicide。在施到杂草叶片表面之后能够在整个植株体内传导。

蒸腾，transpiration。水分从植物组织蒸发，主要集中在气孔处。

处理阈值，treatment threshold。有害生物群体的某一水平。通过一定方法监测，在此水平时应采取防治措施，以防止有害生物达到经济危害水平，造成经济损失。

真叶，true leaf。在子叶之后长出的叶子。

块茎，tuber。膨大肥厚多汁的地下茎，其上有能长出新植株的芽。

微管组织，vascular system。由导管和筛管组成的植物组织，能够运输水、矿物质养分以及光合作用产物。

介体，vector。能够向寄主传播病原体的生物体。

营养生长，vegetative growth。相对于花、果实生殖生长的，根、茎、叶以及块茎的生长。

活力，vigor。草莓植株旺盛的营养生长能力。

强毒性，virulent。能够引起严重病害的能力；强致病的。

病毒，virus。微小的侵染因子，由核酸和蛋白质外壳组成，在活的细胞或寄主体内才能增殖。

白色根，white roots。次生根。

冬季定植，winter planting。传统上用于秋季种植的方式，这取决于在冬天月份里为早春作物产量的草莓植株的生长。

黄变病，xanthosis。在草莓植株上发生的一系列症状，包括叶片扭曲和叶缘黄化，主要由草莓斑驳病毒、皱缩病毒或者轻型黄边病毒引起；枯黄病。

木质部，xylem。从植物根部向其他部位运输水分和矿物质养分的组织。

枯黄病，yellows。黄变病。

游动孢子，zoospore。一种具鞭毛能够游动的孢子。

索引

草莓果实成熟时期：A. 白果期；B. 30% ~ 50% 上色期；C. 50% ~ 70% 上色期；D. 采收期；E. 完熟期，全部着色。